无线传感器网络定位方法及应用

池 程 柴森春 崔灵果 等 编著

电子工业出版社
Publishing House of Electronics Industry
北京·BEIJING

内 容 简 介

针对无线传感器网络定位方法的难题及挑战,本书第 1 章概述了无线传感器网络的基本概念及研究现状,第 2 章介绍定位过程中的重要前提——距离测量与估计,按照经典的测距与非测距分类方式总结了典型的定位方法。第 3 章和第 4 章分别讨论静态无线传感器网络定位及移动无线传感器网络定位方法。第 5 章探讨无线传感器网络中移动锚节点的路径规划问题。第 6 章阐述空洞地形等特殊网络的定位方法。第 7 章和第 8 章介绍无线传感器网络定位中的硬件、软件开发。

本书适合无线传感器网络等相关领域的从业者、在校学生阅读参考。

未经许可,不得以任何方式复制或抄袭本书之部分或全部内容。
版权所有,侵权必究。

图书在版编目(CIP)数据

无线传感器网络定位方法及应用 / 池程等编著. —北京:电子工业出版社,2023.3
ISBN 978-7-121-44685-6

Ⅰ. ①无… Ⅱ. ①池… Ⅲ. ①无线电通信—传感器—定位 Ⅳ. ①TP212

中国版本图书馆 CIP 数据核字(2022)第 237974 号

责任编辑:朱雨萌　　特约编辑:刘广钦
印　　刷:北京建宏印刷有限公司
装　　订:北京建宏印刷有限公司
出版发行:电子工业出版社
　　　　　北京市海淀区万寿路 173 信箱　邮编:100036
开　　本:787×1 092　1/16　印张:17　字数:445 千字　彩插:6
版　　次:2023 年 3 月第 1 版
印　　次:2025 年 3 月第 3 次印刷
定　　价:98.00 元

凡所购买电子工业出版社图书有缺损问题,请向购买书店调换。若书店售缺,请与本社发行部联系,联系及邮购电话:(010)88254888,88258888。

质量投诉请发邮件至 zlts@phei.com.cn,盗版侵权举报请发邮件至 dbqq@phei.com.cn。
本书咨询联系方式:zhuyumeng@phei.com.cn。

前　言

随着微机电系统和分布式信息处理技术的发展，低功耗、低成本、大规模的无线传感网络拓宽了现代网络的功能，提高了认知世界的能力，实现了物理世界、计算机世界和人类社会三元世界的连通。由于其较高的应用价值及发展前景，自 20 世纪 70 年代被提出后，历经多年的发展，芯片、通信协议、网络管理、协同处理、智能计算领域组织开展的技术攻关已取得初步的成果。无线传感器网络不断演化、完善并渗透至云计算、工业互联网等更多领域，作为物联网乃至数字孪生、元宇宙的核心底座，在国家科技战略中占有一席之地。

定位问题作为无线传感器网络关键技术问题之一，具有十分重要的研究价值。一方面，无线传感器网络中多数应用都与网络节点的位置信息密切相关，甚至在某些特定应用场景中，只有获取位置信息，传感器节点采集的数据才有真正的价值和意义；另一方面，节点位置信息是无线传感器网络许多关键技术的基础，例如，系统可以利用位置信息选择特定的节点完成任务，以此降低系统能耗，提高存活时间。传感器节点的位置信息能够向用户提供监测数据的位置，实现目标的定位与追踪，提高网络整体控制性能。因此，本书以无线传感器网络为研究对象，重点探讨并总结无线传感器网络定位技术及其前沿进展。

针对无线传感器网络定位方法的难题及挑战，本书第 1 章概述了无线传感器网络的基本概念及研究现状，第 2 章介绍定位过程中的重要前提——距离测量与估计，按照经典的测距与非测距分类方式总结了典型的定位方法。第 3 章和第 4 章分别讨论静态无线传感器网络定位及移动无线传感器网络定位方法。第 5 章探讨无线传感器网络中移动锚节点的路径规划问题。第 6 章阐述空洞地形等特殊网络的定位方法。第 7 章和第 8 章介绍无线传感器网络定位中的硬件、软件开发。

本书系统阐述了无线传感器网络定位方法的内涵和外延，需要指出的是，由于作者水平有限，本书难免存在不足之处，敬请广大读者批评指正。

编著者

目 录

第 1 章 无线传感器网络概述 ··· 1
1.1 无线传感器网络现状 ··· 1
    1.1.1 基本概念及特点 ··· 1
    1.1.2 研究现状 ··· 2
    1.1.3 应用领域 ··· 4
    1.1.4 热点问题 ··· 6
1.2 无线传感器网络定位技术现状 ··· 8
    1.2.1 背景及意义 ·· 8
    1.2.2 研究现状 ··· 8
1.3 定位技术中的重要概念 ·· 9
    1.3.1 网络结构 ··· 9
    1.3.2 网络分类 ··· 11
    1.3.3 基本术语 ··· 12
1.4 定位技术中的关键问题 ·· 13
    1.4.1 定位技术分类 ··· 13
    1.4.2 关键指标 ··· 14
    1.4.3 研究难点 ··· 15
1.5 本章小结 ·· 16

第 2 章 无线传感器网络距离测量与估计 ··· 17
2.1 无线传输信号 ·· 17
    2.1.1 无线通信技术概述 ··· 17
    2.1.2 近程无线技术 ··· 18
    2.1.3 中远程无线技术 ·· 22
    2.1.4 无线通信技术的发展趋势 ·· 26
2.2 基于测距的无线传感器网络定位方法与位置估计 ···································· 27
    2.2.1 节点定位方法 ··· 27
    2.2.2 节点位置估计算法 ··· 31

- 2.3 基于非测距的无线传感器网络定位算法 ······ 33
  - 2.3.1 节点定位算法 ······ 33
  - 2.3.2 现有算法存在的问题 ······ 35
- 2.4 本章小结 ······ 36

第3章 静态无线传感器网络定位方法 ······ 37
- 3.1 引言 ······ 37
- 3.2 基于多维定标的定位方法 ······ 38
  - 3.2.1 系统模型 ······ 38
  - 3.2.2 MDS-MAP算法 ······ 39
  - 3.2.3 存在的问题及分析 ······ 40
- 3.3 基于跳数量化的多维定标定位方法 ······ 41
  - 3.3.1 邻域划分的跳数量化 ······ 41
  - 3.3.2 MDS-HE算法实现 ······ 43
  - 3.3.3 仿真结果及分析 ······ 45
- 3.4 基于Voronoi图的定位方法 ······ 47
  - 3.4.1 基于Voronoi图的经典定位算法及存在的问题 ······ 48
  - 3.4.2 几何约束辅助的Voronoi图定位算法 ······ 49
  - 3.4.3 基于VBLS的优化区域选择算法 ······ 61
- 3.5 基于Delaunay三角剖分的定位方法 ······ 65
  - 3.5.1 Delaunay三角剖分 ······ 66
  - 3.5.2 DBLS算法描述 ······ 67
  - 3.5.3 噪声情况下的定位研究 ······ 68
  - 3.5.4 仿真及结果分析 ······ 68
- 3.6 基于智能计算的节点定位方法 ······ 70
  - 3.6.1 基于核函数极限学习机的节点定位算法研究 ······ 70
  - 3.6.2 基于蝙蝠算法的节点定位算法研究 ······ 77
- 3.7 凹凸复杂地形特征无线传感器网络定位方法 ······ 85
  - 3.7.1 凹凸复杂地形的三维建模 ······ 85
  - 3.7.2 凹凸复杂地形定位的误差分析 ······ 86
  - 3.7.3 凹凸复杂地形定位的可行性分析 ······ 88
  - 3.7.4 分布式三角剖分算法的分析 ······ 90
  - 3.7.5 基于分布式三角剖分的三维定位算法 ······ 93
  - 3.7.6 仿真及结果分析 ······ 95

3.8　本章小结 ··· 98

第4章　移动无线传感器网络定位方法 ··· 99

　　4.1　移动无线传感器网络概述 ··· 99
　　　　4.1.1　基本概念 ··· 99
　　　　4.1.2　研究现状 ·· 100
　　4.2　蒙特卡罗定位方法 ·· 101
　　　　4.2.1　经典蒙特卡罗定位 ·· 101
　　　　4.2.2　蒙特卡罗盒定位 ·· 103
　　　　4.2.3　算法优劣 ·· 105
　　4.3　移动基线式定位方法 ··· 105
　　　　4.3.1　经典移动基线定位算法 ·· 105
　　　　4.3.2　二阶移动基线定位算法 ·· 108
　　　　4.3.3　仿真结果及分析 ·· 113
　　4.4　基于移动基线的蒙特卡罗定位方法研究 ······································· 116
　　　　4.4.1　基于一阶移动基线的蒙特卡罗定位 ···································· 117
　　　　4.4.2　基于二阶移动基线的蒙特卡罗定位 ···································· 127
　　　　4.4.3　仿真结果及分析 ·· 133
　　4.5　最优区域选择的 Voronoi 图定位方法 ··· 136
　　　　4.5.1　基于 Voronoi 图的蒙特卡罗定位算法 ·································· 136
　　　　4.5.2　ORSS-VMCL 算法 ··· 137
　　　　4.5.3　误差估计 ·· 138
　　　　4.5.4　动态区域选择 ·· 139
　　　　4.5.5　仿真结果及分析 ·· 140
　　4.6　本章小结 ··· 143

第5章　移动锚节点的路径规划及定位 ··· 144

　　5.1　引言 ··· 144
　　5.2　基于遗传算法的可移动锚节点的路径规划 ····································· 144
　　　　5.2.1　遗传算法的原理概述 ·· 144
　　　　5.2.2　基于遗传算法的可移动锚节点路径规划算法 ···························· 145
　　　　5.2.3　算法仿真及分析 ·· 147
　　5.3　基于蚁群算法的可移动锚节点的路径规划 ····································· 150
　　　　5.3.1　蚁群算法的原理概述 ·· 150
　　　　5.3.2　基于蚁群算法的可移动锚节点的路径规划 ······························ 150

5.3.3　算法分析及仿真 ·· 151
　5.4　基于贪婪算法的可移动锚节点的路径规划 ··· 155
　　　5.4.1　贪婪算法的原理概述 ·· 155
　　　5.4.2　基于贪婪算法的可移动锚节点的路径规划 ································· 156
　　　5.4.3　算法分析及仿真 ·· 157
　5.5　基于距离约束的移动锚节点网络定位技术研究 ······································ 161
　　　5.5.1　基于 Cayley-Menger 的优化数学模型 ·· 162
　　　5.5.2　基于距离约束的锚节点可移动定位算法 ···································· 168
　　　5.5.3　仿真模型及分析 ·· 173
　5.6　本章小结 ··· 176

第 6 章　空洞地形下的无线传感器网络定位 ··· 177
　6.1　引言 ·· 177
　6.2　空洞边界探寻算法 ·· 178
　　　6.2.1　算法原理 ·· 178
　　　6.2.2　实施过程 ·· 179
　6.3　空洞地形特征的距离估计优化算法 ·· 183
　　　6.3.1　空洞特征分类 ·· 183
　　　6.3.2　空洞距离优化算法 ··· 184
　6.4　网络空洞下锚节点移动辅助定位技术 ··· 189
　　　6.4.1　锚节点移动辅助定位算法 ·· 189
　　　6.4.2　MAA-DL 定位算法步骤 ··· 190
　　　6.4.3　MAA-DL 算法性能分析 ··· 193
　6.5　基于多维定标的辅助圆形空洞节点定位 ·· 201
　　　6.5.1　辅助圆形空洞节点定位算法 ··· 201
　　　6.5.2　MDS-ACHL 算法步骤 ··· 202
　　　6.5.3　MDS-ACHL 算法性能分析 ··· 202
　6.6　基于启发式多维定标的节点定位算法研究 ·· 208
　　　6.6.1　启发式节点定位算法原理 ·· 208
　　　6.6.2　HMDS 算法步骤 ·· 210
　　　6.6.3　HMDS 算法性能分析 ··· 211
　6.7　基于多维定标的移动节点定位算法研究 ··· 217
　　　6.7.1　移动节点定位算法原理 ··· 218
　　　6.7.2　坐标转换中锚节点的选择 ·· 219

	6.7.3 MDS-MN 算法步骤	220
	6.7.4 MDS-MN 算法性能分析	220
6.8	本章小结	224

第 7 章 无线传感器网络通信及硬件开发 ... 225

7.1	引言	225
7.2	CC2530 节点实验	225
	7.2.1 ZigBee 无线网络节点通信	225
	7.2.2 CC2530 传感器节点硬件实现的关键技术	230
	7.2.3 系统测试及分析	231
7.3	IRIS 节点实验	234
	7.3.1 Tiny OS 与 nesC 语言分析	234
	7.3.2 无线传感器网络硬件平台设计	238
	7.3.3 系统测试实验	242
7.4	本章小结	247

第 8 章 无线传感器网络定位系统软件开发 ... 248

8.1	引言	248
8.2	系统开发平台及运行环境	248
	8.2.1 系统开发环境	248
	8.2.2 Qt 开发	248
8.3	系统整体设计	249
	8.3.1 系统整体结构	249
	8.3.2 软件框架设计	250
8.4	定位方法的应用实践	251
8.5	本章小结	259

第1章 无线传感器网络概述

1.1 无线传感器网络现状

1.1.1 基本概念及特点

随着微机电系统和分布式信息处理技术的发展，低功耗、低成本、大规模的无线传感器网络（Wireless Sensor Networks，WSNs）作为一种新兴技术，拓宽了现代网络的功能，提高了人们认知世界的能力。无线传感器网络是由随机布撒在应用区域内大量微型、廉价的传感器节点，以相互协作的方式构成的多跳、自组织网络，能够达到协作感知、采集和处理网络覆盖区域内被监测对象信息，并将收集到的信息传送给使用者的目的，因此，无线传感器网络是一种新的信息获取和信息处理方式。无线传感器网络具有节点分布范围广、个数多、单个节点成本低廉、网络动态性强等特点，已广泛应用于军事、环境监测、医疗护理、智能家居等领域。

无线传感器网络与传统无线网络，在应用需求、设计目的和技术要求等方面有着各自的特点。传统无线网络的任务是传输数据和完成通信，而无线传感器网络中的各个节点可以接收信息，并以多跳路由的方式将信息传送到汇聚节点，同理，汇聚节点也可利用相同的方式将信息传送到各个节点。无线传感器网络的特点主要体现在以下几个方面。

1. 规模大

为了完成对区域的监测任务，监测区域内会部署大量节点，节点的个数可达上千个甚至上万个，单位监测区域面积的网络节点个数要远大于传统无线网络。正是节点的大规模特性，使得监测区域可以实现密集测量，从而得到高精度的监测信息。

2. 动态性强

在无线传感器网络中，网络拓扑结构随时变化，影响网络拓扑结构变化的原因如下：单个节点或许会有受环境干扰、能量不足等问题，从而导致节点出现故障；无线通信信道具有不稳定性，从而导致节点间可能发生中断等情形；观察者和被感知对象具有可移动性，节点间的连接情况受到影响。易变的网络拓扑结构要求无线传感器网络系统能够适应各种变化，具有动态系统的可重构性。

3. 通信、计算和存储能力受限

传感器节点是一种微型嵌入式设备，考虑节点大规模部署中的能量消耗问题，节点的设计需要满足价格低和功耗低的要求，这些限制条件导致其只能装配处理能力较弱的处理器和容量较小的存储器，无法进行过于复杂的计算。

4．无中心且自组织

无线传感器网络没有中心节点，如果某个节点因故障而无法完成工作，整个网络的稳定性由于其具有自组织能力而不会受到影响。在无线传感器网络应用中，节点位置和节点间的通信信息不能预先设定，甚至节点会因为自身能量耗尽或环境因素而失效，网络中的节点个数相应减少，网络拓扑结构随之变化，这就要求网络中的节点不仅具有自主管理和自动配置的能力，还可以通过分布式算法快速完成系统布局和搭建。

5．数据中心

无线传感器网络是一种任务型网络，它以数据为中心，采集到的数据被用作查询或传输的线索。此外，网络中节点的编号与节点的位置之间并没有必然的联系。当用户使用无线传感器网络进行事件查询时，用户关心的是发生事件的位置和发生事件的信息，而不关心是哪个节点传输的数据。由此可以看出，无线传感器网络是以数据为中心的网络。

6．能量受限

无线传感器网络中节点的体积较小，只能使用电池供电。由于传感器网络部署的环境十分复杂，基本不能通过更换电池的方式给节点补充能量，一旦网络中节点的电池电量不足，该节点就会因失效而被废弃。因此，节省能量成了无线传感器网络的一个关键问题，如何在不影响节点功能的前提下，高效利用节点能量提供服务至关重要。

1.1.2 研究现状

由于无线传感器网络具有较高的科研价值及应用前景，所以在国内外都得到了广泛的关注，尤其在美国、日本、中国、欧洲和俄罗斯等国家和地区中的发展尤为迅速。

无线传感器网络的发展目前经历了 4 个代际。第一代无线传感器网络诞生于 20 世纪 70 年代末，传感器节点通过采用点对点的传输方式以星形拓扑结构构成传感器网络。随着相关学科的发展，节点增强了多种信号的处理能力，节点间采用串口或并口相连，使得传感器网络信息的综合处理能力提升，这是第二代传感器网络。第三代传感器网络出现在 20 世纪 90 年代末，传感器网络引入现场总线技术，通过智能方法获得多种信号的节点组成智能化传感器网络。目前，第四代传感器网络正在快速发展，新一代节点具有多功能、多信号获取能力的特点，且可通过无线自组织方式快速组网。

在各国无线传感器网络技术竞赛中，最早开展无线传感器网络研究的是美国。美国国防部首先将传感器网络应用于军事领域，20 世纪 70 年代初期，美国的军用系统 SOSUS（Sound Surveillance System）就是一种基于无线传感器的系统，用于监测苏联的潜艇动向。20 世纪 80 年代，美国海军利用地面基站及雷达系统对空中目标进行监测和跟踪，相关技术的应用大力推动了无线传感器网络的发展。1999 年，美国著名商业周刊将无线传感器网络列为 21 世纪最具影响的 21 项技术之一。同样在 1999 年，学者在美国移动计算和网络国际会议上提出了"传感器走向无线时代"这一概念，由此开启了无线传感器网络逐渐面向大众的进程。美国空军于 2000 年列举出 15 项有助于提高 21 世纪空军能力的关键技术，传感器技术名列第二。2001 年美国陆军提出了"灵巧传感器网络通信"项目，旨在通过将传感器收集到的大量战场信息用于分析战场态势，从而帮助参战人员制订战斗行动方案。之后，美国陆军确立了"无人值守地面传感器群"和"战场环境侦察与监视系统"项目,其主要目的是灵活部署网络中的传感器节点,并且通过节点获取准确的地面信息。在工业领域,美国 Dust Networks 和 Crossbow 等公司研发了"智能尘埃"项目,由此传感器网络实现商用。美国 Desert Mountain 公司将无线传感器网络技术应用于对高尔夫球场自来水灌溉的调控。2002 年,美国英特尔公司发布了"基于微型传感器网络的新型计算发展规划",其主要目的是将传感器应用到民用领域。2003 年,美国科学基金委员会投入了大量的精力和财力用于无线传感器网络的发展,涉及的领域包括生物感知领域和化学毒物感知领域等。美国很多高校和科研机构都对无线传感器网络的理论基础和关键技术展开了深入的研究,比较著名的研究项目包括加州大学洛杉矶分校和罗克维尔自动化中心共同研发的 DARPA 项目、加州大学伯克利分校研发的 BWRC 项目和 WEBS 项目、普渡大学研发的 ESP 项目、麻省理工学院研发的 NMS 项目和 AMPS 项目、俄亥俄州立大学研发的 Exscal 项目。

日本、韩国和俄罗斯等国家也不甘示弱,都迅速投入无线传感器网络的研究当中。欧盟第 6 个框架计划将"信息社会技术"作为优先发展领域之一,其中多处涉及无线传感器网络的研究。日本总务省在 2004 年 3 月成立了"泛在传感器网络"调查研究会。韩国信息通信部制定了信息技术"839"战略,其中,"3"是指 IT 产业的三大基础设施,即宽带融合网络、泛在传感器网络、下一代互联网协议。在企业界中,欧盟的 Philips、Siemens、Ericsson、ZMD、France Telecom 和 Chipcon 等公司,日本的 NEC、OKI、Sky2 leynetworks、世康和欧姆龙等公司都开展了对无线传感器网络的研究,并取得了不错的成果。

我国对无线传感器网络的发展也非常重视,但是起步较其他国家和地区稍晚。1999 年,中国科学院在"知识创新工程试点领域方向研究"中首次提出无线传感器网络,并将它作为该领域的五大重点项目之一。2001 年,中国科学院与其院内单位上海微系统所合作,共同成立了微系统研究与发展中心,开展对无线传感器网络的相关研究工作。2001 年,中国科学院和科学技术部针对无线传感器网络的研究方向,提出了若干重大研究项目,并把物联网列为战略性新兴产业。2003 年,国家自然科学基金开始对无线传感器网络的研究进行资助。2004 年,"基于无线网络的应急搜救关键技术研究""面向传感器网络的分布自治系统关键技术及协调控制理论""水下移动传感器网络的关键技术"等项目先后被列为重点项目。2005 年,无线传感器网络基础理论和关键技术被列为重点项目。2006 年,国务院发布的《国家中长期科学和技术发展规划纲要》中定义了关于信息技术的 3 个前沿方向,其中两个方向与无线传感器网络相关,2006 年,水下传感器网络的关键技术也被列为重点研究项目。2009 年 9 月 11 日,中国传感网标准工作组正式成立,其主要任务是汇聚国内最强的传感网技术力量,制定传感网技术国家标准,促进与国外同行的合作交流,提升国内传感网技术整体竞争力。2009 年 11 月 3 日,时任国务院总理温家宝发表题为《让科技引领中国可持续发展》的讲话时明确指出"要着力突破传感网、物联网的关键技术,及早部署后 IP 时代相关技术研发,使信息网络产业成为推动产业升级、迈向信息社会的'发动机'"。在 2010 年的全国"两会"上,时任国务院总理温家宝在政府工作报告中首次提到关于物联网的内容,并提出"加快物联网的研发应用",会上多位人大代表提出将物联网提升为国家战略。2013 年,工业和信息化部、科学技术部在《加快推进传感器及智能化仪器仪表产业发展行动计划》中明确提出,要重点支持"传感器设计和制造技术、传感器测量和数据处理技术、智能传感器系统及无线传感器网络技术"。2014 年 6 月,国务院在《国家集成电路产业发展推进纲要》中提出,加快云计算、物联网、大数据等新兴领域核心技术研发，开发基于新业态、新应用的信息处理、传感器、新型存储等关键芯片及云操作系统等基础软件，抢占未来产业发展制高点。2015 年，国务院推出相应政策，致力于推动新一代信息技术与制造技术融合，突破新型传感器（无线传感器）等关键核心装置的束缚。2015 年 3 月 5 日，李克强总理在政府工作报告中首次提出"互联网+"行动计划，推动移动互联网、云计算、大数据、物联网等与现代制造业的结合。2016 年，《中华人民共和国国民经济和社会发展第十三个五年规划纲要》中提到，要"积极推进云计算和物联网发展""推进物联网感知设施规划布局""推进信息物理系统关键技术研发和应用"。其中，物联网感知技术就包含了无线传感器网络技术。此外，我国在国家自然科学基金、国家"863 计划""973 计划"和国家科技重大专项等科技计划中也已部署物联网的相关技术研究工作。与此同时，在芯片、通信协议、网络管理、协同处理、智能计算等领域组织开展了技术攻关，并取得了初步成果。国内也有越来越多的企事业单位开始关注传感器网络技术的发展，并推出针对无线传感器网络 ZigBee 协议的解决方案。在 IEEE 短距离无线通信、3GPP 移动网络优化、ISO/IEC 物联网体系架构标准研究等方面，我国的科研情况均已实现局部突破。传感器网络相关技术在国内交通、智能家居、智能电网等领域已经有广泛的应用。此外，将无线传感器网络作为传感与信息采集的基础设施，可构建一种全新的基于无线传感器网络的系统架构，专注于实现感知和收集环境信息并存储、处理复杂的数据的功能，可为大型的军事应用、工业生产、科研和商业交易等领域提供一个集数据感知、海量存储及密集处理于一体的强大操作平台。

目前，随着物联网的兴起，无线传感器网络作为最重要的感知层，受到非常广泛的关注。各国高校和科研机构正对包括传感器技术、分布式信息处理技术、嵌入式计算技术和短距离通信技术等融合多学科在内的交叉技术领域开展深入研究。当前，物联网应用发展进入实质性推进阶段，物联网的理念和相关技术产品已经广泛渗透到社会经济民生的各个领域，在越来越多的行业创新中发挥了关键作用。从产业规模来看，我国物联网近几年保持着较高的增长速度。位于物联网感知层中的无线传感器网络，是整个物联网产业发展的基础和核心，其产业规模也随着物联网的发展得到快速提升。此外，以物联网融合创新为特征的新型网络化智能生产方式正塑造未来制造业的核心竞争力，推动石化、电力、煤炭等大型传统工业领域向网络化、智能化、柔性化转型，孕育和推动新产业革命的发展，这将给行业中的企业带来新的挑战。

"工业 4.0"是近年来提出的理念，也是国家发展的方向及未来工业制造的发展方向，其核心在于实现未来工业的智能化，当"万物互联"这一概念屡屡出现在人们的视野当中时，智能工业成为实现"万物互联"的关键技术之一。智能工业需要重点解决的是如何将资源、信息、物品和人进行互联，这便需要打造以信息网络技术、数字化制造技术应用为重点，并以无线传感器网络技术为基础的全面且先进的智能化制造系统架构。当前，工业无线传感器网络技术已在工业过程监测领域得到了广泛应用，通过监测、控制生产过程中的各个参数，最终实现了过程控制、过程安全、运营管理和资产优化的智能化。

1.1.3 应用领域

无线传感器网络是一种自组织网络系统，它融合了传感器技术、无线通信技术和分布式计算技术，主要用于监测各种物理参数和环境信息，并将监测信息以节点协作的方式通过单跳或者多跳传输给目标节点。无线传感器网络是一种新型网络，它有巨大的应用价值和广泛的应用前景，并对人类的各个领域产生深远的影响，以下列出了无线传感器网络的重要应用领域。

1. 军事领域

无线传感器网络具有节点规模大、容错性强、冗余度高和快速自组织的特点，即使部署在监测区域中的部分节点因受到敌方毁坏而失效，其他节点仍可以很好地完成监测任务。军事发达国家非常重视对无线传感器网络的研究，把它作为军事系统中必不可少的一部分。例如，在信息化战争中，美国军方将大量的传感器节点通过飞机等方式随机布撒到敌军作战区域中，节点可以有效代替人力隐蔽地收集敌军的信息，如兵力、物资装备和地形等关键的战场信息，从而取得战争胜利的先机。

2. 环境监测领域

随着工业的发展，生态环境不断恶化，可将无线传感器网络引入环境监测领域的实际监测当中。无线传感器网络节点具有体积小、部署范围大等特点，将其应用到采集和处理自然生态系统的数据信息中，可以有效取代传统的人工方法，节省人力物力。传感器节点可以集成各种传感模块，用来跟踪生物、动物的迁移，监测土壤、湿度和温度等方面的指标，为研究和预测工作提供有效依据。例如，美国加州大学伯克利分校英特尔实验室和大西洋学院联合在大鸭岛上部署了一套小型无线传感器网络，该网络由32个传感器节点组成，主要任务是监测岛上海燕的生活习性。同样，传感器节点在水下对矿产资源的开采、对水下温度的监测和对有害成分的监测方面也可以发挥积极的作用。

3. 医疗护理领域

在医疗护理领域，可在患者身上安装心率监测设备等传感器设备跟踪患者的行动，并监测患者的各种生理数据，根据传感器提供的数据，医生可以随时监测患者的病情，并对突发病情进行快速准确的治疗。例如，罗切斯特大学研发的智能医疗房间利用智能尘埃监测居住者的睡觉姿势、呼吸、脉搏等的状况。英特尔公司研发了家庭护理技术，该技术将半导体传感器嵌入家庭设备中，为老人和残障人士的家庭生活提供便利，同时减轻了医护人员的负担。

4. 智能家居领域

智能家居领域以住宅为平台，在各种日常的家具和电器中嵌入传感器节点，这些节点自组成网络，并通过无线传感器网络与互联网连接在一起，使人们在住宅外也可以实时远程操控家中设备。例如，将光照、湿度和温度等传感器嵌入住宅设备中，可以从传感器中获得住宅内不同位置的数据信息，从而自动控制空调、门窗和其他家电设备。

5. 工业监控领域

在工业监控领域，无线传感器网络同样有着广泛的应用。

（1）机器健康监测无线传感器网络已经被广泛应用于机械的实时状态维护（Condition-Based Maintenance，CBM）当中，不仅节约了人工成本，还大大降低了物质成本，延长了机器的寿命。此外，无线传感器还可以放置在难以通过有线系统到达的位置。

（2）由于数据中心服务器机架的密度很高，越来越多的机架配备了无线温度传感器，以监测机架的进气和出气温度。美国采暖、制冷和空调工程师协会（The American Society of Heating, Refrigerating and Air-Conditioning Engineers, ASHRAE）要求每个机架安装 6 个温度传感器，无线温度监控技术与传统的有线传感器技术相比具有明显优势。

（3）数据记录无线传感器网络同样也可用于收集各种设备监测信息数据，实施过程可以像监测冰箱内的温度和核电站溢流水箱中的水位一样简单，这些数据的统计信息揭示了系统的工作流程，相比传统的记录仪，无线传感器网络更具实时性。

上述广泛的应用场景给无线传感器网络带来了更广阔的市场，随着无线传感器网络技术的不断成熟及市场需求的不断提升，无线传感器网络产品对传统传感器的替代作用更加明显。

Grand View Research 公司的一份最新报告显示，全球无线传感器网络的市场规模预计将在 2025 年达到 86.7 亿美元，年复合增长率为 14.5%，且该趋势有望持续。在我国，无线传感器网络产品 2014 年在传感器市场中的占比约为 4.3%，规模达 6.2 亿元。2019 年，无线传感器网络产品在传感器市场中的占比达 10.0%，市场规模达 24.2 亿元，年复合增长率高达 27.1%，市场前景广阔。

总之，随着企业生产线改造和通信设备升级改造，我国无线传感器网络产品需求将一直高速增长，并且一直保持上升趋势，尤其是偏远地区，需要强大的网络连接，网络基础设施的需求预计将推动无线传感器网络市场的增长。同时，在工业 4.0 的大背景下，工业生产智能化成为未来工业转型的重要手段，作为工业智能化重要技术之一的无线传感器网络必将发挥越来越重要的作用，工业无线传感器网络市场也将获得更为广阔的发展机遇，行业增长速度有望持续稳定增长。

1.1.4 热点问题

无线传感器网络作为一个全新的研究领域，受到各国的广泛关注，来自世界各地的研究者都投身于无线传感器网络的研究当中，同时该研究也受到各国政府政策的大力支持。随着研究及工程应用的不断推进，无线传感器网络的普及化仍然存在一定的障碍。经过大量的调研，目前无线传感器网络的科学研究可以归纳（但不限于）为以下几个热点。

1. 能耗问题

无线传感器网络节点的能量是有限的，在复杂、未知、恶劣的分布环境中，节点的能量补充十分困难，这就要求无线传感器网络节点具有良好的储能能力及低功耗的工作特点。无线传感器网络目前受制于理论层面的发展，无法获得广泛应用，最主要的限制就是无线传感器网络节点的续航能力。专家学者设计并开发了许多无线传感器网络协议，解决节点能量不足的问题，但是尚不存在成熟的技术能够支撑无线传感器的大规模应用，因此，无线传感器的能耗问题依然是一个极其重要的研究课题。

2. 节点微型化问题

在同等技术水平下，一个节点越大，它的负载能力就越强，能传送的数据也更为丰富，但是构建一个无线传感器网络需要的节点数量极大，我们希望传感器节点能够拥有更小的体积以便节省空间。此外，在某些情景中，传感器节点的微型化能够实现隐蔽监测的目的，因此，利用微电子通信技术，设计出寿命长且微型的传感器节点具有十分重要的意义。

3. 成本控制问题

尽管微型传感器的单价已经降低了许多，但完整的无线传感器网络可能需要上百万个甚至更多的节点，因此，无线传感器网络的搭建成本仍然很高。此外，网络节点在某些特定环境下一旦失效则会被废弃，若传感器节点的成本过高，则会造成极大的浪费，从而失去无线传感器网络的优势，因此，有效降低节点成本将大大推动无线传感器网络的发展。

4. 安全性问题和抗干扰性问题

无线传感器网络与普通无线网络一样，存在数据加密等方面的安全性问题和抗干扰问题。网络规模限制了节点的能量和存储空间等，导致无线传感器网络节点无法使用传统网络中的加密计算，利用该漏洞对无线传感器网络中的节点进行干扰和攻击，从而窃取无线传感器网络中的数据，这将造成巨大的损失。如何避免无线传感器网络在毁损或受干扰的情况下准确地完成设计目标，是目前研究的重要方向。

5. 节点的自动配置问题

节点的自动配置是指如何设计特定的算法和规则实现传感器节点的部署，同时形成最优的网络结构，当部分节点失效或发生故障时，网络中心能够快速找到这些节点，并且不会影响网络的正常使用。

6. 网络拓扑问题

网络拓扑问题分为拓扑发现和拓扑控制。拓扑发现的主要目的是获取和维护网络节点的存在信息及它们之间的连接关系信息，并在此基础上绘制出整个网络拓扑图；拓扑控制则主要解决网络连接拓扑问题和网络覆盖拓扑问题。

7. 时钟同步问题

在所有分布式系统当中，时钟同步问题永远都是难以攻克的问题之一，在无线传感器网络当中也是如此。无线传感器网络是典型的分布式网络，包含大量的传感器节点，节点之间相互作用，通过传输信息，共同执行复杂任务。当无线传感器节点之间存在时钟不同步的情况时，不仅节点之间的通信会出现问题，无法成功完成任务，更严重的可能会破坏部分传感器功能，造成难以弥补的损失。因此，时钟同步问题是无线传感器网络研究中的重要课题。

8. 定位问题

无线传感器网络中节点获取的信息只有在已知信息采集位置的前提下才具有实用价值，而无线传感器网络受制于成本、环境等因素，GPS 等设备无法安装或其精度无法达到工程需求，因此，需要设计针对无线传感器网络的定位算法。

1.2 无线传感器网络定位技术现状

1.2.1 背景及意义

无线传感器网络定位是指传感器节点借助网络中少数节点的位置信息,利用定位算法确定网络中其他节点位置信息的过程。在无线传感器网络中,节点的位置信息是最重要的信息之一,定位问题也是传感器网络中的关键性基础问题。在某些特定应用场景中,只有获取位置信息后,传感器节点采集的数据才有真正的价值和意义,因而,节点定位技术的研究在很大程度上决定着无线传感器网络的应用前景。

节点定位技术应用场景众多,例如,传感器节点的位置信息能够向用户提供监测数据的位置,用于智能分析和专家决策;军事防御中可以实现目标的定位与追踪;位置信息也可以用于提高网络的整体控制功能及网络的性能等。目前,已实现定位技术广泛应用的领域如下。

1. 定位与导航

定位与导航是目前应用较为成熟的技术,在军事上和生活中扮演了重要的角色。在定位技术的基础上,导航技术能够及时掌握移动物体在坐标系中的位置,了解目标所处环境并引导移动物体成功到达目的地。

2. 目标跟踪

目标跟踪是目前快速增长的一种应用业务。跟踪的目的是了解物体或人员所处的位置及运动轨迹。物品跟踪在工厂生产、库存管理和医院仪器管理等场合有广泛且迫切的需求。人员跟踪可用于医疗护理、监管等领域,可以很快找到被跟踪的人员。对珍贵野生动物进行目标跟踪,可以对其实施有效的保护。

3. 覆盖控制

覆盖控制是传感器网络的重要应用,如何对网络进行更合理的覆盖,关系整个网络的性能。在大多数覆盖控制算法中,首先需要清楚传感器节点的位置信息,然后根据位置信息对节点的部署进行调整。位置信息也为基于地理位置的路由协议提供支持,如果掌握了每个节点的位置,就可以运行基于位置坐标的路由协议,完成优化路径选择过程。在传感器网络中,这种路由方式可以提高网络系统的整体性能,降低能耗。

1.2.2 研究现状

随着电磁波理论与嵌入式开发技术的不断成熟和发展,定位技术已在人们的生活生产中发挥了重要的作用,定位技术得以广泛使用的基础是全球卫星导航系统(Global Navigation Satellite System,GNSS)。卫星导航系统是一种使用卫星对物体进行准确定位和导航的技术,在全球范围内,主要有四大卫星导航系统,分别是美国全球定位系统(Global Positioning System,GPS)、欧洲"伽利略"卫星导航系统(Galileo Satellite Navigation System,GSNS)、俄罗斯"格洛纳斯"卫星导航系统(Global Navigation Satellite System,GNSS)和中国"北斗"

卫星导航系统（BeiDou Navigation Satellite System，BDS）。卫星导航系统通过卫星授时和测距确定位置信息和导航，在普通场景中具有很高的精度，但是卫星导航系统在一些存在信号遮挡的特殊区域内并不适用，如室内、水下、隧道等复杂环境。卫星导航系统所需的成本较高，在某些情况下并不适用于无线传感器网络，因此，针对无线传感器网络定位技术研究成为定位领域的一个重要分支，解决卫星导航系统不适用情形下的定位问题具有十分重要的意义。

无线传感器网络定位技术依赖于已知位置的参考节点，借助无线传输技术，如红外、UWB、ZigBee、蓝牙等，通过计算未知节点与参考节点的相对位置，可实现传感器节点的定位。20 世纪 90 年代以来，一些国外的著名高校，如麻省理工学院、斯坦福大学等，纷纷展开与无线传感器网络相关的研究。高科技公司如谷歌、英特尔等，也陆续投入对无线传感器网络的研究当中。在这些研究中，出现了许多实用的传感器网络定位系统。1992 年，AT&T 剑桥研究所提出了 Active Badge 定位系统，该系统应用红外传感技术作为基础进行室内定位。微软研究院于 2000 年提出 RADAR 定位系统，系统的实现主要包括两个部分：首先，在定位区域内采集大量关于信号强度的样本数据，建立一个信号强度与位置关系的离线数据库；然后，在定位的过程中，通过将接收到的数据与数据库中的数据进行配对，找出一个匹配度最高的位置作为定位结果。2000 年，AT&T 剑桥研究所和 MIT 实验室都通过超声波技术开发出了各自的定位系统。AT&T 剑桥研究所开发的系统为 Active Bat 系统，该系统与 Active Badge 定位系统方法相似。MIT 实验室开发的系统为 Cricket 系统，该系统在 Active Bat 系统的基础上进行了改进，系统可以发送射频和超声波两种无线信号，在定位过程中，两种信号速度相差较大，导致接收到这两种信号的时间也不同，那么就可以根据这个时间差来确定节点间的距离，然后通过传统的算法计算得到结果。2003 年，加州大学 UCLA 开发的 AH-Los 系统在 Cricket 的基础上做了很大的改进，同样采用超声波技术，并利用最大似然估计方法实现定位。2010 年，微软研究院提出了一种基于 Wi-Fi 技术的定位系统，该系统可以借助已有的基础设施进行定位，由于在通常情况下，基于 Wi-Fi 技术的室内定位都需要大量的前期工作，而该系统成功地避免了上述限制，因此可以在很大程度上减少定位的工作量。但是由于该系统是基于服务器的运算，所以计算量大且对服务器的计算能力要求较高。

与国外相比，国内在最近十年内才逐渐开始研究这一方向，目前还处在探索阶段。但是近几年来，国内的许多高校及研究所都对这一领域投入了大量精力，并提出了许多具有代表性的定位方案。例如，清华大学已经开发出了一套完整的定位系统——WILL 系统。此外，清华大学的刘云浩教授利用无线射频识别（Radio Frequency Identification, RFID）进行室内定位的研究，并在 2002 年最早设计并实现了基于 RFID 的非测距室内定位系统——LANDMARC，该系统的定位精度达到了米级。复旦大学、香港科技大学和上海交通大学等高校的研究所也一直致力于该领域的研究。

1.3 定位技术中的重要概念

1.3.1 网络结构

无线传感器网络由传感器节点、汇聚节点和任务管理节点组成，其网络体系结构如图 1-1 所示。无线传感器网络节点可以根据实际需求，通过人工部署或飞机布撒等手段随机部署在监测区域内。随机布撒的各节点以自组织形式构成无线传感器网络,节点将接收到的数据信息通过网络中的其他传感器节点逐跳传送至汇聚节点,数据信息再通过互联网或卫星传输到任务管理节点,用户可以处理、分析所得信息。

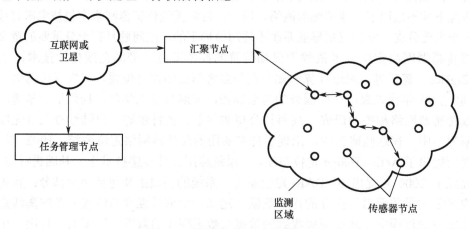

图 1-1　无线传感器网络体系结构

在无线传感器网络中,传感器节点是网络的基本组成单元,节点的结构如图 1-2 所示,节点主要由传感模块、处理模块、通信模块和能量供应模块 4 部分组成。

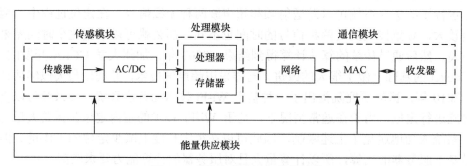

图 1-2　无线传感器网络节点结构

传感模块由传感器和模/数转换器(AC/DC)组成,传感器的任务是在采集监测区域内对传感对象进行信息采集和数据转换。模/数转换器的任务是将模拟信号转换成数字信号,并将信号传送给处理模块。传感器节点的传感模块有两种实现模式:一种模式是在节点上集成各种传感器,如在节点上集成温度、压力、湿度等传感器,这种模式的优点是集成度高、体积小,适用于电路简单的传感器,但扩展性和灵活性较差;另一种模式是将各种传感器以插件的方式与节点连接,这种模式的优点是扩展性好,可以灵活地应用于电路复杂的传感器。处理模块是传感器节点的核心模块,由处理器和存储器组成,其主要任务是协调整个节点的操作,负责处理和存储节点采集的数据和其他节点发来的数据。通信模块的任务是与其他传感器节点进行无线通信,交换控制信息,接收和发送节点采集的数据信息。能量供应模块对传感器节点而言尤为重要,它的任务是利用安装能量有限的电池提供节点工作时所需的全部能量。

无线传感器网络中另一个重要的概念是网络协议栈。一个网络协议栈包括物理层、数据链路层、网络层、传输层和应用层,如图 1-3 所示。物理层的任务是产生载波频率、调制和解调信号。数据链路层的任务是媒体接入和差错校验。网络层的任务是路由发现和维护,使传感器节点可以相互通信。传输层的任务是传输控制数据流,保证通信的质量。应用层的任务是根据不同的要求,负责调度和分发数据等。

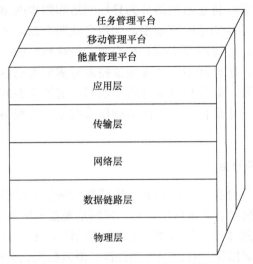

图 1-3 无线传感器网络协议栈

无线传感器网络协议栈采用跨层设计的方案,包括能量管理平台、移动管理平台和任务管理平台。能量管理平台的任务是节省各个协议层的能量,延长网络的生存时间。移动管理平台的任务是检测和记录节点的移动,维护从传感器节点到汇聚节点的路由。任务管理平台的任务是根据不同的要求,协调各个节点的任务。3 种管理平台使得节点在能耗较低的情况下,通过更加有效的方式协同工作,并支持多任务和资源共享。

1.3.2 网络分类

无线传感器网络根据任务目标及实现形式的不同而具有不同的特征,为了更清晰地理解无线传感器网络的形式,我们将无线传感器网络按照不同的网络特征分别进行分类,并针对不同类型的网络选择适合的定位方法。

1. 按照节点运动情况分类

按照节点运动情况,可以将无线传感器网络分为静态无线传感器网络和动态无线传感器网络。静态无线传感器网络即为传感器节点固定、静止的无线传感器网络。在静态无线传感器网络中,节点一直处于静止状态,部署以后位置不再发生变化。动态无线传感器网络可以定义为全部传感器节点或部分传感器节点移动的无线传感器网络。动态无线传感器网络是一个新兴的研究领域,因为它可以部署在任何情况下,并且能够应对快速的拓扑变化。因此,动态无线传感器网络具有更多的应用场景。

与静态无线传感器网络相比,动态无线传感器网络具有独特的优势:一是动态修复性能,即当某个节点由于各种原因"死亡"时,整个网络可能会出现盲区,利用节点的移动性,重构拓扑结构,使网络可以继续有效地实现监测区域全覆盖。二是通过锚节点的移动,降低数据传输过程中的能耗,对延长节点寿命起到一定的积极作用。三是无线充电技术的广泛应用,使得节点在移动过程中可以实时、动态地进行能量补充，从而使整个网络的性能得到提高。

2. 按照网络结构分类

按照网络结构可以将无线传感器网络分为异构网络和同构网络。从广义上讲，异构网络具有各向异性，造成各向异性的原因有很多，如两个或两个以上的无线系统采用了不同的接入技术、不同类型的网络，通过网关连接到核心网，最终融合成一个整体，由于节点间的通信形式、通信范围等不同，因此网络在实现定位技术时需要考虑各向异性带来的影响。相应地，同构网络具有各向同性，如同构网络环境中的网络部件是由同一个供应商供应的或者是兼容设备，它们运行在同一个操作系统或网络操作系统下，对网络中的所有节点可以采用相同的处理方式进行控制。

3. 按照网络拓扑结构分类

按照网络拓扑结构进行分类，可以将无线传感器网络分为星形拓扑、网状拓扑和树状拓扑等。星形拓扑具有组网简单、成本低的特点，但网络覆盖范围小，一旦基站节点发生故障，所有与基站节点连接的传感器节点与网络中心的通信都将中断，但用星形拓扑结构组网时，电池的使用寿命较长。网状拓扑具有组网可靠性高、覆盖范围大的优点，但电池使用寿命短、管理复杂。树状拓扑具有星形拓扑和网状拓扑的一些特点，既保证了网络覆盖范围，同时又不至于让电池使用寿命过短，更加灵活、高效。

1.3.3 基本术语

本书主要针对无线传感器网络定位技术进行介绍，在后续章节的定位方法中会涉及与无线传感器网络定位相关的基本概念，为了方便读者理解，下面对可能涉及的基本概念进行介绍。

监测区域（Monitoring Area）：也称部署区域，为无线传感器网络中节点的有限工作区域，限制节点的工作范围。

传感器节点（Sensor Node）：具有感知和通信功能的节点，在传感器网络中负责监控目标区域并获取数据，以及完成与其他传感器节点的通信，能够对数据进行简单的处理。

基站节点（Sink Node）：负责汇总由传感器节点发送过来的数据，并做进一步数据融合及其他操作，最终把处理好的数据上传给中心控制系统。

锚节点（Anchor Node or Seed）：也称参考节点，是指网络中有限个位置已知的传感器节点，借助锚节点的位置，可帮助未知位置的节点定位。

未知节点（Unknown Node）：也称普通节点，是网络中除锚节点以外的节点。未知节点一般是随机部署且位置未知的，需要通过锚节点计算获取自己的位置坐标。

邻居节点（Neighbor Nodes）：指在节点单跳距离内能与其直接通信的节点。邻居节点之间进行通信无须其他节点的帮助。

节点密度（Node Density）：指节点分布区域中单位面积或体积内的平均节点数量。节点密度是节点定位的一个关键指标，一般来说，节点密度越高，定位精度越准确。

跳数（Hop Count）：指两个传感器节点之间的跳段数目。在网络中，跳数是指信息传递经过的中间节点的总数。沿着数据路径，每个节点形成一跳，跳数被认为是给定网络中距离的基本度量。

跳段距离（Hop Distance）：指两个传感器节点数据传输经过的全部跳段距离之和。

平均跳距（Hop Distance）：跳段距离与跳数的比即为平均跳距，用以衡量传输过程中经过的每两个节点之间的平均距离。

到达时间（Time Of Arrival，TOA）：指信号从发送节点到接收节点所经过的时间总和。

到达时间差（Time Distance Of Arrival，TDOA）：是指两种不同传递速率的信号从发送点到接收点所产生的时间之差，根据传递信号的速度差异和到达时间差，可以进行位置估计。

到达角度（Angle Of Arrival，AOA）：节点收到的无线通信信号与其自身轴线的夹角。

接收信号强度（Received Signal Strength Indicator，RSSI）：指节点接收到的信号强度，由于接收信号强度随着距离的增大而衰减，因此，可以依据接收信号强度估计节点之间的距离。

视距（Line Of Sight，LOS）：指两个传感器节点之间可以直接进行可视路径的信息通信，没有任何障碍物。

非视距（No Line Of Sight，NLOS）：与视距相反，指两个传感器节点之间不能进行可视路径的直接通信，存在一定的障碍物。

多径传播（Multipath Propagation）：指发射信号经过两个或者两个以上的路径到达接收端的传播现象。

连通（Connectible）：指传感器节点之间能够直接进行信息交流，邻居节点之间都是可连通的。

连通度（Connectivity）：传感器节点的邻居节点个数称为连通度。

通信半径（Communication Radius）：指某个节点的最大通信距离，通信半径受功率的影响，一般来说，通信半径越大，功耗越大。

定位覆盖率（Positioning Coverage）：指已经完成定位的未知节点与所有未知节点的数量之比，用以衡量定位进度，当定位覆盖率为100%时，说明定位已经完成。

定位误差（Positioning Error）：指节点估计位置与其实际位置的差值。定位误差可以很好地反映定位精度，定位误差有多种计算方式，包括欧几里得距离、欧几里得距离与通信半径之比等，应根据定位误差的基本形式分析定位误差。

1.4 定位技术中的关键问题

1.4.1 定位技术分类

随着通信技术和无线网络技术的不断发展与普及，定位技术层出不穷，其定位精度为几米到几十米，并可在特定的行业内得到一定应用。随着定位技术的快速发展与应用，更多的定位方法被提出，相应的分类标准也在不断完善，定位技术的分类对定位结构体系的构建具有重要价值，本节针对定位技术的不同特征介绍几种不同的分类方式。

1. 绝对定位和相对定位

绝对定位是指确定一个点的绝对坐标，如一个物体的GPS坐标就是其绝对位置，也就是绝对定位。相对定位是根据一个已知绝对位置的点建立一个网络，通过这个网络计算出其他节点的相对位置。目前来说，相对定位更容易实现，而绝对定位的用途更加广泛。

2. 测距定位和无须测距定位

测距定位是指利用额外的测距设备测量两个节点间的距离，假设已经知道了一个节点的位置，则通过测量距离及其方向就可以准确定位另一个节点的位置。例如，可以通过发送无线电波，根据接收时间和电波速度计算两点之间的距离，从而实现定位。无须测距定位则不需要通过测量距离来实现定位。测距定位需要有额外的设备，其精度较高但是造价昂贵；无须测距定位成本较低，但对算法要求较高，定位精度较低。

3. 集中定位和分布定位

集中定位通过类似星形拓扑的方式，用一个中心节点连接其他所有节点，其他节点将定位所需信息发送给中心节点，然后对节点进行定位。分布定位是指节点通过与其他节点的信息进行交换和协调来定位。集中定位对定位节点的计算能力要求较低，中心节点的存储量不受限制但是拓展困难，不宜应用于大型网络。分布定位对传感器节点的计算能力有一定的要求，但对网速要求较低，灵活多变、易扩展，适合大型网络。

4. 移动信标定位和固定信标定位

移动信标定位在移动锚节点上配备定位设备，如 GPS、GNSS 等，可使锚节点在移动过程中不断与未知节点进行通信并发送位置信息实现定位。固定信标定位是指固定锚节点并获取其准确位置，其他节点通过与固定的锚节点进行位置信息交换实现定位。固定信标定位虽然较为精准，但是不够灵活。

1.4.2 关键指标

对于无线传感器网络而言，传感器节点受能量、硬件等方面的限制，根据定位目标的不同，可以将衡量定位算法的性能指标归纳为以下几类。

1. 定位精度

定位精度是衡量一种定位算法最重要的性能指标，反映着节点位置信息的准确程度，大多数定位算法的目标都是提高节点定位精度。定位算法必须满足网络的定位精度要求，这样在实际环境中才有意义。定位精度越高，代表该定位算法的稳定性越好。在多数情况下，用定位所得位置与实际位置的欧几里得距离来测算定位精度。

2. 复杂度

对节点定位算法性能来说，复杂度主要是指计算复杂度和通信复杂度，它们是衡量定位算法是否高效的重要指标之一。复杂度与节点能耗之间有密切关系。

3. 节点密度

节点密度是指网络的平均连通度。节点密度对定位算法的精度会产生较大的影响，节点密度越大，网络的平均连通度越高，通常情况下定位精度也越高。但是如果节点的密度过大，也会对网络产生不利的影响，如网络部署成本过高或出现节点间的通信冲突，进而导致定位延迟等，因此，衡量定位性能时往往需要考虑定位算法对节点密度的依赖性。

4. 锚节点密度

锚节点需要具有自定位功能，在实际应用中不易实现且费用较高。大多数定位算法对锚节点的密度有着较高的要求，锚节点密度越大，节点定位效果越好，当然网络部署成本也会随之提高，从而制约其应用领域。

5. 能量消耗

能量消耗是衡量无线传感器网络性能的重要指标。传感器节点体积小、模块组织结构有限，导致节点的电池能量也是有限的。节点工作时需要接收和发送信息，这个过程在不断重复，节点能量也在不断流失，节点能耗的降低也将导致节点定位精度的降低。因此，定位算法的设计也需要考虑节点在定位过程中的能量消耗。

1.4.3 研究难点

截至目前，无线传感器网络定位研究已广泛开展并取得了许多研究成果，一部分定位算法已经在实际工程中得以应用，但是定位技术仍然存在部分问题制约其广泛应用，下面列出了几种定位技术中存在的难点。

1. 空洞地形

含有空洞的不规则网络在实际应用中大量存在，许多节点定位算法只有在节点分布均匀时才能获得较高的定位精度，难以在含有空洞的不规则网络中实施。在无线传感器网络中，形成空洞的因素很多，如受地形、地貌限制，随机部署的传感器节点很难均匀分布，容易形成含有空洞的网络；随着网络工作时间的延长，节点之间不平衡功率消耗可能会产生网络空洞；外部干扰可能会造成节点间通信失败，导致在网络中产生空洞。

复杂地形特征下含有空洞的无线传感器网络定位问题可以分为两个方面的研究：一方面是解决二维复杂平面下的节点定位问题，如湖泊、沼泽和池塘等包含大型空洞的复杂地形；另一方面是对凹凸复杂地形特征下的无线传感器网络定位问题的研究，解决三维复杂地形下的节点定位问题，如具有凹凸特征的山丘、森林和战场高地等复杂环境中的节点定位问题。

2. 硬件限制

在实际定位中，一些算法由于传感器节点硬件成本和性能的限制，阻碍了其在实际定位系统中的应用，如某些算法需要通过安装超声波收发器、有向天线阵列等设备获取节点信息，增加了节点硬件成本。但是在工程应用中，我们希望尽量避免传感器节点硬件增加额外装备，因此，在定位算法的设计过程中应尽量控制传感器硬件设备的数量。

3. 能量受限

测量精度、容错性和能量消耗等问题是目前无线传感器网络研究的热点，更是定位技术研究的热点。在通常情况下，高测量精度和低能量消耗不可兼得，往往需要在测量精度和能量消耗上进行有效的折中。因此，一方面，要进行集中储能设备容量提升的研究，或利用外界环境资源为节点提供能量；另一方面，提出高效、节能、符合实际情况的无线传感器网络定位算法也具有十分重要的意义。

4. 安全和隐私问题

在大范围部署的无线传感器网络中，节点位置的安全和隐私问题也是一个主要的研究方向。一方面，一些应用需要节点位置信息；另一方面，向一些不需要知道位置的节点透露位置信息则会使网络面临安全问题。此外，鉴于无线传感器网络的性质，集中式算法在后台处理定位程序也会使得节点的位置信息通过层层传递被过多的节点所知晓，因此，分布式算法相比集中式算法可以减少信息传递次数、增强网络安全性。在网络通信及设计定位算法时，使用位置信息加密可以提高网络的安全性。

5. 移动节点的定位

在众多研究无线传感器网络的定位算法中，研究移动传感器网络的方法远比静态传感器网络的方法少。然而，在实际的工程应用中，我们所需要的往往是可移动节点的定位算法。不同于静态传感器网络的定位，移动传感器网络的定位问题较为复杂。若只有锚节点可以移动，则会带来更多的参考位置信息，有助于提高定位精度；若所有节点可以移动，在带来更多参考信息的同时也会产生实时性问题，需要确定在各个时刻待定位节点的位置。在移动传感器网络定位中，最常见的是蒙特卡罗定位算法，其定位速度快，但是由于采样率低，所以其算法效率难以令人满意。因此，研究移动传感器的定位算法也是目前要重点关注的难点问题。

6. 锚节点的路径规划

目前，在大多数锚节点移动的传感器网络定位算法中，锚节点的路径规划有待提高。很多定位算法中锚节点的移动路线并不科学，锚节点的移动无法带来更为有效的参考位置信息，无法按照未知节点的分布情况进行合理的路径规划，由此带来的无谓的移动消耗了过多资源，其定位精度也不够理想。另外，在大多数锚节点可移动的算法中，锚节点的移动仅仅是为了获得更多的位置信息，并没有充分利用锚节点的特性。如何开发移动锚节点在定位过程中的其他辅助功能也是需要研究的问题。

1.5 本章小结

本章为无线传感器网络的概述部分，主要阐述了无线传感器网络现状、无线传感器网络定位技术的研究背景、意义及现状，同时介绍了无线传感器网络的体系结构、特点及应用领域，给出了定位技术涉及的基本概念及关键问题，方便读者理解后续章节的内容。

第 2 章　无线传感器网络距离测量与估计

无线传感器网络主要用来监测网络部署区域中的各种信息，基于位置的服务作为无线网络应用的基础，广泛存在于现代无线通信网络中。从短距离的蓝牙通信到远距离的蜂窝网络，从民用的 Wi-Fi、UWB 到军用的雷达、罗兰系统等，这些无线传感器技术的应用是传感器节点提供位置信息的必要前提。

在无线传输技术不断发展的基础上，定位技术的研究也在不断推进。目前，针对不同的应用场景，不同类型的新型网络化定位算法推动着无线传感器网络的发展，其中基于无线信号处理的传感器网络定位方法已日趋完善，在传感器硬件不断提升的同时，实现了商场、工厂等特殊场所的初步应用。

本章对常用的无线通信技术、无线传输信号进行介绍，在此基础上，按照基于测距和非测距的分类方式对目前应用较为成熟的定位方法进行总结。由于本章讨论的原理和技术具有通用性，这些知识将成为本书后续章节理论学习的基础。

2.1　无线传输信号

本节主要对无线通信技术的发展历程进行介绍，同时选取了几种应用较广泛的无线传输信号进行介绍，从信号传输原理、无线传输信号的特点及适用范围等几个方面详细分析了各类信号的优势和劣势，并提出了未来无线技术的发展趋势。

2.1.1　无线通信技术概述

信息的传递方式深刻改变着人类文明的进程。19 世纪，电报与电话的发明，使通信技术走进大众的视野，之后的 100 多年，随着研究的逐步深入和相关应用的不断发展，通信技术实现了从速度、质量到传输方式的无数次革新与飞跃。直到步入 21 世纪，创新和进步使得无线传输信号得到了大量的应用，因其具有便利性和快捷性等特点，无线技术早已融入人们的日常生活。

根据传输信号的形式可以将通信技术分为有线通信技术和无线通信技术。有线通信技术是一种借助线缆线路进行信号传输的通信方式，通过金属导线或光纤等有形的传输介质进行信息的传输和交互。经过不断发展和改进，有线通信技术日臻完善，传输速度与传输质量也不断提升。由于有线通信技术具有远距离、高可靠性传输等优势，所以有线通信技术仍然作为主要的传输方式支持着现代社会大量信息传递的服务。

与有线通信技术相对的是无线通信技术。无线通信技术是利用电磁波信号可以在自由空间中传播的特性进行信息交换的一种通信方式。无线通信技术的传播介质是电磁波，而不是电话线、网线、光纤等有形介质。在有线通信技术中，面向用户的服务主要以点对点的固定电话为主，这种方式显然已经不能满足人们对于多元化通信的需求。无线通信作为一种可以在自由空间中传播的通信手段，以其方便快捷、应用范围广等优点，逐渐进入人们的日常应用之中。

与有线通信技术相似，无线通信技术也经历了长时间的发展。1897年，马可尼使用800kHz中波信号试验无线电报通信技术，开创了人类使用无线通信技术的先河。然而，在无线通信技术发展的初期，受到技术条件的限制，相关的技术只允许人们使用长波及中波进行信息交流。直到20世纪20年代初，研究者们发现了短波并将其应用于通信技术，然后在20世纪四五十年代开始运用微波通信，由于其具有传输频带宽且传输信息的性能较稳定等优点，逐渐在大多数长距离、大容量的信息传输中得以利用。不过微波传播的距离较短，需要通过建立微波中继站来维持信号传递，在现有的微波传递技术中，一般每隔几十km建设一个微波中继站。

在长波通信方面，雷达、GPS等无线通信技术相继出现，这种类型的无线通信系统虽然昂贵复杂，但其拥有绕射和穿透能力强、信号稳定、传输距离远的特性，使得长距离无线通信技术的应用成为可能，特别地，其能够与在海平面之下几十m到上百m的潜艇进行通信。经过半个多世纪的发展，已经广泛用于航空航天、船舶潜艇、国家防卫、地质勘探等领域。

20世纪末，随着信息技术革命掀起的浪潮，信息技术进入了一个高速发展的时代，在计算机技术进步的同时，互联网技术也得到了迅猛发展，这使得以有线通信技术为主要通信方式的传统电信业受到了巨大的冲击。与此同时，无线通信技术进入飞跃式发展期。无线信号因在自由空间中的传播特性而得到大众的青睐。近年来，无线通信技术作为一种方便快捷的通信手段，成为发展速度最快、应用范围最广、使用人群数量增长最快的通信技术。

无线通信技术包含微波通信、卫星通信等。微波是一种无线电波，其通信频带宽、通信容量大，但它的传送距离一般只有几十km，需要每隔几十km建一个微波中继站。卫星通信利用通信卫星作为中继站，在地面上两个或多个地球站点之间或移动体之间建立微波通信联系，多用于远距离的通信。接下来，我们按传输距离的远近将无线通信技术分为近程无线技术和中远程无线技术逐一进行介绍。

2.1.2 近程无线技术

近程无线技术是指主要在室内或近距离的室外场景下使用的无线通信技术，其主要特征是传输距离短、传输速度快、传输量大等。下面介绍几种应用广泛的主流近程无线技术。

1. 红外传输

红外是红外线的简称，是波长为750nm～1mm的电磁波，它的频率高于微波低于可见光，是一种人的眼睛看不到的光线。由于红外线的波长较短，对障碍物的衍射能力差，所以，更适合应用在需要短距离无线通信的场合，进行点对点的直线数据传输。20世纪中后期，利用红外线进行数据传输开始得到普遍的应用。红外数据协会将红外数据通信采用的光波波长的范围限定在850～900nm。

红外传输不仅可以使手机和计算机间通过无线通信技术传输数据，还可以在具备红外接口的设备间进行信息交流。由于红外需要对接才能传输信息，所以其通信安全性较强。这些优势使得红外在最初面世的时候得到了广泛的应用。但是红外信号的缺点也很明显：通信距离短、通信过程中不能移动、遇障碍物通信中断等；另外，红外通信的扩展性差、功能单一，这些都是制约红外通信技术进一步发展的原因。

2. ZigBee 技术

ZigBee 无线传感器网络是根据 IEEE 802.15.4 技术标准和 ZigBee 网络协议设计的无线数据传输网络。该名称源于蜜蜂的 8 字舞,由于蜜蜂(Bee)是靠飞翔和"嗡嗡"(Zig)抖动翅膀的"舞蹈"来与同伴传递花粉所在方位信息的,也就是说蜜蜂依靠这样的方式构成了群体中的通信网络。其特点是近距离、低复杂度、自组织、低功耗、低数据速率、低成本,主要适用于自动控制和远程控制领域,可以嵌入各种设备。

ZigBee 是一个由可多到 65000 个无线数传模块组成的无线数传网络平台,类似现有的移动通信 CDMA 网或 GSM 网。每个 ZigBee 网络数传模块类似移动网络的一个基站,在整个网络范围内,它们之间可以相互通信;每个网络节点间的距离可以从标准的 75m 到扩展后的几百 m 甚至几千 m。

与移动通信的 CDMA 网或 GSM 网不同的是,ZigBee 网络主要是为工业现场自动化控制数据传输而建立的,因而它需要具有结构简单、使用方便、工作可靠、价格低等特点。每个 ZigBee 网络节点不仅可以作为监控对象,如其所连接的传感器直接进行数据采集和监控,还可以自动中转其他网络节点传送过来的数据信息。除此之外,每个 ZigBee 网络节点还可以在自己信号覆盖的范围内,与多个不承担网络信息中转任务的孤立子节点进行无线连接。

ZigBee 技术优势为:传输距离短(介于 RFID 与蓝牙技术之间)、功耗很低、网络容量大、工作频段灵活。ZigBee 技术可以通过网络内的传感器相互之间的通信进行信息传递,经常被用在定位技术上,而且精度可观。ZigBee 技术也存在一些不足,如传输范围小、数据传输速率低、时延不易确定等。

3. 蓝牙技术

1999 年,索尼爱立信、IBM、英特尔、诺基亚和东芝等业界巨头联合制定了蓝牙技术标准。蓝牙技术主要实现在 10~100m 的空间内使所有支持该技术的设备均可以方便地建立网络联系,进行语音和数据通信。蓝牙定位需要事先在待测环境中布置好对应的蓝牙局域网接入点,然后配置好相应的网络连接模式,这样就能在网络中得到各个节点的位置信息,从而达到定位的效果。蓝牙定位技术主要应用于短距离无线传输,主要利用信号中的 RSSI 值来计算距离长度。

蓝牙技术的特点可归纳如下:全球范围适用、可同时传输语音和数据、可以建立临时性的对等连接、具有很好的抗干扰能力。另外,蓝牙模块体积很小、便于集成、低功耗、开放接口标准、成本低。

除上述通用性、复用性、低功耗外,蓝牙技术最大的优点是设备小巧且不受障碍物和非视距的影响;但是它的缺点也比较明显,如传输距离短、容易受到噪声的影响导致稳定性较差、价格昂贵。

4. Wi-Fi 技术

Wi-Fi(Wireless Fidelity,无线保真)技术,是根据 IEEE 802.11 协议设计的技术,在商用领域是指"无线兼容性认证",同时也是一种短程无线传输技术,能够在数十米范围内支持互联网接入的无线电信号。与蓝牙技术一样，同属于在办公室和家庭中使用的短距离无线技术。但与蓝牙技术不同的是，Wi-Fi 技术具备更高的传输速率、更远的传播距离，已经广泛应用于个人终端、手机、汽车等更广阔的领域。

Wi-Fi 的第一个版本发布于 1997 年，其中规定了无线局域网的基本网络结构和基本传输介质，并定义了介质访问接入控制层（MAC 层）和物理层，物理层采用红外技术、DSSS（直接序列扩频）技术或 FSSS（调频扩频）技术。1999 年又增加了 IEEE 802.11a 和 IEEE 802.11g 标准，其传输速率最高可达 54Mbps，能够广泛支持数据、图像、语音和多媒体等业务。Wi-Fi 的无线电波具有覆盖范围广、传输速度快、健康安全等优势，Wi-Fi 的应用已经非常普遍，支持 Wi-Fi 的产品也越来越多，Wi-Fi 已经成为电子产品的主流标准配置。

Wi-Fi 技术的最大优点是其无线电波覆盖范围较广。其通信半径能够达到 100m 左右，适宜应用于楼层及室内空间。Wi-Fi 技术的另外两大优势是速度快、可靠性高。传输协议 IEEE 802.11b 的无线网络规范是 IEEE 802.11 网络规范的变种，其最高带宽是 11Mbps，在信号有干扰或者比较弱的情况下，带宽可以自动调整到 1Mbps、5.5Mbps 及 2Mbps，有效保障网络的可靠性和稳定性。Wi-Fi 无须布线的特点，使其运用可不受布线条件的限制，所以十分适合移动用户的需求。Wi-Fi 的不足之处有两个：一是覆盖范围比较有限；二是传输信号十分容易遭到噪声信号的干扰，从而影响定位效果，并且 Wi-Fi 定位消耗的能量较高，导致它的利用率不高。

Wi-Fi 技术已经存在了很长一段时间，或许仍然是办公室和家庭的主要高性能网络。除了简单的通信，Wi-Fi 还担任了其他新的角色，如在雷达系统中作为双因素认证系统中的组件存在。

5. UWB

UWB（Ultra Wide Band，超宽带）是一种使用 1GHz 以上频率带宽的无线载波通信技术。UWB 实质上以占空比很低的冲击脉冲作为信息载体，它是通过对具有很陡上升和下降时间的冲击脉冲进行直接调制的无载波扩谱技术。UWB 与传统通信方式不同的是，它可以不需要载波，而是利用纳秒级或纳秒级以下的脉冲进行通信，因此，UWB 的带宽可以达到千兆赫兹级别，也因此不再具有传统的中频和射频概念。

UWB 定位采用多个传感器以 TDOA 和 AOA 定位算法对标签位置进行分析，具有多径分辨能力、精度高、定位精度可达厘米级等特点。其基本原理是标签卡对外发送一次 UWB 信号，在标签无线覆盖范围内的所有基站都会收到无线信号。如果有两个已知坐标点的基站收到信号，标签距离两个基站的间隔不同，那么这两个基站收到信号的时间是不一样的。由此可知，UWB 是典型的基于信号时间的定位系统，一旦遇到墙体遮挡等情况就需要重新部署。在同等面积的条件下，如果房间数量增加 1 倍，基站用量也将增加 1 倍。UWB 在空旷场景更易部署基站。

UWB 技术具有穿透能力强、功耗低、受多径效应影响小、安全系数高、系统复杂度低及定位精度高等优点。然而，UWB 的定位因需要十分准确的时钟，所以造价较高，因此在室内定位的应用范围尚不广泛。

6. RFID 技术

RFID（Radio Frequency Identification，射频识别）技术是自动识别技术的一种，其通过无线射频技术进行非接触双向数据通信。无线射频信号对记录媒体（电子标签或射频卡）进行读/写，从而达到识别目标和数据交换的目的。

一套完整的 RFID 系统是由阅读器（Reader）、电子标签（也就是所谓的应答器）和应用软件系统 3 个部分所组成的，其工作原理是阅读器发射特定频率的无线电波能量，用以驱动电路将内部的数据送出，阅读器便依序接收解读数据。当标签进入阅读器后，接收阅读器发出的射频信号，凭借感应电流所获得的能量发送出存储在芯片中的产品信息（称为无源标签或被动标签）；或者由标签主动发送某一频率的信号（称为有源标签或主动标签），阅读器读取信息并解码后，送至中央信息系统进行有关数据处理。在实际应用中，可进一步通过 Ethernet 或 WLAN 等实现对物体识别信息的采集、处理及远程传送等管理功能。

RFID 技术能够在减少人力、物力、财力的前提下，便利地更新现有的资料，使工作更加便捷；可依据计算机等对信息进行存储，可存储信息量更大，保证工作的顺利进行；使用寿命长，可以重复使用。RFID 技术可同时识别多目标，大大提高了工作效率；同时设有密码保护，不易被伪造，安全性较高。

RFID 技术的缺陷也比较明显：其出现时间较短，在技术上还不是非常成熟；成本较高，RFID 电子标签的价格为普通条码标签的几十倍；安全性不够，主要表现为 RFID 电子标签信息可被非法读取和恶意篡改。另外，目前 RFID 技术没有一个统一的标准，这给 RFID 技术的普及带来了很大的困难。

7. NFC 技术

NFC（Near Field Communication，近场通信）是一种新兴的无线通信技术，它是由非接触式射频识别技术及互联互通技术整合演变而来的。所谓"近场"，是指临近电磁场的无线电波。10 个波长以内的电磁波的电场和磁场是相互独立的，这时的磁场可以用于短距离通信，称为近场通信。

使用 NFC 技术的设备均可以在主动模式或被动模式下交换数据。在被动模式下，启动 NFC 通信的设备，在整个通信过程中提供射频场，它可以选择 106kbps、212kbps 或 424kbps 中的一种传输速度，将数据发送到另一台设备。另一台设备被称为 NFC 目标设备，不必产生射频场，而使用负载调制技术，即可以用相同的速度将数据传回发起设备。

NFC 技术为我们日常生活中越来越普及的各种电子产品提供了一种十分安全快捷的通信方式。使用了 NFC 技术的设备（如移动电话）可以在彼此靠近的情况下进行数据交换，通过在单一芯片上集成感应式读卡器、感应式卡片和点对点通信的功能，在移动终端实现了移动支付、电子票务、门禁、移动身份识别、防伪等应用。

8. Z-Wave 技术

Z-Wave 技术是由丹麦公司 Zensys 主导的无线组网规格，是一种基于射频的、低成本、低功耗、高可靠、适于网络的短距离无线通信技术。Z-Wave 技术的工作频带为 868.42～908.42MHz，采用 FSK（BFSK/GFSK）调制方式，数据传输速率为 9.6～40kbps，信号的有效覆盖范围在室内为 30m，在室外可超过 100m，适用于各类窄宽带应用场合。

Z-Wave 技术在智能家居、智能楼宇、监测等方面占据了强势地位。这主要基于 Z-Wave 技术的属性。Z-Wave 技术的一大特点是可将任何独立的设备转换为智能网络设备，从而实现实时控制和无线监测。在最初设计时，Z-Wave 技术就将自身定位在智能家居无线控制领域。由于该技术采用了小数据格式传输，因此可以使用较低的传输速率。随着通信距离的增加，设备的复杂度、功耗及系统成本都在增加，因此，与同类的其他无线技术相比，Z-Wave 技术专门针对窄带应用，采用创新的软件解决方案取代成本较高的硬件，只需花费其他类似技术的一小部分成本就可以组建高质量的无线网络。

Z-Wave 技术的主要应用场景是住宅、照明商业控制及状态读取应用，如抄表、照明及家电控制、HVAC、接入控制、防盗及火灾检测等。

9. EnOcean

EnOcean 是一种基于能量收集的超低功耗短距离无线通信技术，被应用于室内能量收集，在智能家居、工业、交通、物流中也有应用。EnOcean 无线通信标准被采纳为国际标准"ISO/IEC 14543-3-10"，这也是世界上唯一使用能量采集技术的无线通信国际标准。EnOcean 能量采集模块能够采集周围环境产生的能量，从光、热、电波、振动、人体动作等获得微弱电力。这些能量经过处理后，用来供给 EnOcean 超低功耗的无线通信模块，实现真正的无数据线、无电源线、无电池的通信系统。

EnOcean 的结构主要分为 3 层：物理层、数据链路层、网络层。物理层采用 315MHz 或 868.3MHz 的射频频带，ASK 调制方式，有效传输速率为 125kbps，标准通信距离为室内 30m、室外 300m。数据链路层负责管理子报文时间机制及数据完整性检测，为了保证传输的可靠性，在发送时会采用"发前侦听"机制，此外，每个报文都会基于一个特定的时间算法重复发送 3 次。网络层负责数据包转换、数据包转发及潜在的数据包定向，每个 EnOcean 设备都有一个唯一的 32 位硬件地址，用于在通信过程中的设备识别。

基于 EnOcean 技术的模块有高质量无线通信、可进行能量收集和转化，以及超低功耗的特点。其通信协议非常精简，采用无须握手的通信机制，相较于其他无线通信技术（如 ZigBee）有更低的功耗和更高的效率。EnOcean 还可以通过收集自然界的微小能量为模块提供能源，使模块做到无电池和免维护。

2.1.3 中远程无线技术

中远程无线技术是指千米级及以上距离的无线传输技术，能够提供远距离下设备的通信要求和目标定位等服务，主要应用于军事国防、语音通信、广播电视信号等领域。下面介绍几种主要的中远程无线技术。

1. GPS

GPS（Global Positioning System，全球定位系统）是由美国国防部研制建立的一种具有全方位、全天候、全时段、高精度的卫星导航系统。该系统以全球 24 颗定位人造卫星为基础，向全球各地全天候地提供低成本、高精度的三维位置、速度和精确定时等导航信息，是卫星通信技术在导航领域的应用典范。

GPS 可实现全球全天候定位。GPS 卫星的数目较多，且分布均匀，可以保证地球上任何地方任何时间至少可以同时观测到 4 颗 GPS 卫星，确保实现全球全天候连续的导航定位服务。另外，值得一提的是，GPS 的高定位精度和快速定位，当采取实时动态定位模式时，观测仅需几秒。因此，使用 GPS 技术建立控制网，可以大大提高作业效率。

随着 GPS 接收机的不断改进，GPS 测量的自动化程度越来越高。在观测中测量员只需安置仪器，连接电缆线，量取天线高度，监视仪器的工作状态，而其他观测工作，如卫星的捕获、跟踪观测和记录等均由仪器自动完成。在结束测量后，仅需关闭电源，收好接收机，便完成了野外数据采集任务。如果在一个测站上需做长时间的连续观测，还可以通过数据通信的方式，将所采集的数据传送到数据处理中心，实现全自动化的数据采集与处理。另外，接收机体积也越来越小，相应的重量也越来越轻，极大地减轻了测量工作者的劳动强度。

GPS 可提供如下几种服务：定位服务，如汽车防盗、地面车辆跟踪和紧急救生；导航服务，如船舶远洋导航和进港引水、飞机航路引导和进场降落、智能交通、汽车自主导航及导弹制导；测量服务，主要用于测量时间、速度及大地测绘，如水下地形测量、地壳形变测量，大坝和大型建筑物变形监测；数据服务，利用 GPS 定期记录车辆的位置和速度信息，从而计算道路的拥堵情况。另外，GPS 还提供重要的时间同步服务，保证 CDMA 通信系统和电力系统等大型系统的时间同步和准确时间、频率的授时工作。

除了美国的 GPS，其他国家和地区也在部署自己的全球定位系统，如俄罗斯的"格洛纳斯"系统、欧洲的"伽利略"系统、中国的"北斗"系统等。

2．蜂窝网络

蜂窝网络（Cellular Network）是一种移动通信硬件架构，分为模拟蜂窝网络和数字蜂窝网络。构成网络覆盖的各通信基地台的信号覆盖呈六边形，整个网络像一个蜂窝，这种网络因此而得名。我们常说的 3G、4G 及 5G 都是根据蜂窝网络的架构组成的。

蜂窝网络主要由以下 3 个部分组成：移动站、基站子系统、网络子系统。移动站就是网络终端设备，如手机或者一些蜂窝工控设备。基站子系统包括我们日常见到的移动基站、无线收发设备、专用网络、数字设备等，可以把基站子系统看作无线网络与有线网络之间的转换器。

网络在蜂窝结构中相互连接时，节点的自我发现功能会先确定其自身是作为无线设备的接入点来服务，还是作为来自另一节点的信息流量的骨干网来服务，或者两项功能都具备。单一的节点用发现查询/响应协议来定位它们的邻居节点。这些网络协议必须简洁，不能增加信息流量的负担，即它们不能超过可用带宽的 1%～2%。一旦某节点识别出另一个节点，它们会计算路径信息，如接收信号的强度、吞吐量、错误率和遗留的老系统等，这些信息必须在节点之间交换，但又不能占用太多的带宽。基于这些信息，每个节点都能选择通向其邻居节点的最佳路径，从而使每个时刻的服务质量都达到最优。

网络发现和路径选择的过程在后台进行，这样每个节点保留现有邻居节点的列表并不断重新计算最佳路径。在维护、重新安排或出故障时，假如一个节点从网络中断开，临近它的节点可以迅速重新配置它们的信息列表并计算新的路径，以便在网络发生变化时保持信息流量。这种自我恢复的特性或纠错能力，是蜂窝结构与集线器辐射网络的区别所在。

网状结构的优点很多，如网络出故障时可以提供有效的迂回路由，确保通信畅通无阻；更具弹性和可靠性；此外，网络具有自配置、自组织和自愈的能力。蜂窝网络充分展现了这些特征，允许节点或接入点与其他节点通信，而不需要通过路由到中心交换点，从而消除了集中式的故障。蜂窝移动网络可以进行频率复用，使得有限的频率资源可以在一定范围内被重复使用。另外,当蜂窝网络容量不够时,可以减小蜂窝的范围,划分出更多的蜂窝,进一步提高利用效率。随着全球 5G 竞赛的升温,电信公司已开始部署 5G 蜂窝系统了。

蜂窝网络的概念解决了移动通信中频率资源有限的问题,直接导致了 20 世纪 80 年代以后的移动通信大发展。但是蜂窝的概念也是有局限性的,面临的主要问题是不可能无限制地进行分裂,导致系统的容量不能进一步提高,这阻碍了移动通信的进一步发展。

3. 雷达

雷达(Radio Detection and Ranging,Radar)又称"无线电探测和测距",即使用无线电的方法发现目标并测定其空间位置的设备。雷达发射电磁波对目标进行照射并接收其回波,由此获得目标至电磁波发射点的距离、距离变化率(径向速度)、方位、高度等信息。雷达的基本结构包括发射机、发射天线、接收机、接收天线、处理部分及显示器,还有电源设备、数据录取设备和抗干扰设备等辅助设备。

雷达的工作原理如下:设备的发射机通过天线把电磁波能量射向空间某一方向,处在此方向上的物体反射碰到的电磁波;雷达天线接收此反射波,送至接收设备进行处理,提取有关该物体的某些信息。测速原理如下:雷达根据自身和目标之间的相对运动产生的频率多普勒效应,雷达接收到的目标回波频率与雷达发射频率不同,两者的差值称为多普勒频率,从多普勒频率中可提取的主要信息之一是雷达与目标之间的距离变化率。当目标与干扰杂波同时存在于雷达的同一空间分辨单元内时,雷达利用它们之间多普勒频率的不同能从干扰杂波中检测和跟踪目标。测量目标方位原理如下:利用天线的尖锐方位波束,通过测量仰角波束,根据仰角和距离计算出目标高度。测量距离原理如下:测量发射脉冲与回波脉冲之间的时间差,电磁波以光速传播,据此换算出雷达与目标的精确距离。

雷达的优点是白天黑夜均能探测远距离的目标,且不受雾、云和雨的阻挡,具有全天候、全天时的特点,并有一定的穿透能力。雷达是防空作战系统的重要组成部分,主要完成目标监视和武器控制任务,在军事上是必不可少的电子装备。在民用层面,雷达在空中交通、机场管理等场景中起到了至关重要的作用。另外,雷达还广泛应用于社会经济发展(气象预报、资源探测、灾害预警等)和科学研究领域(天体研究、大气物理、电离层研究等)。

4. 激光雷达

激光雷达(Light Detection and Ranging,LiDAR)是激光探测及测距系统的简称,它是通过发射激光束探测目标的位置、速度等特征量的系统。激光雷达的工作原理是向目标发射探测信号(激光束),然后将接收到的从目标反射回来的信号(目标回波)与发射信号进行比较,进行适当处理后,就可获得目标的有关信息,从而对飞机、导弹等目标进行探测、识别和跟踪。激光雷达由激光发射机、光学接收机、转台和信息处理系统等部分组成。

激光雷达的测距原理如图 2-1 所示。激光器将电脉冲变成光脉冲发射出去,激光光束遇到物体后,经过漫反射,返回至激光接收器,雷达模块根据发送和接收信号的时间间隔乘以光速,再除以 2,即可计算出发射器与物体的距离。

激光雷达系统因其高精确性和灵活性,最初广泛用于测绘自然环境和人造环境,在地球测绘、地形建模,以及地理信息系统建设、应急情况救援等方面均有成熟的应用。由于激光雷达具有高精度、高分辨率的优势,同时可建立周边 3D 模型,因此,激光雷达已经普遍运用在自动驾驶领域。作为自动驾驶领域的新秀，研究人员尝试将激光雷达及其辅助设备应用于高级驾驶辅助系统（Advanced Driving Assistance System，ADAS），如自适应巡航控制、前车碰撞警示及自动紧急制动。然而，其劣势在于对静止物体如隔离带等物体的探测能力较弱且目前技术落地成本高昂。

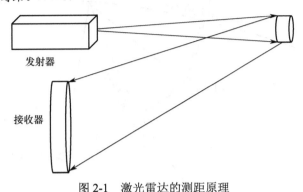

图 2-1 激光雷达的测距原理

5. 罗兰 C 导航系统

罗兰（Long Range Navigation，Loran）是远程导航词头缩写的音译。根据作用距离和信号体制的不同，有罗兰 A、罗兰 B、罗兰 C 和罗兰 D 4 种型号。目前，罗兰 C 的应用最为广泛。在罗兰刚出现的时候，它比当时所有的无线电导航手段的作用距离都远，因此被称为远程无线电导航系统，但在卫星导航系统出现后，它已经不是最"远程"的了，但名字仍然被沿用。

罗兰 C（Loran-C）导航系统是一种陆基、低频、脉冲相位导航体制的中远程精密无线电导航系统，其工作频率为 100kHz，作用距离可达 2000km，基本组成可分为四大部分：地面设施、用户设备、传播媒介和应用方法。

地面设施包括形成台链的一组发射台、工作区监测站和台链控制中心。如图 2-2 所示，一个台链由若干发射台组成，其中一个发射台为主台（图中 A 点），其余各台为副台（图中 B、C 点）。发射台发射无线电导航信号，工作区监测站和台链控制中心监测和控制信号，使信号满足系统要求。用户设备指各种导航接收机，用户利用它们可以接收来自发射台的导航信号，进而获取他们需要的各种定位和导航信息。传播媒介指无线电导航信号由发射台到用户接收机之间经过的地球表面和大气条件，包括可能受到的各种自然和人为干扰。应用方法包括为获取定位信息所采用的几何体制、使用信号形式及接收机的信号处理技术等。

罗兰 C 是一种双曲无线电导航系统，在工作区内如（P 点）接收罗兰台链 A、B 的两个发射台的信号到达时间差（ΔD_1），乘以电波传播速度，可换算为距两个台的距离差值。具有相同距离差的点的轨迹是以发射台为焦点的一条双曲线，可把用户位置确定到地球表面上某一条以两个发射台为焦点的双曲线上。再利用接收到的另外两个发射台 A、C 信号的时间差（ΔD_2），可把位置确定到另外一条双曲线上。这样，用户的位置就确定到双曲线的两个交点上，根据对位置的大致估计可排除其中的一个，这样，留下的一个交点即为用户位置。

罗兰 C 不能确定高度，只能提供二维导航，应用领域包括飞机航线导航、终端导航和非精密进场的航空应用、陆上载体定位和车辆自动调度管理方面的陆地应用、海上和空中交通管制应用、高精度区域差分应用、精密授时和与其他导航系统组合应用等。目前使用的作用距离可达 2000km 的罗兰 C 导航系统的定位精度优于 300m。

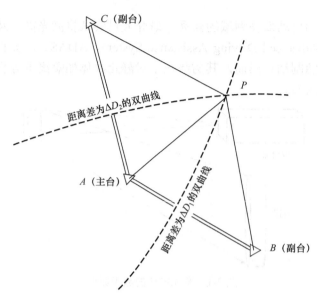

图 2-2 罗兰 C 系统中应用的双曲线导航方法

2.1.4 无线通信技术的发展趋势

经过十几年的高速发展，无线通信技术基本覆盖了传感、安全、通信、位置跟踪等领域。如今，全球的无线通信技术发展势头依旧强劲，新的技术应用不断更新换代，全球移动市场持续增长的态势也显示出了这一点，这使得企业管理者和技术研发者认识到，需要关注那些能够支持新业务功能的技术。

根据目前无线传感器网络的发展现状，将无线技术的发展趋势总结为如下 3 点。

1. 无线通信技术的覆盖领域更加广泛，影响更加深远

近年来，随着第五代移动通信标准（5G）的兴起，以及人工智能与物联网技术的发展，越来越多的应用依赖无线网络的高速传输。无论是研究进步还是市场需要，都要求开发传输更为可靠、应用范围更加广泛的通信技术和协议。

市场研究公司 Gartner 在 2019 年发布的"十大无线技术发展趋势"中提出，传感器数据是物联网的燃料，因此，新的传感器技术可实现创新类型的应用和服务。由于无线信号的吸收和反射可用于感测目标，因此，无线传感器网络的发展，将助力许多领域的发展。例如，无线传感器技术可用作搭建机器人和无人机的室内雷达系统，助力智能家居、智慧城市等系统的组建，以及助推无人驾驶技术和远程医疗服务等的发展。

2. 宽带化是现代无线通信技术的重要方向

在信息化社会的环境下，随着宽带应用的不断发展，宽带化将是未来通信技术发展的重要方向之一，并且随着通信技术的进步，宽带的应用前景将会得到更加广阔。随着光纤传输技术和数据交换技术的进一步发展，在有线网络宽带化的今天，无线网络的宽带化也正成为现代通信技术的主要发展方向。未来无线宽带与有线网络的无缝衔接和数据传输速度不断提高，也会使无线宽带得到更广泛的应用。

3. 无线通信网络的安全性问题

随着无线通信网络的普及，在大量的日常应用中，网络入侵者的威胁也在不断增多，因此，人们对无线通信网络安全性的关注度日渐提高，如何加强无线通信网络安全性成为无线网络研究的又一大趋势。目前，两种常用的防护方法是建立入侵防御系统和设置无线使用策略，入侵防御系统的作用是检测欺诈性的接入点，当网络接入一个新的接入点，或者一个现有的接入点被设置为默认值时，入侵防御系统能够及时将其检测出来，而设置无线使用策略可以控制使用该网络的设备和账户。

无线通信网络将是一个综合一体化的解决方案，各种无线技术都将最大限度地发挥自己的作用。我国作为迅速崛起的发展中国家，信息技术的发展对于科技的进步有着举足轻重的作用，所以，不断促进无线通信技术的创新，并使无线通信产业得到大力发展，对我国未来经济发展和国民建设将会十分有益。

2.2 基于测距的无线传感器网络定位方法与位置估计

无线传感器网络的定位有很多分类方式，是否基于测距是最主流的分类方式之一。基于测距的定位方法需要借助硬件设备对前述无线传输信号进行分析，估计未知节点与锚节点间的距离，再利用几何关系或代数关系计算未知节点的位置。无须测距的定位算法不必准确估计未知节点与锚节点间的距离，只需知道网络拓扑结构就可以估计未知节点的位置。本节主要对基于测距的无线传感器网络定位方法及节点位置估计算法进行简要介绍。

2.2.1 节点定位方法

在许多无线传感器网络中，基于现有的无线通信原理与技术手段，可以对距离进行直接测量。目前，常见的测量技术包括接收信号强度法、到达时间法、到达时间差法、到达角法、飞行时间法等。

1. 基于接收信号强度法的定位

接收信号强度（Received Signal Strength Indication，RSSI）法的原理是通过硬件设备装置测量发射节点的发射信号强度和接收节点测量的接收信号强度，将发射信号强度与接收信号强度求差，计算出路径上的传播损耗，根据经验模型或理论公式计算发射节点与接收节点间的距离，利用节点定位技术计算未知节点的位置信息。

RSSI 是对接收到的无线电信号中存在的功率的度量。由于 RSSI 在传播过程中会减弱，因此，可以构建 RSSI 与距离之间的对应关系。在理想情况下，RSSI 与两点之间距离的平方成反比，满足弗里斯传输方程：

$$P_r(d) = \left(\frac{\lambda}{4\pi d}\right)^2 P_t G_t G_r \tag{2-1}$$

式中，d 是两点之间的距离；$P_r(d)$ 是 RSSI 的值；P_t 是传输功率；G_t 和 G_r 分别是传输无线增益和接收无线增益；λ 是发射信号的波长。

在大尺度的情形下，其接收到的功率衰减会遵循与平方成反比的法则，因此

$$L(d) = 10\lg\left(\frac{P_r}{P_t}\right) = 10\lg\left(\frac{G_t G_r \lambda^2}{(4\pi d)^2}\right) \tag{2-2}$$

$$\overline{P_r}(d) = P_r(d_0)\left(\frac{d_0}{d}\right)^n \tag{2-3}$$

对于平均大尺度的路径衰减，其接收到的平均功率则会随着距离的增加而呈指数衰减。

$$\overline{P_r}(d)_{\text{dBm}} = P_r(d_0)_{\text{dBm}} + 10n\lg\left(\frac{d_0}{d}\right) \tag{2-4}$$

式中，n 表示路径损耗指数，此值会因环境的不同而有所改变。因此，距离可由式（2-5）求得：

$$\hat{d} = d_0 \cdot 10^{\frac{P_0 - \overline{P_r}(d)}{10n}} \tag{2-5}$$

由于真实环境往往存在噪声，所以，利用 RSSI 所估计的距离往往存在较大误差。尽管这种误差可能达到几米甚至十几米，但由于该方法对硬件要求较低且简单快捷，所以，它仍然被广泛用于定位技术中。

2. 基于到达时间法的定位

到达时间（Time Of Arrival，TOA）法的定位原理是利用节点间通信的射频信号的已知传播速度和传播时间计算节点间的距离值。这种方法的关键问题是需要准确测量到达时间。TOA 法具有较高的测距精度，但它要求能够精确地获得发送端与接收端的响应和处理时延，这种需求在距离较短的时候尤为重要。目前常见的有两类基于 TOA 的距离测量方法：单向传播时间估计和往返传播时间估计。

单向传播时间估计：定义到达时间为 $t_i - t_0$，即信号从发射点到接收点之间的时间。假设信号的传播速度为 v，则两点之间的距离为

$$d = v(t_i - t_0) \tag{2-6}$$

单向传播时间估计需要节点之间的时间同步，计算高度依赖记录在两个节点中的时间戳。为了避免时间同步问题对测距准确性的影响，可采用往返传播时间估计。在往返传输时间估计中，节点只需考虑本地时间而不用时间戳。假设 A 点向 B 点发送一个信号，B 点在收到这个信号后，延迟时间 t_{delay}，然后向 A 点发送应答信号。A 点收到信号时所经历的时间为

$$t_{\text{RTT}} = 2t_{\text{flight}} + t_{\text{delay}} \tag{2-7}$$

式中，t_{flight} 就是信号由 A 点到 B 点的传输时间。但是由于时间漂移的存在，所以往返传输时间估计的精度仍然不太高。

3. 基于到达时间差法的定位

到达时间差（Time Difference Of Arrival，TDOA）法是从信号发射端同时发射出两种不同的信号，接收端通过获取信号到达的时间差，根据不同信号在空气中的传播速度，计算出节点间的距离的方法。该方法需要节点同时具有发射声音信号和无线电信号的能力，适用于有多个锚节点的定位情况。但声波信号在空气中的传播速度受温度、气压等影响，在需要较高精度时可进行修正。

如图 2-3 所示，未知节点的位置由到达时间的差值计算。信号到达锚节点 i 和 j 的时间差为

$$\Delta t_{ij} \triangleq (t_i - t_0) - (t_j - t_0) = t_i - t_j \quad (2\text{-}8)$$

由此，则有

$$d_{ij} = (\|r_i - r_0\| - \|r_j - r_0\|) = c \cdot \Delta t_{ij} \quad (2\text{-}9)$$

式中，t_0 是未知节点发送信号的初始时刻；t_i 和 t_j 分别是信号到达锚节点 i 和 j 的时刻。r_0、r_i 和 r_j 分别是未知节点、锚节点 i 和锚节点 j 的位置。c 是信号传播速度，$\|\cdot\|$ 是欧几里得距离，d_{ij} 为锚节点 i 和 j 之间的距离。

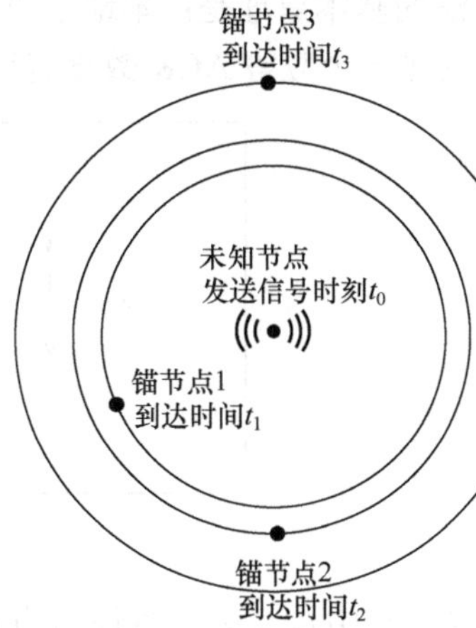

图 2-3 TDOA 测量原理

4. 基于到达角法的定位

除了利用信号传播速度，定位的另一种方法是使用角度信息。到达角（Angle Of Arrival, AOA）法的原理是接收节点通过天线阵列或多个超声波接收机感知发射节点信号的到达方向，随后根据获得的角度值，计算接收节点和发射节点间的相对方位或角度，再利用节点定位技术计算未知节点的位置信息。

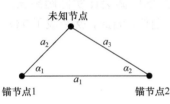

图 2-4 角度测量原理

在基于 AOA 的定位算法中，接收端通过天线阵列或多个超声波接收机感知发射节点信号，分析信号到达不同接收器之间的相位差或时间差，从而计算接收节点和发射节点间的相对方位或角度。

在几何学中，可通过测量三角形的角度和已知节点的位置信息，根据正弦定理估计未知节点的位置。锚节点 1、2 之间的距离为 a_1，两点分别与未知节点的距离为 a_2, a_3，其三角关系如图 2-4 所示。

当已知三角形的两角角度 α_1、α_2 和角度间的边长 a_1 后，就可以通过正弦定理计算出两点与未知节点之间的距离 a_2、a_3，公式如下：

$$\alpha_1 + \alpha_2 + \alpha_3 = 180° \quad (2\text{-}10)$$

$$\frac{a_1}{\sin \alpha_1} = \frac{a_2}{\sin \alpha_2} = \frac{a_3}{\sin \alpha_3} \quad (2\text{-}11)$$

AOA 法的误差一般在几度以内，但由于每个锚节点必须配备多个接收器，所以 AOA 法的测距硬件往往比 TOA 法或 TDOA 法更昂贵。此外，锚节点的接收器之间必须存在一定的距离，难以适应小型化的节点。

5. 基于飞行时间法的定位

飞行时间（Time Of Flight, TOF）法是一种双向测距技术，通过测量信号在基站与标签之间往返的飞行时间来计算距离。它主要利用信号在两个异步收发机之间往返的飞行时间来测量节点间的距离。

TOF 法有两个关键的约束：一是发送设备和接收设备必须始终同步；二是接收设备提供信号的传输时间的长短。为了实现时钟同步，TOF 法采用了时钟偏移量来解决时钟同步问题。

TOF 法的基本原理是：本地节点向远程节点发送一个 Poll 数据包，远程节点收到这个数据包后，发送一个应答 ACK 数据包回来，如图 2-5 所示。

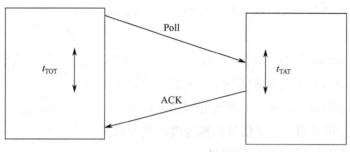

图 2-5　TOF 测量原理

图 2-5 中 t_{TOT} 表示本地节点从发出 Poll 数据包到收到应答数据包花费的时间；t_{TAT} 表示节点收到 Poll 数据包到发出应答数据包所花费的时间，无线数据在空中传输花费的时间表示为远程 t_{TOF}，可以用式（2-12）计算：

$$t_{TOF} = \frac{t_{RTT}}{2} = \frac{t_{TOT} - t_{TAT}}{2} \tag{2-12}$$

TOF 法测量得到的距离是无线信号在两个节点经过的距离，如果两个节点之间有物体遮挡，有可能导致无线信号折射、无线传播路径变长，这样测量得到的距离会比实际距离长。因此，在同一个位置多次测量很重要。TOF 法需要基站和标签往返通信，因此，就造成了 TOF 法功耗的升高，续航时间相对较短。

6. 5 种定位算法对比

表 2-1 所示为 5 种定位算法的对比。

表 2-1　5 种定位算法的对比

定位算法	定位误差	功耗	网络成本	受外界影响度
基于 TOA 法的定位	小	大	大	大
基于 TDOA 法的定位	小	大	大	大
基于 AOA 法的定位	大	大	大	大
基于 RSSI 法的定位	大	小	小	大
基于 TOF 法的定位	小	大	大	小

由表 2-1 可知，基于 TOA 的定位算法的优点是定位误差较小，但对节点间的时间同步要求较高，导致节点的功耗较高和成本较大。基于 TDOA 的定位算法同样有着定位误差小、功耗高的特点。基于 AOA 的定位算法的优势是不仅能够计算未知节点的位置信息，还能计算未知节点的方位信息，但需要额外的硬件，增加了网络成本。基于 RSSI 的定位算法的网络成本较小且功耗相对较低，但缺点是定位误差相对较大。由于在同一个位置多次测量，所以基于 TOF 的定位算法的准确度相对较好。在实际应用中，网络中环境因素变化较大，5 种基于测距的定位算法均较容易受到外界的影响。

除了利用硬件进行直接测距，在较大规模的传感器网络中，节点之间的距离由于通信半径的限制往往无法直接测得，所以需要利用节点间的连通信息对距离进行估计。例如，DV-Hop

算法利用距离矢量交换协议通过节点之间的跳数信息得到距离；MDS-MAP 算法采用集中式计算利用最短路径法进行距离估计，等等，这些算法将在之后的章节中详细介绍。

2.2.2 节点位置估计算法

在 2.2.1 节的介绍中，无线传感器网络中的节点可以在硬件装置的基础上获得自身的精确位置信息。在用基于测距的方法获得节点间的相对距离后，可以利用三边测量法、三角测量法和极大似然估计法等对节点自身的位置信息进行计算。

1. 三边测量法

三边测量法（Trilateration）的步骤如下：未知节点接收到 3 个及 3 个以上锚节点的通信信息，并且已知未知节点与锚节点间的距离时，可利用三边测量法进行定位。如图 2-6 所示，已知 3 个锚节点 a, b, c 的坐标分别为 (x_a, y_a)、(x_b, y_b)、(x_c, y_c)，3 个锚节点到未知节点 t 间的距离分别为 d_a, d_b, d_c，设未知节点 t 的坐标为 (x, y)，根据节点间的距离关系，可得：

$$\begin{cases} \sqrt{(x-x_a)^2+(y-y_a)^2}=d_a \\ \sqrt{(x-x_b)^2+(y-y_b)^2}=d_b \\ \sqrt{(x-x_c)^2+(y-y_c)^2}=d_c \end{cases} \quad (2\text{-}13)$$

由式（2-13）可以推导出未知节点 t 的坐标为

$$\begin{bmatrix} x \\ y \end{bmatrix} = \begin{bmatrix} 2(x_a-x_c) & 2(y_a-y_c) \\ 2(x_b-x_c) & 2(y_b-y_c) \end{bmatrix}^{-1} \begin{bmatrix} x_a^2-x_c^2+y_a^2-y_c^2+d_c^2-d_a^2 \\ x_b^2-x_c^2+y_b^2-y_c^2+d_c^2-d_b^2 \end{bmatrix} \quad (2\text{-}14)$$

2. 三角测量法

三角测量法（Triangulation）的步骤如下：随机选取锚节点构成三角形，当未知节点位于三角形中时，可利用三角测量法进行定位。如图 2-7 所示，已知 3 个锚节点 a、b、c 的坐标分别为 (x_a, y_a)、(x_b, y_b)、(x_c, y_c)，设未知节点 t 的坐标为 (x, y)，未知节点 t 与 3 个锚节点的角度分别为 $\angle atb$、$\angle atc$、$\angle btc$。

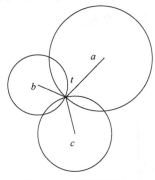

图 2-6 三边测量法示意

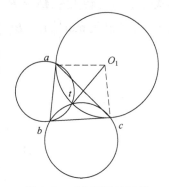

图 2-7 三角测量法示意

如果弧段 ac 在 $\triangle abc$ 上，就能唯一确定一个圆，假设圆心为 $O_1(x_{o1}, y_{o1})$，半径为 r_1。令 $\theta = \angle aO_1c = (2\pi - 2\angle atc)$，根据节点间的距离关系和余弦定理可得：

$$\begin{cases} \sqrt{(x_{o1}-x_a)^2+(y_{o1}-y_a)^2}=r_1 \\ \sqrt{(x_{o1}-x_c)^2+(y_{o1}-y_c)^2}=r_1 \\ (x_a-x_b)^2+(y_a-y_b)^2=2r_1^2-2r_1^2\cos\theta \end{cases} \quad (2\text{-}15)$$

由式（2-15）可计算圆心 O_1 的坐标和半径 r_1 的值。以此类推，可根据 $\angle atb$ 和 $\angle btc$ 计算另外两个圆的圆心坐标和半径。最后，根据 3 个圆的圆心坐标和半径，利用三边测量法，计算未知节点 t 的坐标。

3. 极大似然估计法

极大似然估计（Maximum Likelihood Estimation）法与三边测量法类似，差别在于极大似然估计法要得到多个锚节点与未知节点的距离，根据获得的这些距离，利用极大似然估计的思想，寻找一个坐标点，将其作为未知节点的估计位置，使得测距距离与估计距离差值最小。如图 2-8 所示，已知 n 个锚节点的坐标为

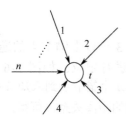

图 2-8 极大似然估计法示意

(x_1,y_1)，(x_2,y_2)，$\cdots$，(x_n,y_n)，n 个锚节点与未知节点 t 间的距离为 $d_1,d_2,\cdots,d_n$，设未知节点 t 的坐标为 (x,y)。

根据节点间的距离关系，可得

$$\begin{cases} \sqrt{(x-x_1)^2+(y-y_1)^2}=d_1 \\ \vdots \\ \sqrt{(x-x_n)^2+(y-y_n)^2}=d_n \end{cases} \quad (2\text{-}16)$$

每个等式两边求平方，从第一个方程开始依次减去最后一个方程，可得

$$\begin{cases} x_1^2-x_n^2-2(x_1-x_n)x+y_1^2-y_n^2-2(y_1-y_n)y=d_1^2-d_n^2 \\ \vdots \\ x_{n-1}^2-x_n^2-2(x_{n-1}-x_n)x+y_{n-1}^2-y_n^2-2(y_{n-1}-y_n)y=d_{n-1}^2-d_n^2 \end{cases} \quad (2\text{-}17)$$

根据式(2-17)，可转化为 $\boldsymbol{AX}=\boldsymbol{B}$，其中 $\boldsymbol{A}$ 是一个 $n\times 2$ 矩阵，当 $n\geqslant 3$ 且 $\text{rank}(\boldsymbol{A})\neq \text{rank}(\boldsymbol{A},\boldsymbol{B})$ 时，找到 z，使其满足 $\min\{\|\boldsymbol{A}z-\boldsymbol{B}\|_2\}$，经推导可计算未知节点 t 的坐标为

$$\begin{bmatrix} x \\ y \end{bmatrix}=\left(\boldsymbol{A}^{\mathrm{T}}\boldsymbol{A}\right)^{-1}\boldsymbol{A}^{\mathrm{T}}\boldsymbol{B} \quad (2\text{-}18)$$

式中

$$\boldsymbol{A}=\begin{bmatrix} 2(x_1-x_n) & 2(y_1-y_n) \\ \vdots & \vdots \\ 2(x_{n-1}-x_n) & 2(y_{n-1}-y_n) \end{bmatrix}$$

$$\boldsymbol{B}=\begin{bmatrix} x_1^2-x_n^2+y_1^2-y_n^2+d_n^2-d_1^2 \\ \vdots \\ x_{n-1}^2-x_n^2+y_{n-1}^2-y_n^2+d_n^2-d_{n-1}^2 \end{bmatrix}$$

2.3 基于非测距的无线传感器网络定位算法

基于测距的定位算法虽然具有较高的定位精度,但是硬件成本和能量消耗相对较高,与之相对的非测距定位算法通过已知的距离信息来进行位置估计,节点间不需要大量通信和计算,节约了硬件成本和能量。本节主要对基于非测距的无线传感器网络定位方法及其位置估计算法进行简要介绍。

2.3.1 节点定位算法

虽然基于测距的定位方法能够实现精确定位,但往往对无线传感器节点的硬件要求高,且受外部因素影响大。于是人们提出无须测距的定位技术,虽然降低了对节点的硬件要求,但是定位误差也相对增加。在一般情况下,无须测距的定位算法的误差为 40%左右,但也能满足大多数应用的要求,受到了研究人员的关注。

无须测距的定位算法无须应用硬件设备,只需利用网络拓扑结构和锚节点信息计算未知节点的位置信息。目前,常见的无须测距的定位算法主要有距离向量—跳段算法、质心算法、近似三角形内点测试算法、无定形算法等。

1. 距离向量—跳段算法

在目前应用的无须测距的定位算法中,距离向量—跳段(Distance Vector-Hop,DV-Hop)算法是最常见的一种。它的算法简单且定位精度较高,其定位机制与传统网络中的距离向量路由机制比较类似。该算法的定位过程由如下 4 个阶段构成。

(1)网络中的待定位节点通过距离向量交换协议向邻居节点(包括锚节点和未知节点)发送自身位置信息,使所有节点获得距离锚节点的最小跳数,并构建最小跳数矩阵。

(2)各锚节点根据与其余锚节点间的距离及最小跳数信息得到每跳的距离,并将其作为校正值广播至网络中。

(3)将距离锚节点的最小跳数与平均每跳的距离相乘,可得出其与每个锚节点之间的距离估计值。

(4)待定位节点利用三边测量法或极大似然估计法来估计自身的位置坐标。

DV-Hop 算法采用可控的泛洪在网络中传递消息,每个锚节点广播自身信息,中间节点只转发未发送过的数据包,即只将每个锚节点的信息转发一次。由于进行两次泛洪,所以算法的通信复杂度为 $O(2 \times n \times n_A)$,其中 n 和 n_A 分别为节点数量及锚节点数量。

如图 2-9 所示,L_1、L_2、L_3 为锚节点,其余均为未知节点,U 为待定位节点。

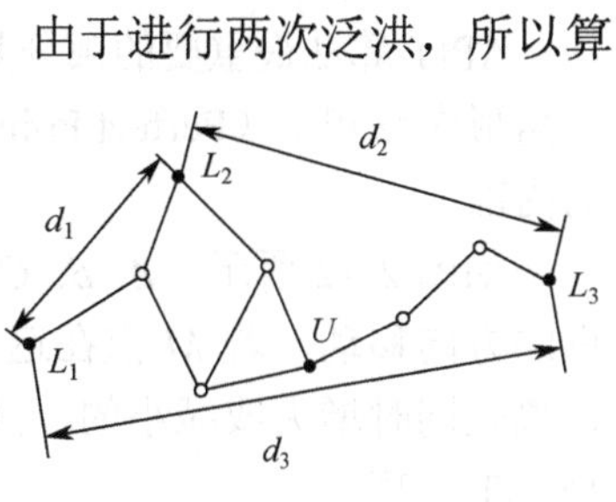

DV-Hop 算法利用网络连通信息进行节点间的距离估计,不需要太多的锚节点,通信开销适中,节点不需要具有测距能力,实用性高且扩展性强。对于节点分布比较均匀的网络,待

图 2-9 DV-Hop 算法示意

定位节点可以得到合理的跳数及跳距信息,定位精度较好,但是对于节点分布不均匀、拓扑

结构不规则的网络，定位精度则会迅速下降。

2. 质心算法

质心（Centroid）算法是指待定位节点将在其通信范围内的所有锚节点构成图形的几何质心作为自己的位置估计。其原理是锚节点周期性地向周围邻居节点发送数据包，数据包包含锚节点的网络标识号和位置信息，当未知节点接收到来自不同锚节点的数据量超过某个预设值时，就可以用这些锚节点构成的多边形的质心作为未知节点的位置。

如图 2-10 所示，在质心算法中，锚节点每隔一段时间向周围广播信息，信息中包含锚节点自身的 ID 及其位置信息。当待定位节点在一段时间内接收到来自锚节点的信息数量超过某个预设的阈值 k 或在一定时间之后，就将这些锚节点所构成的多边形的质心作为自身位置。

$$(x, y) = \left(\frac{x_1 + x_2 + \cdots + x_k}{k}, \frac{y_1 + y_2 + \cdots + y_k}{k} \right) \tag{2-19}$$

3. 近似三角形内点测试算法

近似三角形内点测试（Approximate Point-In-Triangulation Test，APIT）算法在二维定位中至少由 3 个节点构成，定位过程包括以下 3 个步骤。

（1）待定位节点获得其邻近锚节点的信息，从这些锚节点中任意选取 3 个锚节点，对于 n 个邻近锚节点，存在 C_n^3 种不同的选取方法，从而确定出 C_n^3 个不同的三角形。

（2）循环判定待定位节点是否位于每个由锚节点构成的三角形内部。

（3）计算包含待定位节点的所有锚节点三角形的重叠部分，并将该部分的质心作为待定位节点的位置估计，如图 2-11 所示。

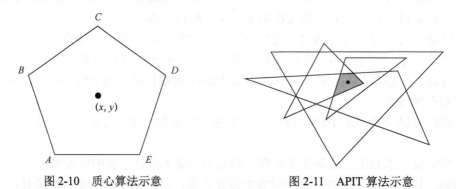

图 2-10 质心算法示意　　　　图 2-11 APIT 算法示意

APIT 算法最重要的部分是确定未知节点位于三角形的内部还是外部。对此，可以采用最佳三角形内点测试（Perfect Point-In-Triang Ulation Test，PIT）算法判断未知节点是否位于三角形的内部。

如图 2-12 所示，A, B, C 为三角形的 3 个顶点，M 为需要确认的未知节点。让 M 点向任意的方向移动，若 M 点在运动过程中，存在一个点，在向该点移动时，M 点与 A、B、C 的距离是同时增大或减小的，那么，M 位于三角形的外部；反之，M 位于三角形的内部，这就是 PIT 原理。

4. 无定形算法

无定形（Amorphous）算法与 DV-Hop 算法类似，该算法的基本思想是利用两节点之间跳段距离代表二者之间的直线距离，主要步骤如下。

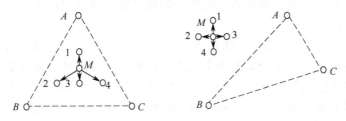

图 2-12 PIT 算法原理示意

（1）计算未知节点距各信标节点的最小跳数，各信标节点通过泛洪等方式广播分组消息，使网络中的所有节点获得各信标节点的位置与距各信标节点的最小整数跳数。

（2）设网络中所有节点的通信半径是一样的，并把通信半径看作平均跳距，则可估计出待定位节点与每个锚节点之间的距离。

（3）利用三边测量法或极大似然估计法估计出待定位节点的位置。

事实证明，如果知道每个节点的邻居节点数量 n_{local}，就可以更好地估计每跳距离。假设 R 为节点的通信半径，可以根据式（2-20）更好地估计一跳距离。

$$d_{\text{hop}} = R(1 + e^{-n_{\text{local}}} - \int_{-1}^{1} e^{-(n_{\text{local}}/\pi)\cos^{-1}t - t\sqrt{1-t^2}} dt) \qquad (2\text{-}20)$$

可以得到 $d_{ij} \approx h_i d_{\text{hop}}$，其中，$d_{ij}$ 和 h_{ij} 是节点 i 和 j 之间的距离和跳数。

实验研究表明，当 $n_{\text{local}} > 5$ 时，式（2-20）的精度较高。然而，当 $n_{\text{local}} > 15$ 时，d_{hop} 接近 R，式中的 d_{hop} 就失去了意义。另外，可以通过与邻居节点的平均跳距来更好地估计跳距。但这一方法只有当 $n_{\text{local}} > 15$ 时才能比较精确，并且它可以将跳距估计误差降低至 $0.2R$。

除了上述经典算法，近年来针对测距过程中可能遇到的各类情况，研究者对上述经典算法进行了进一步的完善、创新，同时也提出了许多新的定位算法，如多维定标的无线传感器网络定位算法、Voronoi 图的定位算法、移动状态下的定位算法等，这些算法将在本书的后续章节中介绍。

2.3.2 现有算法存在的问题

根据前文所述，传感器网络定位问题的研究已广泛开展并取得了许多研究成果，许多学者从不同的网络模型、不同的应用领域和不同的参数指标出发，取得了大量研究成果，但仍存在一些值得进一步探讨的问题。

在实际应用中，节点随机分布在大规模网络中，基于跳数信息的节点定位算法仅利用节点间整数跳数对未知节点进行定位，导致定位算法的定位精度不高。未知节点间、未知节点与锚节点间的跳数信息利用率极低，未知节点与其邻居节点间的跳数信息更是缺乏利用，如何将上述跳数信息应用到定位算法中是亟待解决的问题。

传感器节点可移动性的引入为定位算法带来了新的研究方向，针对当前大多数锚节点可移动的传感器网络定位算法，锚节点路径移动控制策略仍有待提高。锚节点的移动路线不科学，有些无法带来更为有效的参考位置信息，有些则没有按照待定位节点的分布情况合理规划路径。这些无意义的移动消耗过大，带来了资源的浪费，定位精度也不理想。但在绝大多数锚节点可移动的算法中，锚节点的移动仅为了带来更多的参考位置信息，只在算法的定位阶段起作用，并没有充分利用锚节点的特性，如何开发移动锚节点在定位过程中的其他辅助功能也是需要研究的问题。

对于未知节点可移动的情况，我们面临着比锚节点移动更富有挑战的难题。未知节点移动的随机性必然会对节点位置的确定产生很大的影响，需要设计预测算法预测移动节点的运动方向及速度。基于运动的连续性，把移动节点的运动预测和测量到的距离相结合，根据其方向和速度来得到未知节点的定位坐标。目前的算法大都适用于固定节点和移动锚节点的定位，随着移动未知节点的引入，上述算法已不能满足人们的需求，因此，找到适合移动节点的定位算法是十分有必要的。

此外，目前许多定位算法只有在网络节点分布比较均匀的情况下才能获得较高的定位精度，如经典的 DV-hop 算法和 MDS-MAP 算法。如果网络中存在空洞，则定位精度急剧下降，这是因为空洞会对网络中传感器节点之间的距离估计带来负面影响。然而，实际上，监测区域地形限制（湖泊或山脉等）或节点自身能量耗尽等问题都有可能导致网络中形成空洞。因此，无论是静态网络还是动态网络，研究如何更准确地解决含空洞的不规则网络的节点定位问题是至关重要的，需要以不规则部署传感器网络为对象，尤其需要研究网络中存在明显空洞时的距离估计方式及定位算法。

另外，大部分基于非测距的定位算法只是停留在理论研究阶段，且大都是在仿真环境下进行的，需要假设很多不确定因素，而这些因素在实际应用中往往不能被满足，这些算法就失去了实际的意义。因此，定位算法的设计应该更多地从实际应用上考虑，结合实际情况设计实用的定位算法。

2.4 本章小结

本章主要围绕无线传输网络及其测距定位技术进行介绍。先对无线技术及其发展历程进行概述，详细介绍了各类无线传感信号，并分析其未来的发展趋势。再从基于测距和非测距两个角度，介绍了经典的定位方法及节点的位置估计方法，并指出了现有算法中存在的问题，为后续章节复杂环境下的定位方法的研究奠定了基础。

第3章 静态无线传感器网络定位方法

3.1 引言

静态无线传感器网络,是指网络中所有节点均不可移动的无线传感器网络。静态无线传感器网络定位,即通过一定的技术和手段及时、有效地获取网络中节点在二维或三维空间分布上的物理位置信息或坐标信息的过程。静态无线传感器网络定位是无线传感器网络的基础技术之一,复杂情形下的无线传感器网络定位多为静态网络定位的延伸和拓展。

有关静态无线传感器网络定位算法,已有很多学者进行了相关研究,但是在实际工程实施中存在各类复杂地形、复杂特征环境、复杂定位因素等多方面的影响,目前较为成熟的基于测距和非测距的方法在定位精度和实用性方面尚不能达到工程应用的需求,尤其是静态无线传感器网络定位算法的不足之处可归纳为如下几个方面。

1. 距离估计精度低

基于测距的定位算法往往使用 RSSI 估计距离,但是 RSSI 受噪声影响较大,距离估计的精度低。基于非测距的定位算法常使用节点间的跳数估计距离,但是对于节点分布不均匀、拓扑结构不规则的网络,距离估计的精度较低。

2. 定位精度低

一方面,定位精度受距离估计精度的影响;另一方面,大多数定位算法是基于理想环境和规则拓扑结构提出的,算法的定位精度受凹凸、空洞等复杂环境约束非常明显,在实际环境中算法定位精度低。

3. 计算复杂度高

为了提高定位精度,很多定位算法考虑了过多的条件,处理了过多的信息,且复杂度较高,对节点的内存资源消耗巨大,数据处理和通信时间成本也很高。

4. 三维空间定位技术缺失

由于三维空间中复杂三维环境障碍会阻断信号间直线通信链路,以及三维无线传感器网络呈现拓扑结构不规则和通信路径弯曲等特点,三维空间定位技术非常复杂,所以大多数定位算法是在二维空间中实现的,并没有考虑三维空间。

5. 实用性差

大多数定位算法假设了较多不确定性因素,如与同一锚节点距离相同的两个节点具有相同的距离、利用节点间的整数跳数估计节点间的距离等。这些假设在实际应用中往往不能被满足，因此这些算法难以推广到实际应用中。

针对以上问题，本章从静态无线传感器网络定位技术出发，结合多维定标技术、Voronoi 图、Delaunay 图和智能计算等方法研究了静态无线传感器网络定位方法，解决了传统基于跳数信息的定位算法使用整数跳数计算未知节点与锚节点间距离带来的误差问题、经典 Voronoi 图算法无法确定节点所属区域的问题和复杂地形特征下节点定位难度大的问题，本章提出了基于 Delaunay 三角剖分的定位方法和基于智能计算的节点定位方法，对静态无线传感器网络定位从理论到实际应用的转变具有一定的意义。

3.2 基于多维定标的定位方法

多维定标（Multi-Dimensional Scaling，MDS）技术是一种源自精神物理学和心理测量学的数据分析技术，该技术可用于信息可视化处理、探索性数据分析等多个领域。在传感器网络定位问题中，运用 MDS 技术实际上是通过节点之间的距离矩阵计算相对位置信息的一种方法。本节介绍的 MDS-MAP（Multi-Dimensional Scaling-MAP）算法是一种集中式定位算法，该算法以多维定标技术为基础，可在基于测距和无须测距两种情况下使用。

3.2.1 系统模型

在静态无线传感器网络中，无线传感器能够与其通信半径内的传感器节点进行通信，若传感器搭载的硬件设备相同且节点发送功率相同，则可近似认为网络中全部节点的通信半径相同。在无线传感器网络的实际工程应用中，传感器节点随机分布在一定的区域内，无线传感器网络布设完毕后，利用广播、泛洪等方式实现节点间的通信，并得到未知节点与锚节点之间的跳数信息。

假设网络中所有未知节点和锚节点具有相同的通信范围，传感器节点能够与通信半径 r 内的所有节点通信，在其通信半径之外的节点只能通过多跳的方式实现通信。网络中全部节点的数量为 N，其中锚节点的数量为 M，传感器节点随机分布在面积为 A 的任意形状网络中。假设网络区域的面积远远大于节点通信范围面积，即 $A \gg \pi r^2$，不考虑边界影响，所有的锚节点间、未知节点与锚节点间的跳数是已知的。

图 3-1 展示了不同跳数的节点分布，是含有 1000 个节点的无线传感器网络，网络中的所有节点随机分布在 100m×100m 的正方形区域内，假设锚节点 j 位于区域中心，用红色圆点、粉色星形、蓝色圆点、红色星形、粉色圆圈、蓝色菱形分别表示相对锚节点 j 跳数为 1~6 的不同节点。d_{ij} 和 d_{kj} 分别表示未知节点 i 和 k 与锚节点 j 的距离值。由图 3-1 可以看出，未知节点 i 和 k 与锚节点 j 有相同的跳数 $h = 2$。

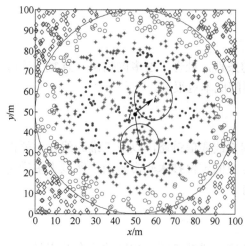

图 3-1 不同跳数的节点分布

利用传统的基于跳数的定位算法，可以得到 $d_{ij} = d_{kj}$，但是图 3-1 中表示的距离关系为 $d_{ij} < d_{kj}$，

因此，利用节点间整数跳数计算未知节点的坐标会降低节点间距离估计的精度。此外，未知节点 i 相比 k 有更多的 1 跳邻居节点，而未知节点 k 相比 i 有更多的 3 跳邻居节点，通过以上分析可以推断，未知节点与锚节点间的距离和未知节点邻居节点的个数有密切关系。

采用同心圆理论把区域划分为不同的同心环，同心环的中心是锚节点，这些圆环被称为跳环。如图 3-2 所示，一个跳环包含了所有到锚节点跳数为 h 的未知节点，$d_{\max}^h$ 和 $d_{\min}^h$ 分别表示跳环 h 内锚节点和未知节点间最大和最小的距离，由两个相近的同心圆确定跳环 h 的大小，跳环 h 外环半径为 $d_{\max}^h$，跳环 h 内环半径为 $d_{\min}^h$，跳环边界距离为 $b=d_{\max}^h-d_{\min}^h$。在一个有限节点的网络中，$h+1$ 环的内环半径一般不等于 h 环的外环半径，即 $d_{\min}^{h+1} \neq d_{\max}^h, \forall h \geq 1$。在通常情况下，不同的跳环边界距离不相等，即 $b^{h+1} \neq b^h, \forall h \geq 1$，则该模型为非理想跳跃模型。

本章所述的定位模型采用理想跳跃模型，如图 3-3 所示，$h+1$ 环的内环半径等于 h 环的外环半径，即 $d_{\min}^{h+1}=d_{\max}^h, \forall h \geq 1$，此外，跳环边界距离相等且与节点通信半径相等，即 $b^{h+1}=b^h=r, \forall h \geq 1$。假设未知节点与锚节点间的跳数是 h，跳数 $h=1$ 的节点均匀分布在 $[0,b]$ 中，跳数 $h=2$ 的节点均匀分布在 $[b,2b]$ 中，跳数为 h 的节点均匀分布在 $[b(h-1),bh], \forall h \geq 1$ 中。

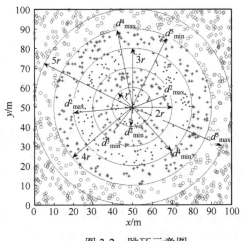

图 3-2　跳环示意图

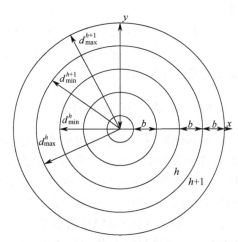

图 3-3　理想跳跃模型

3.2.2　MDS-MAP 算法

设 $X_{m \times n}$ 为 n 个未知节点的空间坐标矩阵，其中矩阵 X 的每行表示一个未知节点的 m 维空间坐标，$D^2(X)$ 为未知节点间欧几里得距离平方矩阵，可得：

$$D^2(X)=\begin{pmatrix} 0 & d_{12}^2 & \cdots & d_{1n}^2 \\ d_{12}^2 & 0 & \cdots & d_{2n}^2 \\ \vdots & \vdots & & \vdots \\ d_{1n}^2 & d_{2n}^2 & \cdots & 0 \end{pmatrix}=ce^{\mathrm{T}}+ec^{\mathrm{T}}-2B \quad (3-1)$$

式中，$c=\left[\sum_{k=1}^{m}x_{1k}^2 \quad \sum_{k=1}^{m}x_{2k}^m \quad \cdots \quad \sum_{k=1}^{m}x_{nk}^2\right]^{\mathrm{T}}$，向量 $e=[1 \quad 1 \quad \cdots \quad 1]^{\mathrm{T}}$，并且矩阵 $B=XX^{\mathrm{T}}$。至此，问题转变为如何利用欧几里得距离平方矩阵 $D^2(X)$ 求得矩阵 B。

在式（3-1）两边分别乘以矩阵 $J=I-n^{-1}ee^{\mathrm{T}}$ 和因子 $-1/2$，可得

$$B = -\frac{1}{2}JD^2(X)J = -\frac{1}{2}J(ce^T + ec^T - 2B)J$$
$$= -\frac{1}{2}Jce^TJ - \frac{1}{2}Jec^TJ + \frac{1}{2}J(2B)J \quad (3\text{-}2)$$
$$= -\frac{1}{2}Jc0^T - \frac{1}{2}0c^T + JBJ$$

对矩阵 B 进行奇异值分解

$$B = Q \wedge Q^T = (Q \wedge^{1/2})(Q \wedge^{1/2})^T \quad (3\text{-}3)$$

得到坐标矩阵为 $X = Q \wedge^{1/2}$。

坐标矩阵 X 是未知节点在 n 维空间的相对坐标,需要利用降维技术计算未知节点在 m 维空间的相对坐标。最后,利用锚节点通过坐标变换将未知节点相对坐标转化为绝对坐标。

具体而言,MDS-MAP 算法可以分为以下 3 个步骤。

(1) 生成全局网络拓扑连通图,对图中每条边赋值。当未知节点仅能获取连通信息时,所有的边赋值为 1 或通信半径,再利用 Dijkstra 最短路径算法生成未知节点间距离矩阵。

(2) 对未知节点间距离矩阵应用多维定标技术,计算未知节点的相对坐标。

(3) 利用网络中存在的锚节点将未知节点的相对坐标转换成绝对坐标,注意在二维空间中至少需要 3 个锚节点。

3.2.3 存在的问题及分析

MDS-MAP 算法定位精度较高,锚节点的作用是将相对坐标转换为绝对坐标,所以对锚节点的需求量较少。但由于采用集中式计算,所以其计算复杂度高、能耗高。另外,当网络拓扑不规则或节点部署不均匀时,MDS-MAP 算法利用最短路径近似节点间的欧几里得距离,得到的节点间距离矩阵不准确,定位精度较低。

针对经典的 MDS-MAP 算法存在的问题,Shang 提出了分布式 MDS 算法——MDS-MAP(P)。该算法对每个节点的 2 跳邻居节点构成的局部地图进行经典的 MDS 定位,然后采用贪婪算法将各个局部地图融合构成全局相对地图,最后利用锚节点的信息将相对地图转换成绝对地图。MDS-MAP(P)算法避免利用远距离节点间的最短路径带来的问题,且仅利用局部信息对局部地图进行定位,定位效果好,另外,该算法采用分布式计算,适用于大规模网络。但是,MDS-MAP(P)算法存在误差累计和局部地图求精融合过程复杂这两个问题。

Chan 提出了一种分布式加权的定位算法,该算法利用加权的方式优化目标函数,最终得到较高的定位精度。Costa 提出了一种分布式加权 MDS 定位算法(dwMDS),该算法同样对每个节点的 2 跳邻居节点构成的集合进行处理,利用节点间可测得的距离及其权重构造目标函数,然后应用 SMACOF 算法对目标函数进行最小化处理,从而得到节点的局部相对坐标。dwMDS 算法利用迭代优化方法求解节点坐标,避免了估计非相邻节点间的多跳距离,有一定的优越性。

3.3 基于跳数量化的多维定标定位方法

基于多维定标的定位方法和基于跳数的定位方法都采用整数跳数计算未知节点与锚节点之间的距离,对同一个锚节点具有相同跳数的不同节点,与该锚节点的距离相等。在实际应用中,对同一个锚节点具有相同跳数的不同节点,与该锚节点的距离是不相等的,因此,利用整数跳数进行节点定位会增加定位误差。针对这一问题,本节提出了基于跳数量化的多维定标定位(Hop-count quantization and Extended kalman filter based on MDS,MDS-HE)方法。该方法根据未知节点的 1 跳邻居节点的分布进一步量化整数跳数,利用跳环分割相交区域面积来计算节点间的距离,将节点间整数跳数转换成实数跳数,构造实数跳数矩阵,对矩阵应用多维定标技术,并且引入扩展卡尔曼滤波(Extended Kalman Filter,EKF)算法计算未知节点的位置。仿真表明,MDS-HE 算法比 DV-Hop(Distance Vector-Hop)算法和 MDS-MAP 算法定位效果好,MDS-HE 算法定位误差小、定位精度高。

3.3.1 邻域划分的跳数量化

在 3.2.1 节的系统模型中,进行邻域划分的跳数量化。首先通过计算相交区域面积,来推算未知节点与锚节点间的距离;然后将所有节点间整数跳数转换成实数跳数。

1. 跳数和邻居节点分布的节点与锚节点间距离计算

未知节点 i 与锚节点 j 间的跳数为 $h(h \geq 1)$,S_i 表示未知节点 i 的 1 跳邻居节点的集合,并且该集合被跳环分割成 3 个不相交的子集 S_i^{h-1}、S_i^h、S_i^{h+1},可以得出:

$$S_i = S_i^{h-1} \cup S_i^h \cup S_i^{h+1} \quad (3\text{-}4)$$
$$S_i^{h-1} \cap S_i^h = \varnothing \quad (3\text{-}5)$$
$$S_i^h \cap S_i^{h+1} = \varnothing \quad (3\text{-}6)$$
$$S_i^{h-1} \cap S_i^{h+1} = \varnothing \quad (3\text{-}7)$$

如图 3-4 所示,$h-1$、h、$h+1$ 分别表示各子集中节点的跳数,b 表示跳环边界距,a_i^{h-1}、a_i^h、a_i^{h+1} 分别表示相交区域。如果未知节点 i 与锚节点 j 间的距离已知,则能够计算出 3 个相交区域的面积 a_i^{h-1}、a_i^h、a_i^{h+1}。反之,如果已知 3 个相交区域的面积,可以用几何方程计算未知节点 i 与锚节点 j 的距离。

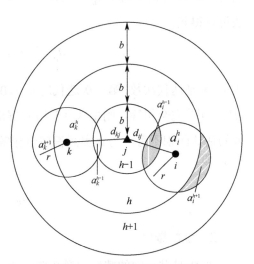

图 3-4 相交区域面积估算

根据随机的蒙特卡罗综合法中提出的一致分布的假设,3 个相交区域的面积可以用该区域内节点的数量来计算。设 n_i 表示未知节点 i 的邻居节点个数,n_i^{h-1}、n_i^h、n_i^{h+1} 分别表示相交区域 a_i^{h-1}、a_i^h、a_i^{h+1} 内节点的个数,A_i^{h-1}、A_i^h、A_i^{h+1} 分别表示 3 个相交区域的真实面积,$\hat{A}_i^{h-1}$、$\hat{A}_i^h$、$\hat{A}_i^{h+1}$ 分别表示 3 个相交区域的估计面积。由于 N 个节

点不均匀分布在面积为 A 的区域，所以得到 3 个相交区域的估计面积为

$$\hat{A}_i^{h-1} = \frac{n_i^{h-1}}{N} \times A \tag{3-8}$$

$$\hat{A}_i^h = \frac{n_i^h + 1}{N} \times A \tag{3-9}$$

$$\hat{A}_i^{h+1} = \frac{n_i^{h+1}}{N} \times A \tag{3-10}$$

设 d_{ij} 表示未知节点 i 与锚节点 j 之间的距离，得到 3 个相交区域的真实面积为

$$A_i^{h-1} = r^2 \arccos\left(\frac{d_{ij}^2 + r^2 - r_{h-1}^2}{2d_{ij}r}\right) + r_{h-1}^2 \arccos\left(\frac{d_{ij}^2 + r_{h-1}^2 - r^2}{2d_{ij}r_{h-1}}\right) - \frac{1}{2}\sqrt{4d_{ij}^2 r_{h-1}^2 - (d_{ij}^2 - r^2 + r_{h-1}^2)^2} \tag{3-11}$$

$$A_i^h = r^2 \arccos\left(\frac{d_{ij}^2 + r^2 - r_h^2}{2d_{ij}r}\right) - A_i^{h-1} + r_h^2 \arccos\left(\frac{d_{ij}^2 + r_h^2 - r^2}{2d_{ij}r_h}\right) - \frac{1}{2}\sqrt{4d_{ij}^2 r_h^2 - (d_{ij}^2 - r^2 + r_h^2)^2} \tag{3-12}$$

$$A_i^{h+1} = \pi r^2 - r^2 \arccos\left(\frac{d_{ij}^2 + r^2 - r_h^2}{2d_{ij}r}\right) - r_h^2 \arccos\left(\frac{d_{ij}^2 + r_h^2 - r^2}{2d_{ij}r_h}\right) + \frac{1}{2}\sqrt{4d_{ij}^2 r_h^2 - (d_{ij}^2 - r^2 + r_h^2)^2} \tag{3-13}$$

式中，r_{h-1} 和 r_h 分别表示距锚节点 j 跳数分别为 $h-1$ 和 h 的跳环半径，利用相交区域的估计面积可以计算得到距离值 d_{ij}。设 $d_{ij} = f(A_i)$ 表示上述等式中的非线性函数的反函数，使用正割法可以得到：

$$d_{ij}^{n+1} = d_{ij}^n - \frac{d_{ij}^n - d_{ij}^{n-1}}{f(d_{ij}^n) - f(d_{ij}^{n-1})} f(d_{ij}^n) \tag{3-14}$$

式中，n 是迭代次数，第一次迭代时 $d_{ij}^0 = 0.5rh$。如果估计面积 $\hat{A}_i^{h-1}$、$\hat{A}_i^h$、$\hat{A}_i^{h+1}$ 与真实面积 A_i^{h-1}、A_i^h、A_i^{h+1} 完全相等，则由式（3-14）解出的 d_{ij} 是相等的，即 $d_{ij}^{h-1} = d_{ij}^h = d_{ij}^{h+1}$。但 3 个相交区域的估计面积不可能与真实面积完全相等，因此，使用 3 个距离的平均值作为最终的距离值 d_{ij}，即

$$d_{ij} = \frac{d_{ij}^{h-1} + d_{ij}^h + d_{ij}^{h+1}}{3} \tag{3-15}$$

2. 跳数量化

设 $\boldsymbol{H}$ 是节点间的整数跳数矩阵，$\boldsymbol{H}$ 是一个对角线为 0 的 $N \times N$ 对称矩阵，矩阵 $\boldsymbol{H}$ 中除对角线外的元素为 h_{ij}，h_{ij} 是未知节点 i 与锚节点 j 之间的整数跳数。$\hat{h}_{ij}$ 是未知节点 i 与锚节点 j 之间的跳数校正因子，可得：

$$\hat{h}_{ij} = \frac{d_{ij} - (h-1)b}{b} \quad (3\text{-}16)$$

式中，b 表示跳环边界距离，h 表示未知节点 i 与锚节点 j 之间的跳数，根据式（3-16）分析可知，$\hat{h}_{ij}$ 越大表明一个跳数为 h 的节点越靠近跳环 h 的边缘外侧，$\hat{h}_{ij}$ 越小表明它越靠近跳环 h 的边缘内侧。通过计算 $\hat{h}_{ij}$，能构造跳数校正矩阵 $\hat{\boldsymbol{H}}$，并得到实数跳数矩阵

$$\boldsymbol{H}^{\mathrm{T}} = \boldsymbol{H} + \hat{\boldsymbol{H}} \quad (3\text{-}17)$$

矩阵 $\hat{\boldsymbol{H}}$ 的所有元素 $\hat{h}_{ij}$ 均为实数，$\boldsymbol{H}^{\mathrm{T}}$ 的所有元素 h_{ij}^{T} 也均为实数。

3.3.2　MDS-HE 算法实现

MDS-HE 算法的核心思想是将转换后的实数跳数矩阵 $\boldsymbol{H}^{\mathrm{T}}$ 应用到多维定标技术中。该算法可分为两个步骤：第一，获取未知节点与锚节点间的几何关系；第二，通过几何关系，利用优化算法计算未知节点的坐标。

1. 计算相对坐标

多维定标技术的目的是利用各实体间的相异性来构造多维空间上点的相对坐标图，构造的多维空间上的点与各实体相对应，如果两个实体越相似，那么它们对应空间上的点之间的距离就越接近。用胁强系数 J 来衡量两个实体的接近程度，即

$$J = \frac{\sum_{i<j}[d_{ij} - f(h_{ij})]^2}{\sum_{i<j}[f(h_{ij})]^2} \quad (3\text{-}18)$$

式中，$f(h_{ij}) = ah_{ij} + c$ 是跳数的线性标度，a 和 c 是两个常数。应用多维定标技术，可以计算未知节点的相对坐标。

2. 计算绝对坐标

假设 $\boldsymbol{R} = (R_1, R_2, R_3, \cdots, R_n)$ 表示二维空间 n 个节点的相对坐标，$\boldsymbol{T} = (T_1, T_2, T_3, \cdots, T_n)$ 表示 n 个节点的绝对坐标。通过对向量 R_i 平移，可以得到 $R_i^{(a)}$

$$R_i^{(a)} = R_i + X \quad (3\text{-}19)$$

对向量 R_i 逆时针旋转角度 α，可以得到 $R_i^{(b)}$

$$R_i^{(b)} = \boldsymbol{Q}_a R_i \quad (3\text{-}20)$$

式中，$\boldsymbol{Q}_a = \begin{bmatrix} \cos\alpha & -\sin\alpha \\ \sin\alpha & \cos\alpha \end{bmatrix}$。

对向量 R_i 关于直线 L 翻转，可以得到 $R_i^{(c)}$

$$R_i^{(c)} = \boldsymbol{Q}_b R_i \quad (3\text{-}21)$$

式中，$L = \begin{pmatrix} \cos(\beta/2) \\ \sin(\beta/2) \end{pmatrix}$，$\boldsymbol{Q}_b = \begin{bmatrix} \cos\beta & \sin\beta \\ \sin\beta & -\cos\beta \end{bmatrix}$。

假设 3 个锚节点的绝对坐标为 (T_1, T_2, T_3)，矩阵 $\boldsymbol{R}$ 是校准过程中可以利用的数据，利用这些数据，通过式（3-22）～式（3-25），可以计算其他节点的绝对坐标 $(T_4, T_5, \cdots, T_n)$。

$$(T_1-T_1, T_2-T_1, T_3-T_1) = Q_a Q_b (R_1-R_1, R_2-R_1, R_3-R_1) \quad (3\text{-}22)$$

由于 (T_1, T_2, T_3) 和 (R_1, R_2, R_3) 的值是已知的，故可以计算得到

$$Q = Q_a Q_b (T_1-T_1, T_2-T_1, T_3-T_1)(R_1-R_1, R_2-R_1, R_3-R_1)^{-1} \quad (3\text{-}23)$$

在计算 Q 值后，$(T_4, T_5, \cdots, T_n)$ 的值通过式（3-24）和式（3-25）计算：

$$(T_4-T_1, T_5-T_1, \cdots, T_n-T_1) = Q(R_4-R_1, R_5-R_1, \cdots, R_n-R_1) \quad (3\text{-}24)$$

$$(T_4, T_5, \cdots, T_n) = Q(R_4-R_1, R_5-R_1, \cdots, R_n-R_1) + (T_1, T_1, \cdots, T_1) \quad (3\text{-}25)$$

未知节点的坐标可以通过上述方法计算获得。

3．扩展卡尔曼滤波算法

扩展卡尔曼滤波算法的基本思想是将非线性系统线性化，然后进行卡尔曼滤波。将多维定标技术和线性变换所得的未知节点坐标作为初始值，利用节点的所有邻居节点信息进行迭代计算，逐步减小定位误差，提高定位精度。扩展卡尔曼滤波算法的过程如下。

1）建立状态方程

$$X(k+1) = PX(k) + V(k) \quad (3\text{-}26)$$

式中，$X(k+1) = \begin{bmatrix} x_{k+1} & y_{k+1} \end{bmatrix}^T$ 是节点在 $k+1$ 时刻的坐标向量；$X(k) = \begin{bmatrix} x_k & y_k \end{bmatrix}^T$ 是节点在 k 时刻的坐标向量；$V(k)$ 是节点在 k 时刻的过程噪声；P 是状态转移矩阵，且有

$$P = \begin{bmatrix} 1 & 0 \\ 0 & 1 \end{bmatrix} \quad (3\text{-}27)$$

2）建立量测方程

将节点与邻居节点间距离值作为观测量，得到量测方程

$$z(k) = h[k, X(k)] + W(k) \quad (3\text{-}28)$$

式中，$h[k, X(k)]$ 是一个非线性量测函数；$W(k)$ 是节点在 k 时刻的量测噪声。

假设未知节点 i 的初始位置为 (x_i, y_i)，a、b、c 是未知节点 i 的邻居节点，它们的坐标由多维定标技术和线性变换获取，分别为 (x_a, y_a)、(x_b, y_b)、(x_c, y_c)。迭代的初始值为

$$X_0 = (x_i, y_i), P_0 = \begin{bmatrix} 1 & 0 \\ 0 & 0 \end{bmatrix}$$

$$H_0 = \begin{bmatrix} \dfrac{x_i - x_a}{\sqrt{(x_i-x_a)^2 + (y_i-y_a)^2}} & \dfrac{y_i - y_a}{\sqrt{(x_i-x_a)^2 + (y_i-y_a)^2}} \\ \dfrac{x_i - x_b}{\sqrt{(x_i-x_b)^2 + (y_i-y_b)^2}} & \dfrac{y_i - y_b}{\sqrt{(x_i-x_b)^2 + (y_i-y_b)^2}} \\ \dfrac{x_i - x_c}{\sqrt{(x_i-x_c)^2 + (y_i-y_c)^2}} & \dfrac{y_i - y_c}{\sqrt{(x_i-x_c)^2 + (y_i-y_c)^2}} \end{bmatrix}$$

$$\hat{z}_0 = \begin{bmatrix} \sqrt{(x_i-x_a)^2 + (y_i-y_a)^2} \\ \sqrt{(x_i-x_b)^2 + (y_i-y_b)^2} \\ \sqrt{(x_i-x_c)^2 + (y_i-y_c)^2} \end{bmatrix}$$

式中，X_0 为初始状态；P_0 为初始协方差；H_0 为量测矩阵；$\hat{z}_0$ 为未知节点与其邻居节点间距离的预测值组成矩阵的初始值。在完成初始化后，开始迭代过程。根据定位精度的要求，设

置迭代终止条件如下:

$$\sqrt{X_k^2 - X_{k-1}^2} \leqslant \Delta \tag{3-29}$$

式中,Δ 为预设的容错值,这里取 $\Delta = 0.01$;X_k 为第 k 次迭代得到的定位结果;X_{k-1} 为第 $k-1$ 次迭代得到的定位结果。图 3-5 所示为 MDS-HE 定位算法流程。

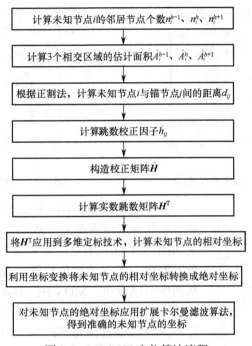

图 3-5 MDS-HE 定位算法流程

3.3.3 仿真结果及分析

1. 仿真模型及设定

在 MATLAB 仿真平台上对 MDS-HE 算法的定位过程进行仿真分析,分析不同锚节点个数对 MDS-HE 算法性能的影响,并在不同节点个数下与 DV-Hop 算法和 MDS-MAP 算法比较定位误差。仿真环境的主要参数如下。

(1) 节点通信半径为 10m。
(2) 节点个数为 400~1000 个。
(3) 锚节点个数为 5~10 个。
(4) 仿真区域大小为 100m×100m。

节点定位误差定义如下:

$$e = \frac{\sum_{i=1}^{N-M} \sqrt{(x_i - \hat{x}_i)^2 + (y_i - \hat{y}_i)^2}}{(N-M) \times r} \tag{3-30}$$

式中,N 表示节点个数;M 表示锚节点个数;r 表示节点通信半径;(x_i, y_i) 表示未知节点 i 的实际位置;$(\hat{x}_i, \hat{y}_i)$ 表示未知节点 i 的定位位置。

2. 定位效果及误差分析

节点个数为 500 个,锚节点个数为 5 个,未知节点拓扑连通图如图 3-6 所示;通过多维定标技术计算未知节点的相对坐标,如图 3-7 所示;通过线性变换得到未知节点的绝对坐标,如图 3-8 所示。

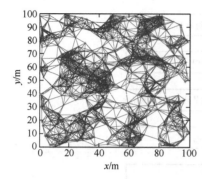

图 3-6 未知节点拓扑连通图

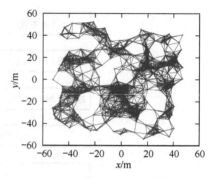

图 3-7 未知节点的相对坐标

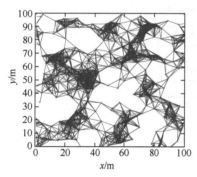

图 3-8 未知节点的绝对坐标

为了分析 MDS-HE 算法锚节点个数对定位误差的影响,在仿真区域内部署节点 500 个、锚节点 5 个,定位效果如图 3-9(a)所示。绿色星形表示节点的实际位置,红色圆圈表示节点的定位位置,蓝色线表示节点定位误差。从图中可以看出,MDS-HE 算法在部分区域的定位效果不是十分理想,这是因为锚节点个数所占节点个数比例相对较小,且锚节点分布不均匀。节点个数不变,锚节点个数增加到 10 个,MDS-HE 算法定位效果如图 3-9(b)所示,节点的定位效果得到显著提高。

为了分析节点个数对定位误差的影响,设置节点个数从 400 个到 1000 个变化,对 DV-Hop 算法、MDS-MAP 算法、MDS-HE 算法进行定位误差比较。如图 3-10 所示,随着网络中节点个数的增加,3 种定位算法的定位误差均减小,这是因为对于这 3 种算法,节点个数的增加使得未知节点与锚节点间估计距离和未知节点间估计距

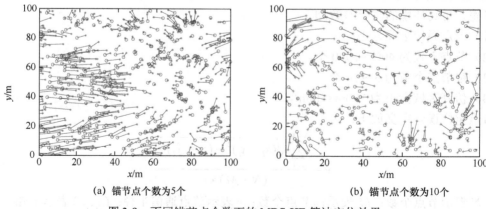

(a)锚节点个数为5个 (b)锚节点个数为10个

图 3-9 不同锚节点个数下的 MDS-HE 算法定位效果

离更加准确，从而减小定位误差。在节点个数相同时，MDS-HE 算法的定位误差比 DV-Hop 算法和 MDS-MAP 算法都要小，这是因为 DV-Hop 算法和 MDS-MAP 算法仅应用整数跳数估计未知节点与锚节点间的距离和未知节点间的距离，相对同一个锚节点具有相同跳数的不同未知节点到同一个锚节点间的距离相同，但是它们的实际距离是不同的，利用整数跳数导致定位误差较大。MDS-HE 算法将整数跳数转变为实数跳数，实数跳数矩阵得以优化，利用多维定标技术，得到的未知节点相对坐标更加精确，并且利用扩展卡尔曼滤波算法对未知节点坐标进行优化，提高了节点的定位精度，减小了定位误差。

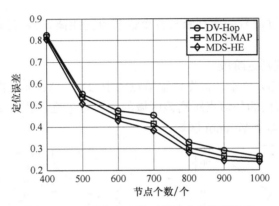

图 3-10　不同节点个数下算法定位误差比较

3.4　基于 Voronoi 图的定位方法

Voronoi 图又称泰森多边形或 Ditichlet 图，如图 3-11 所示。Voronoi 图是由一组两个相邻节点的垂直平分线连接形成的连续多边形。

Voronoi 图属于计算几何的一种，近年来被广泛应用到传感器网络的覆盖控制和传感器网络定位中。在传感器网络定位中，其主要思想如下。

采用无向连通图 $G = [V\ E]$ 表示传感器网络拓扑图，其中，V 为空间中所有传感器节点的集合，E 为连接所有相邻传感器的边的集合。令集合 $A(A \subset V)$ 为所有锚节点的集合，$U = V - A$ 为所有待定位节点的集合。当待定位节点 U_i 需要定位时，首先获取周围所有锚节点到它的 RSSI，估计其与周围锚节点的距离信息，之后构建所有锚节点 A 组成的 Voronoi 图，待定位节点 U_i 利用距离矩阵 $D(i, j)$ 或其他方法，判断自己在锚节点 A_1 对应的 Voronoi 区域内部，并记录该区域；再去除锚节点 A_1，重新构建 Voronoi 图，再次判断待定位节点 U_i 所属的 Voronoi 区域，并记录该区域。判断若干次，直到能够准确定位出 U_i。

本节首先介绍基于 Voronoi 图的经典定位算法。之后针对经典算法无法判断待定位节点所属区域的问题，提出几何约束的 Voronoi 图定位算法和基于 VBLS 的优化区域选择算法。最后本书对 3 种算法进行了仿真分析，两种改进的算法均能解决

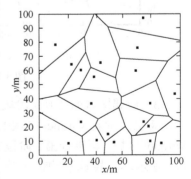

图 3-11　Voronoi 图

经典定位算法的问题,提高了定位精度,减小了定位误差。

3.4.1 基于 Voronoi 图的经典定位算法及存在的问题

1. 基于 Voronoi 图的经典定位算法

基于 Voronoi 图的经典定位(Voronoi diagrams Based Location Scheme,VBLS)算法采用集中式计算,主要由以下 4 个阶段构成。

1)距离估计阶段

每个待定位节点通过信号强度判断与各个锚节点的距离,并将信号强度转为距离信息,得到距离矩阵 $D(i,j)$。

2)待定位节点区域判定阶段

如图 3-12(a)和(b)所示,首先以锚节点为中心建立 Voronoi 图,之后利用 Voronoi 图的性质,即 Voronoi 区域内的任何点距离该区域的锚节点最近,根据待定位节点与锚节点的距离判断待定位节点属于哪个 Voronoi 区域。

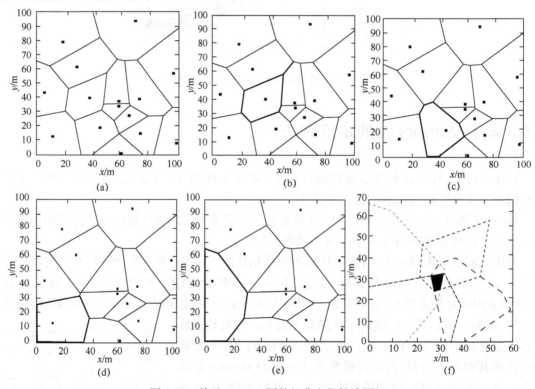

图 3-12 基于 Voronoi 图的经典定位算法图解

3)所属区域循环判定阶段

将上一阶段 Voronoi 区域中的锚节点剔除,锚节点个数减 1 个,重新生成整个网络的所有 Voronoi 区域,再进行第二阶段的判断,直至达到算法设定的重叠区域次数。如图 3-12(b)~(f)所示,一共循环判断 4 次。

4)位置估计阶段

在得到所有待定位节点存在的区域后,将该节点所属区域重叠部分的质心作为其位置估计。本算例中设定待定位节点的真实坐标为(30, 30),而最终的定位结果为(30.4, 28.1),定位精度较高。

表 3-1 所示为基于 Voronoi 图的经典定位算法的基本步骤。

表 3-1 基于 Voronoi 图的经典定位算法的基本步骤

// 设定利用 k 个 Voronoi 单元的重叠进行定位
// 待定位节点个数为 n_r,锚节点个数为 n_a,$n_a > k$ 且 $n_a \geq 3$
① for $1 \leq i \leq n_r$
②   for $1 \leq j \leq k$
③   利用 $D(i, j)$ 矩阵中的距离判断待定位节点 i 属于哪个 Voronoi 区域
④   将距离 D 矩阵第 i 行中的最小值剔除,更新 D 矩阵
⑤   end for
⑥   求 k 个区域的重叠区域,并将其质心作为节点 i 的估计位置
⑦ end for

2. 存在的问题

在基于 Voronoi 图的经典定位算法中,关键步骤是判断节点属于哪个 Voronoi 区域。如果距离估计不存在误差,则在每一步都可以正确判断节点真实位置所在的区域,那么最终得到的多个区域一定会存在交集,可以成功定位。然而,无论是直接测距还是利用其他方式估计距离,误差是不可避免的,这样会导致错误判断节点从属的 Voronoi 区域,导致多个区域没有交集,定位失败,如图 3-13 所示。即便定位成功,但是由于错误地判断了待定位节点的从属区域,所以定位精度也会迅速下降。

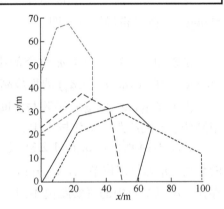

图 3-13 多个 Voronoi 图没有交集导致定位失败

3.4.2 几何约束辅助的 Voronoi 图定位算法

由 3.4.1 节的分析可知,在基于 Voronoi 图的经典定位算法中,待定位节点在确定自己属于哪个 Voronoi 区域时会有偏差,从而很可能使多个从属区域没有交集,无法完成定位。针对此问题,本节提出了几何约束辅助的 Voronoi 图定位(Voronoi-based and Geometric Constraint Assisted Localization Scheme,VBGCA)算法。该算法将 Cayley-Menger 行列式的几何应用引入距离优化中来,对测距误差进行最优估计并最终使待定位节点与各个锚节点间的距离信息满足几何约束,即在该网络中真实存在一个位置符合这些距离信息的约束条件。在进行距离优化后,节点可采用多种定位技术进行定位。

1. Cayley-Menger 矩阵及其几何应用

定义 3-1: 对于两个点序列 $\{a_1, a_2, \cdots, a_n\}$ 和 $\{b_1, b_2, \cdots, b_n\}$,其元素分别代表 n 个不同的点。Cayley-Menger 矩阵定义如下:

$$C(a_1,a_2,\cdots,a_n;b_1,b_2,\cdots,b_n) = \begin{bmatrix} d^2(a_1,b_1) & d^2(a_1,b_2) & \cdots & d^2(a_1,b_n) & 1 \\ d^2(a_2,b_1) & d^2(a_2,b_2) & \cdots & d^2(a_2,b_n) & 1 \\ \vdots & \vdots & \ddots & \vdots & \vdots \\ d^2(a_n,b_1) & d^2(a_n,b_2) & \cdots & d^2(a_n,b_n) & 1 \\ 1 & 1 & \cdots & 1 & 0 \end{bmatrix} \quad (3\text{-}31)$$

式中，$d(a_i,b_j)$ 表示点 a_i 和点 b_j 间的欧几里得距离。

如果两个点序列相同，则它们的 Cayley-Menger 矩阵将是一个对称矩阵，记为 $C(a_1,a_2,\cdots,a_n)$。

定义 3.2：对于两个相同的点序列，它们的 Cayley-Menger 矩阵的行列式被称为 Cayley-Menger 行列式。Cayley-Menger 行列式如下：

$$D(a_1,a_2,\cdots,a_n) = \det(C(a_1,a_2,\cdots,a_n)) \quad (3\text{-}32)$$

Cayley-Menger 矩阵及其行列式被广泛应用在几何学中，由如下定理对其进行描述。

定理 3-1：对于一个 m 维空间中的点序列 $\{a_1,a_2,\cdots,a_n\}$，如果 $n \geq m+2$，则其 Cayley-Menger 矩阵是奇异矩阵，即

$$D(a_1,a_2,\cdots,a_n)=0 \quad (3\text{-}33)$$

定理 3-2：对于一个 m 维空间中的点序列 $\{a_1,a_2,\cdots,a_n\}$，如果 $n \geq m+1$，则其 Cayley-Menger 矩阵 $C(a_1,a_2,\cdots,a_n)$ 的秩最高为 1。

由于 Cayley-Menger 矩阵与空间中几何距离密切相关且具有特殊的性质，所以其也被应用到传感器网络距离优化技术中。

如图 3-14 所示，$a_i(i=1,2,3)$ 代表锚节点，$d_{ij}=d(a_i,a_j)(i \neq j;i,j=1,2,3)$ 代表锚节点之间的距离，r_0 为待定位节点，$d_{0i}=d(r_0,a_i)$ 表示 r_0 和锚节点 a_i 之间的真实距离。由于测距误差的存在，所以节点中的真实距离不能被精确测量，$\bar{d}_{0i}$ 表示 r_0 和 a_i 间测得的非精确距离。

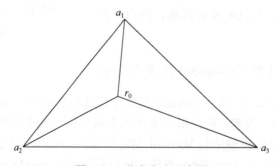

图 3-14 节点分布示意图

$$\bar{d}_{0i}^2 = d_{0i}^2 - \varepsilon_i \quad (3\text{-}34)$$

根据 Cayley-Menger 矩阵及其行列式的性质，对图 3-14 中的 4 个节点间的几何距离进行推导分析，可得到与测距误差 ε_i 有关的约束方程。

定理 3-3：对于式（3-34）定义的误差 $\varepsilon_i(i=1,2,3)$，存在一个二次等式约束如下：

$$\boldsymbol{\varepsilon}^T A \boldsymbol{\varepsilon} b + \boldsymbol{\varepsilon}^T + c = 0 \quad (3\text{-}35)$$

式中，

$$\boldsymbol{\varepsilon} = [\varepsilon_1,\varepsilon_2,\varepsilon_3]^T \quad (3\text{-}36)$$

$$\boldsymbol{b}=[b_1,b_2,b_3]^{\mathrm{T}} \tag{3-37}$$

$$\boldsymbol{A}=\begin{bmatrix} 2d_{23}^2 & d_{12}^2-d_{13}^2-d_{23}^2 & d_{13}^2-d_{23}^2-d_{12}^2 \\ d_{12}^2-d_{13}^2-d_{23}^2 & 2d_{13}^2 & d_{23}^2-d_{12}^2-d_{13}^2 \\ d_{13}^2-d_{23}^2-d_{12}^2 & d_{23}^2-d_{12}^2-d_{13}^2 & 2d_{12}^2 \end{bmatrix} \tag{3-38}$$

$$b_1 = 4d_{23}^2\overline{d}_{01}^2 + 2(d_{12}^2-d_{13}^2-d_{23}^2)\overline{d}_{02}^2 + 2(d_{13}^2-d_{12}^2-d_{23}^2)\overline{d}_{03}^2 + \\ 2d_{23}^2(d_{23}^2-d_{12}^2-d_{13}^2) \tag{3-39}$$

$$b_2 = 4d_{13}^2\overline{d}_{02}^2 + 2(d_{12}^2-d_{13}^2-d_{23}^2)\overline{d}_{01}^2 + 2(d_{23}^2-d_{12}^2-d_{13}^2)\overline{d}_{03}^2 + \\ 2d_{13}^2(d_{13}^2-d_{12}^2-d_{23}^2) \tag{3-40}$$

$$b_3 = 4d_{12}^2\overline{d}_{03}^2 + 2(d_{13}^2-d_{12}^2-d_{23}^2)\overline{d}_{01}^2 + 2(d_{23}^2-d_{12}^2-d_{13}^2)\overline{d}_{02}^2 + \\ 2d_{13}^2(d_{12}^2-d_{13}^2-d_{23}^2) \tag{3-41}$$

$$c = 2d_{12}^2d_{13}^2d_{23}^2 + 2d_{23}^2\overline{d}_{01}^4 + 2d_{13}^2\overline{d}_{02}^4 + 2d_{12}^2\overline{d}_{03}^4 + \\ 2(d_{12}^2-d_{13}^2-d_{23}^2)\overline{d}_{01}^2\overline{d}_{02}^2 + 2(d_{13}^2-d_{12}^2-d_{23}^2)\overline{d}_{01}^2\overline{d}_{03}^2 + \\ 2(d_{23}^2-d_{12}^2-d_{13}^2)\overline{d}_{02}^2\overline{d}_{03}^2 + 2d_{23}^2(d_{23}^2-d_{12}^2-d_{13}^2)\overline{d}_{01}^2 + \\ 2d_{13}^2(d_{13}^2-d_{12}^2-d_{23}^2)\overline{d}_{02}^2 + 2d_{12}^2(d_{12}^2-d_{13}^2-d_{23}^2)\overline{d}_{03}^2 \tag{3-42}$$

证明：根据定理 3-1 可知，$\boldsymbol{D}(a_1,a_2,a_3,r)=\boldsymbol{0}$ 即

$$\det\begin{vmatrix} 0 & d_{01}^2 & d_{02}^2 & d_{03}^2 & 1 \\ d_{01}^2 & 0 & d_{12}^2 & d_{13}^2 & 1 \\ d_{02}^2 & d_{12}^2 & 0 & d_{23}^2 & 1 \\ d_{03}^2 & d_{13}^2 & d_{23}^2 & 0 & 1 \\ 1 & 1 & 1 & 1 & 0 \end{vmatrix}=\boldsymbol{0} \tag{3-43}$$

假设锚节点 a_1、a_2、a_3 不共线，则 $\boldsymbol{D}(a_1,a_2,a_3)\neq\boldsymbol{0}$，可定义可逆矩阵 $\boldsymbol{E}$ 如下：

$$\boldsymbol{E}=\begin{bmatrix} 0 & d_{12}^2 & d_{13}^2 & 1 \\ d_{12}^2 & 0 & d_{23}^2 & 1 \\ d_{13}^2 & d_{23}^2 & 0 & 1 \\ 1 & 1 & 1 & 0 \end{bmatrix}=\boldsymbol{0} \tag{3-44}$$

根据式（3-43），可得

$$[d_{01}^2 \quad d_{02}^2 \quad d_{03}^2 \quad 1]\boldsymbol{E}^{-1}\begin{bmatrix} d_{01}^2 \\ d_{02}^2 \\ d_{03}^2 \\ 1 \end{bmatrix}=\boldsymbol{0} \tag{3-45}$$

将式（3-44）代入式（3-45）中，有

$$\begin{bmatrix} \overline{d}_{01}^2+\varepsilon_1 & \overline{d}_{02}^2+\varepsilon_2 & \overline{d}_{03}^2+\varepsilon_3 & 1 \end{bmatrix}\boldsymbol{E}^{-1}\begin{bmatrix} \overline{d}_{01}^2+\varepsilon_1 \\ \overline{d}_{02}^2+\varepsilon_2 \\ \overline{d}_{03}^2+\varepsilon_3 \\ 1 \end{bmatrix}=\boldsymbol{0} \tag{3-46}$$

在式（3-46）两端同时乘以 $\det(\boldsymbol{E}^{-1})$，推导可得式（3-35），证毕。

定理 3-3 描述了待定位节点与 3 个锚节点之间测距误差的一个二次等式约束，之后可在

设定目标函数的基础之上,通过数学最优化理论对测距误差的估计值进行求解,并最终通过式（3-34）求得优化后的距离。如果只有 3 个锚节点,则只需要一个等式约束即可得到优化后的距离。如果锚节点个数为 n,且 $n>3$,已有文献采用了同时进行多个约束的方式,设定待定位节点序号为 0,锚节点序号从 1 到 n,将这 $n+1$ 个节点按序号分成 $n-2$ 组,即分为 $\{0,1,2,3\},\{0,1,2,4\},\cdots,\{0,1,2,n\}$。这样会产生 $n-2$ 个约束,同时对 $\varepsilon_i(i=1,2,\cdots,n)$ 进行限制。

距离信息经过优化之后将满足点与点之间位置关系的几何约束,可消除测距误差对定位算法的负面影响。尤其是将该技术引入基于 Voronoi 图的定位算法中来,可以很好地解决该算法定位成功率低的问题,下文将介绍多锚节点下的距离优化技术,并提出基于 Voronoi 图的改进算法。

2. 多锚节点下的距离优化技术

对于上文提出的多锚节点下的距离优化思路,经分析发现存在缺陷。原方法无法对待定位节点与锚节点之间的距离进行有效优化,即利用几何约束的思想进行优化后,仍然不能完整地让节点间的距离关系符合真实的几何限制。本节将对该问题进行深入分析,并推导证明得出关于测距误差的一个线性约束。该线性约束将直接对待定位节点与其余任意 4 个锚节点的距离关系进行限制,从而解决多锚节点下的距离优化缺陷问题。

假设网络中锚节点数量为 4,则按照上一节中的多锚节点下的优化思路,将根据 $\{0,1,2,3\},\{0,1,2,4\}$ 这两种节点的组合对 $\varepsilon_i(i=1,2,3,4)$ 产生两个约束条件,第一个约束条件限制待定位节点 0 与锚节点 1、2、3 之间的距离关系;第二个约束条件限制待定位节点 0 与锚节点 1、2、4 之间的距离关系。最终要求距离信息在优化后同时满足这两个约束条件。

如图 3-15 所示,"△"表示锚节点,序号分别为 1、2、3、4。0 号为待定位节点,图中的圆或圆弧是以待定位节点与锚节点之间的估计距离为半径所画的。为了方便查看,在部分圆弧附近也标注了序号,表明该圆弧是以哪个锚节点为圆心所画的。图 3-15（a）所示为存在测距误差的情况,可以看出以锚节点为圆心的 4 个圆并不相交于一点。按照上文介绍的优化思路,经过优化后的距离所构建的 4 个圆应相交于一点,这样的距离值才是具有几何约束意义的。如图 3-15（b）所示,经过两个约束的距离优化后,可以看到以锚节点 1、2、3 为圆心构成的圆相交于一点,这表明节点组 0、1、2、3 确实满足了约束条件,同理,节点组 0、1、2、4 也同时满足了约束条件,但是 4 个圆并不相交于一点,不能完全达到想要的结果。这说明了对于几何平面上的两个圆,如果第 3 个圆与它们相交于一点,则交点不唯一。

定理 3-4：如果平面上 3 个圆心不共线的圆 X、Y、Z 有共同交点,则交点唯一,设为点 O,若有第 4 个圆与它们都相交于一点,则交点就为点 O。

证明：假设 X、Y、Z 3 个圆的公共交点为 A、B 两点,则 AB 为 3 个圆的公共弦。由圆的性质可知,圆心必定在该圆的弦的垂直平分线上,可推断出 X、Y、Z 3 个圆的圆心共线,与已知矛盾,故交点只有一个。显而易见,如果存在另一个圆与 X、Y、Z 有共同交点,则这 4 个圆的交点只能为圆 X、Y、Z 唯一的交点。证毕。

依据定理 3-4 可对多锚节点下的优化问题进行分析,并可以解决如何对多个锚节点进行分组来构建距离误差的约束这一问题。当锚节点数量 $n=3$ 时,仅利用式（3-35）定义的一个二次等式约束就可以实现距离信息的优化。当锚节点数量 $n \geq 4$ 时,将待定位节点与锚节点按照 $\{0,1,2,3,4\},\{0,1,2,3,5\},\cdots,\{0,1,2,3,n\}$ 分为 $n-3$ 组。如果可以得到 4 个锚节点与 1 个待定位节点的约束，而不是同定理 3-3 一样只以 3 个锚节点为基准，那么对于上述分组方式，经优化后，每个分组内都可实现 4 个锚节点对应的圆相交于一点，进而根据定理 3-4 可知，所有锚节点对应的圆都只能相交于一点，完整地符合了几何约束的实际意义。

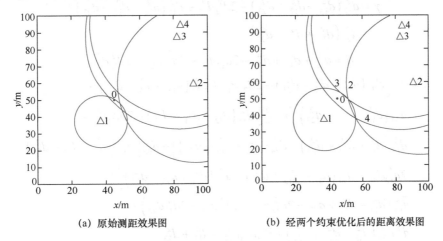

(a) 原始测距效果图　　(b) 经两个约束优化后的距离效果图

图 3-15　待定位节点与锚节点间距离估计比较

如图 3-16 所示，$a_i(i=1,2,3,4)$ 代表锚节点，$d_{ij}=d(a_i,a_j)(i\neq j;i,j=1,2,3,4)$ 代表锚节点之间的距离，r_0 为待定位节点，$d_{0i}=d(r_0,a_i)$ 表示待定位节点 r_0 和锚节点 a_i 之间的距离，$\bar{d}_{0i}$ 表示 r_0 和 a_i 之间的测距值。图 3-16 中实线代表可以通过坐标计算出的真实距离，而虚线表示通过测距手段测得的非精确距离。定理 3-5 将描述并证明 $\varepsilon_i(i=1,2,3,4)$ 满足的一个线性约束。

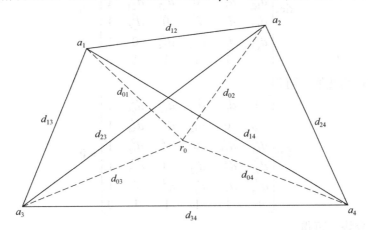

图 3-16　4 个锚节点与待定位节点分布示意图

定理 3-5：对于图 3-16 中表示的 5 个节点间的距离关系及式（3-34）定义的误差 ε_i，若 a_1、a_2、a_3 不共线且 ε_1、ε_2、ε_3 满足式（3-35），则对 $\varepsilon_i(i=1,2,3,4)$ 存在一个线性约束如下：

$$\alpha\varepsilon_1+\beta\varepsilon_2+\gamma\varepsilon_3+\delta\varepsilon_4+\theta=0 \quad (3\text{-}47)$$

式中，

$$\alpha=d_{23}^2\left(d_{12}^2+d_{13}^2-d_{23}^2\right)-2d_{23}^2d_{14}^2+d_{24}^2\left(d_{13}^2-d_{12}^2+d_{23}^2\right)+\\ d_{34}^2\left(d_{12}^2-d_{13}^2+d_{23}^2\right) \quad (3\text{-}48)$$

$$\begin{aligned}\beta = &\ d_{13}^2\left(d_{12}^2 - d_{13}^2 + d_{23}^2\right) - 2d_{13}^2 d_{24}^2 + d_{14}^2\left(d_{13}^2 - d_{12}^2 + d_{23}^2\right) + \\ & d_{34}^2\left(d_{12}^2 + d_{13}^2 - d_{23}^2\right)\end{aligned} \qquad (3\text{-}49)$$

$$\begin{aligned}\gamma = &\ d_{12}^2\left(d_{13}^2 - d_{12}^2 + d_{23}^2\right) - 2d_{12}^2 d_{34}^2 + d_{14}^2\left(d_{12}^2 - d_{13}^2 + d_{23}^2\right) + \\ & d_{24}^2\left(d_{12}^2 + d_{13}^2 - d_{23}^2\right)\end{aligned} \qquad (3\text{-}50)$$

$$\delta = d_{12}^4 + d_{13}^4 + d_{23}^4 - 2d_{12}^2 d_{13}^2 - 2d_{12}^2 d_{23}^2 - 2d_{13}^2 d_{23}^2 \qquad (3\text{-}51)$$

$$\begin{aligned}\theta = &\ \bar{d}_{01}^2\Big[d_{23}^2\left(d_{12}^2 + d_{13}^2 - d_{23}^2\right) - 2d_{23}^2 d_{14}^2 + d_{24}^2\left(d_{13}^2 - d_{12}^2 + d_{23}^2\right) + \\ & d_{34}^2\left(d_{12}^2 - d_{13}^2 + d_{23}^2\right)\Big] + \bar{d}_{02}^2\Big[d_{13}^2\left(d_{12}^2 - d_{13}^2 + d_{23}^2\right) - 2d_{13}^2 d_{24}^2 + \\ & d_{14}^2\left(d_{13}^2 - d_{12}^2 + d_{23}^2\right) + d_{34}^2\left(d_{12}^2 + d_{13}^2 - d_{23}^2\right)\Big] + \bar{d}_{03}^2\Big[d_{12}^2\left(d_{13}^2 - d_{12}^2 + d_{23}^2\right) - \\ & 2d_{12}^2 d_{34}^2 + d_{14}^2\left(d_{12}^2 - d_{13}^2 + d_{23}^2\right) + d_{24}^2\left(d_{12}^2 + d_{13}^2 - d_{23}^2\right)\Big] + \\ & \bar{d}_{04}^2\left(d_{12}^4 + d_{13}^4 + d_{23}^4 - 2d_{12}^2 d_{13}^2 - 2d_{11}^2 d_{23}^2 - 2d_{13}^2 d_{23}^2\right) + \\ & d_{12}^2 d_{34}^2\left(d_{13}^2 - d_{12}^2 + d_{23}^2\right) + d_{13}^2 d_{24}^2 d_{12}^2 - d_{13}^2 + d_{23}^2 + \\ & d_{23}^2 d_{14}^2\left(d_{12}^2 + d_{13}^2 - d_{23}^2\right) - 2d_{12}^2 d_{13}^2 d_{23}^2\end{aligned} \qquad (3\text{-}52)$$

证明：根据定理 3-1 可知，$\boldsymbol{D}(r_0, a_1, a_2, a_3, a_4) = \boldsymbol{0}$，即

$$\det\begin{bmatrix} 0 & d_{01}^2 & d_{02}^2 & d_{03}^2 & d_{04}^2 & 1 \\ d_{01}^2 & 0 & d_{12}^2 & d_{13}^2 & d_{14}^2 & 1 \\ d_{02}^2 & d_{12}^2 & 0 & d_{23}^2 & d_{24}^2 & 1 \\ d_{03}^2 & d_{13}^2 & d_{23}^2 & 0 & d_{34}^2 & 1 \\ d_{04}^2 & d_{14}^2 & d_{24}^2 & d_{34}^2 & 0 & 1 \\ 1 & 1 & 1 & 1 & 1 & 0 \end{bmatrix} = \boldsymbol{0} \qquad (3\text{-}53)$$

通过矩阵的行列变换，可得

$$\det\begin{bmatrix} 0 & d_{04}^2 & d_{01}^2 & d_{02}^2 & d_{03}^2 & 1 \\ d_{04}^2 & 0 & d_{14}^2 & d_{24}^2 & d_{34}^2 & 1 \\ d_{01}^2 & d_{14}^2 & 0 & d_{12}^2 & d_{13}^2 & 1 \\ d_{02}^2 & d_{24}^2 & d_{12}^2 & 0 & d_{23}^2 & 1 \\ d_{03}^2 & d_{34}^2 & d_{13}^2 & d_{23}^2 & 0 & 1 \\ 1 & 1 & 1 & 1 & 1 & 0 \end{bmatrix} = \boldsymbol{0} \qquad (3\text{-}54)$$

将矩阵进行分块，可得

$$\det\begin{bmatrix} \boldsymbol{B}_{11} & \boldsymbol{B}_{12} \\ \boldsymbol{B}_{12}^{\mathrm{T}} & \boldsymbol{B}_{22} \end{bmatrix} = \boldsymbol{0} \qquad (3\text{-}55)$$

式中，

$$\boldsymbol{B}_{11} = \begin{bmatrix} 0 & d_{04}^2 \\ d_{04}^2 & 0 \end{bmatrix},\quad \boldsymbol{B}_{12} = \begin{bmatrix} d_{01}^2 & d_{02}^2 & d_{03}^2 \end{bmatrix},\quad \boldsymbol{B}_{22} = \begin{bmatrix} 0 & d_{12}^2 & d_{13}^2 & 1 \\ d_{12}^2 & 0 & d_{23}^2 & 1 \\ d_{13}^2 & d_{23}^2 & 0 & 1 \\ 1 & 1 & 1 & 0 \end{bmatrix} \qquad (3\text{-}56)$$

由已知条件知 a_1、a_2、a_3 不共线，则 $D(a_1,a_2,a_3) \neq 0$，即 B_{22} 矩阵为可逆矩阵。通过式（3-55）可得：

$$\det\left(B_{11} - B_{12}B_{22}^{-1}B_{12}^{\mathrm{T}}\right) \times \det B_{22} = 0 \tag{3-57}$$

由式（3-57）可推得

$$\det\begin{bmatrix} 0 - b_1^{\mathrm{T}}B_{22}^{-1}b_1 & d_{04}^2 - \left(b_1^{\mathrm{T}}B_{22}^{-1}b_2\right) \\ d_{04}^2 - \left(b_2^{\mathrm{T}}B_{22}^{-1}b_1\right) & 0 - b_2^{\mathrm{T}}B_{22}^{-1}b_2 \end{bmatrix} = 0 \tag{3-58}$$

式中，

$$\begin{aligned} b_1 &= \begin{bmatrix} d_{01}^2 & d_{02}^2 & d_{03}^2 & 1 \end{bmatrix}^{\mathrm{T}} \\ b_2 &= \begin{bmatrix} d_{14}^2 & d_{24}^2 & d_{34}^2 & 1 \end{bmatrix}^{\mathrm{T}} \end{aligned} \tag{3-59}$$

因 ε_1、ε_2、ε_3 满足式（3-35），由定理 3-3 的证明过程可知 $b_1^{\mathrm{T}}B_{22}^{-1}b_1 = 0$，则由式（3-58）可推得

$$b_1^{\mathrm{T}}B_{22}^{-1}b_2 = b_2^{\mathrm{T}}B_{22}^{-1}b_1 = d_{04}^2 \tag{3-60}$$

根据式（3-34）定义的 ε_i，可得

$$\begin{bmatrix} \overline{d}_{01}^2 + \varepsilon_1 & \overline{d}_{02}^2 + \varepsilon_2 & \overline{d}_{03}^2 + \varepsilon_3 & 1 \end{bmatrix} B_{22}^{-1} \begin{bmatrix} d_{14}^2 \\ d_{24}^2 \\ d_{34}^2 \\ 1 \end{bmatrix} = \overline{d}_{04}^2 + \varepsilon_4 \tag{3-61}$$

在等式（3-61）两端同乘以 $\det(B_{22}^{-1})$，推导可得式（3-47），证毕。

经过上述分析与证明，对于测距误差 ε_i，存在一个以 3 个锚节点为基准的二次约束，同时也存在一个以 4 个锚节点为基准的线性约束。在接下来的优化过程中，首先定义目标函数 J 如下：

$$J = \varepsilon_1^2 + \varepsilon_2^2 + \cdots + \varepsilon_n^2 \quad (n \geq 3) \tag{3-62}$$

当 $n=3$ 时，根据式（3-35），对 ε_1、ε_2、ε_3 存在二次约束；当 $n>3$ 时，ε_1、ε_2、ε_3 满足一个二次约束，记为 $f(\varepsilon_1,\varepsilon_2,\varepsilon_3)=0$，同时以 4 个锚节点为一组，可再形成 $n-3$ 个线性约束，记为 $g_i(\varepsilon_1,\varepsilon_2,\varepsilon_3,\varepsilon_i)=0(4 \leq i \leq n)$，这 $n-2$ 个约束即可完整地实现几何实际意义。本次优化的最终目的是在这些约束存在的条件下将 J 最小化，针对该类带约束的最优问题，本书采用拉格朗日乘数法进行求解。首先定义拉格朗日函数如下：

$$H(\varepsilon_1,\cdots\varepsilon_n,\lambda_1,\cdots\lambda_{n-2}) = \sum_{i=1}^{n}\varepsilon_i^2 + \lambda_1 f(\varepsilon_1,\varepsilon_2,\varepsilon_3) + \sum_{i=2}^{n-2}\lambda_i g_{i+2}(\varepsilon_1,\varepsilon_2,\varepsilon_3,\varepsilon_{i+2}) \tag{3-63}$$

式中，λ_i 为拉格朗日乘数，其个数为优化问题中约束条件的个数。

对于式（3-63）中的拉格朗日函数 H，求其对 $\varepsilon_1,\cdots,\varepsilon_n$ 的一阶偏导，令它们等于 0，并与已知的约束方程联立，即可得到如下方程组：

$$\begin{cases} \dfrac{\partial H}{\partial \varepsilon_1} = 0 \\ \vdots \\ \dfrac{\partial H}{\partial \varepsilon_n} = 0 \\ f(\varepsilon_1, \varepsilon_2, \varepsilon_3) = 0 \\ g_4(\varepsilon_1, \varepsilon_2, \varepsilon_3, \varepsilon_4) = 0 \\ \vdots \\ g_n(\varepsilon_1, \varepsilon_2, \varepsilon_3, \varepsilon_n) = 0 \end{cases} \quad (3\text{-}64)$$

对式（3-64）求解，即可求得 $\varepsilon_1, \cdots, \varepsilon_i$ 的估计值，并通过式（3-34）得到优化后的能够满足节点间几何约束的距离值。

3. 基于 Voronoi 图的定位算法改进

接下来将根据上述理论分析提出一种几何约束辅助的基于 Voronoi 图的定位算法（VBGCA 算法）。该算法的基本思想是利用传感器节点间距离的几何约束对测距误差进行估计，从而优化距离信息，并应用到基于 Voronoi 图的定位算法中来。该算法为集中式计算，其基本步骤如表 3-2 所示。

表 3-2　VBGCA 算法的基本步骤

// 设定利用 k 个 Voronoi 单元的重叠进行定位
// 待定位节点个数为 n_r，锚节点个数为 n_a，$n_a > k$，$n_a > 3$
① 通过测距得到待定位节点 i 与锚节点 j 之间的初始距离信息 $D(i,j)$
② for $1 \leqslant i \leqslant n_r$
③ 　if $n_a = 3$
④ 　　根据式（3-35）得到待定位节点与锚节点距离误差的一个二次约束
⑤ 　　利用优化方法求得距离误差的估计值 $\hat{\varepsilon}$，优化距离矩阵为 $\boldsymbol{D}_{\text{ref}}(i,j)$
⑥ 　else
⑦ 　　首先根据式（3-45）得到节点 i 与锚节点距离误差的一个二次约束
⑧ 　　for $1 \leqslant j \leqslant (n_a - 3)$
⑨ 　　　根据式（3-47）得到节点 i 与锚节点距离误差的一个线性约束
⑩ 　　end for
⑪ 　　将得到的 $n - 2$ 个约束条件根据式（3-63）建立拉格朗日函数
⑫ 　　根据式（3-64）求得距离误差的估计值 $\hat{\varepsilon}$，优化距离矩阵为 $\boldsymbol{D}_{\text{ref}}(i,j)$
⑬ 　end if
⑭ end for
⑮ for $1 \leqslant i \leqslant n_r$
⑯ 　for $1 \leqslant j \leqslant k$
⑰ 　　利用 $\boldsymbol{D}_{\text{ref}}(i,j)$ 矩阵中的距离判断待定位节点 i 属于哪个 Voronoi 区域
⑱ 　　将距离 $\boldsymbol{D}_{\text{ref}}(i,j)$ 矩阵第 i 行中的最小值剔除，更新 $\boldsymbol{D}_{\text{ref}}(i,j)$ 矩阵
⑲ 　end for
⑳ 　求 k 个区域的重叠区域，并将其质心作为节点 i 的估计位置
㉑ end for

由上述基本步骤可知，VBGCA 算法大体上可分为两个阶段：测距误差修正阶段（核心阶段）和基于 Voronoi 图的定位阶段。该算法可以很好地解决测距误差导致的在定位阶段中多

个 Voronoi 区域并不重叠的问题。同时，本节所讨论的多锚节点下的距离优化技术，也解决了可能出现的优化后的距离信息并不完全满足几何约束这一不足。下面将用一个算例分析该算法中的核心部分——测距误差修正阶段。

本算例将分析图 3-16 中表示的 1 个待定位节点及 4 个锚节点的距离优化过程。其中，锚节点坐标分别为(37.2, 37.2)、(93.7, 59.3)、(82.9, 87.2)、(84.9, 93.3)，它们之间的真实距离可通过对其坐标进行计算获得。待定位节点与锚节点间带测距误差的距离信息分别为 $\bar{d}_{01} = 15.43$、$\bar{d}_{02} = 46.68$、$\bar{d}_{03} = 54.82$、$\bar{d}_{04} = 53.88$。应用本节提出的 VBGCA 算法，通过式（3-35）与式（3-47）可得两个约束条件如下：

$$\begin{aligned}0 &= f_1(\varepsilon_1, \varepsilon_2, \varepsilon_3) \\ &= -0.000136\varepsilon_1^2 - 0.0006965\varepsilon_2^2 - 0.0005579\varepsilon_3^2 + \\ &\quad 0.0002746\varepsilon_1\varepsilon_2 - 2.63 \times 10^{-6}\varepsilon_1\varepsilon_3 + 0.001118\varepsilon_2\varepsilon_3 + \\ &\quad 1.528\varepsilon_1 + 0.3779\varepsilon_2 + 0.09387\varepsilon_3 + 62.68 \\ 0 &= f_2(\varepsilon_1, \varepsilon_2, \varepsilon_3, \varepsilon_4) \\ &= -0.06622\varepsilon_1 - 0.09965\varepsilon_2 + 1.166\varepsilon_3 - \varepsilon_4 + 801.8\end{aligned} \quad (3\text{-}65)$$

则该优化问题可描述为

$$\begin{aligned}&\min \varepsilon_1^2 + \varepsilon_2^2 + \varepsilon_3^2 + \varepsilon_4^2 \\ &\text{s.t.} \quad f_1(\varepsilon_1, \varepsilon_2, \varepsilon_3) = 0 \\ &\qquad f_2(\varepsilon_1, \varepsilon_2, \varepsilon_3, \varepsilon_4) = 0\end{aligned} \quad (3\text{-}66)$$

根据式（3-63）及式（3-64），可得如下方程组：

$$\begin{cases}\dfrac{\partial H}{\partial \varepsilon_1} = 2\varepsilon_1 - 0.06622\lambda_2 - \\ \qquad \lambda_1\left(0.000272\varepsilon_1 - 0.0002746\varepsilon_2 + 2.63 \times 10^{-6}\varepsilon_3 - 1.528\right) = 0 \\ \dfrac{\partial H}{\partial \varepsilon_2} = 2\varepsilon_2 - 0.09965\lambda_2 + \\ \qquad \lambda_1\left(0.0002746\varepsilon_1 - 0.001393\varepsilon_2 + 0.001118\varepsilon_3 + 0.3779\right) = 0 \\ \dfrac{\partial H}{\partial \varepsilon_3} = 2\varepsilon_3 + 1.166\lambda_2 \\ \dfrac{\partial H}{\partial \varepsilon_4} = 2\varepsilon_4 - \lambda_2 \\ \dfrac{\partial H}{\partial \lambda_1} = f_2(\varepsilon_1, \varepsilon_2, \varepsilon_3, \varepsilon_4) = 0 \\ \dfrac{\partial H}{\partial \lambda_2} = f_2(\varepsilon_1, \varepsilon_2, \varepsilon_3, \varepsilon_4) = 0\end{cases} \quad (3\text{-}67)$$

解之，可得

$$\begin{cases} \varepsilon_1 = 40.2549 \\ \varepsilon_2 = 32.8555 \\ \varepsilon_3 = -390.5276 \\ \varepsilon_4 = 340.5961 \end{cases} \quad (3\text{-}68)$$

由式（3-34），可得

$$\begin{cases} \hat{d}_{01} = \sqrt{\bar{d}_{01}^2 + \varepsilon_1} = 16.6839 \\ \hat{d}_{02} = \sqrt{\bar{d}_{02}^2 + \varepsilon_2} = 47.0387 \\ \hat{d}_{03} = \sqrt{\bar{d}_{03}^2 + \varepsilon_3} = 51.1333 \\ \hat{d}_{04} = \sqrt{\bar{d}_{04}^2 + \varepsilon_4} = 56.9529 \end{cases} \quad (3\text{-}69)$$

式（3-69）中的距离值是按照本章提出的多锚节点下的距离优化算法求得的，若以 3 个锚节点为基准的优化方式，计算可得优化后的距离值分别为 $\hat{d}_{01} = 18.6044$、$\hat{d}_{02} = 43.4822$、$\hat{d}_{03} = 56.2417$、$\hat{d}_{04} = 55.3377$。可以看出两者的优化结果略有差异。

图 3-17 所示为待定位节点与锚节点距离优化结果比较，图中的圆或圆弧是以优化后的距离为半径所作的。如图 3-17（a）所示，按照以 3 个锚节点为基准的优化方式会产生 4 个圆无法相交于一点的情况。而从图 3-17（b）中所表示的 VBGCA 算法的距离优化结果中可以看到，4 个圆相交于一点，表明优化后的距离可以对应到平面上真实存在的一个位置，完整地符合了几何约束的实际意义，为基于 Voronoi 图的定位算法的成功定位打下了基础。

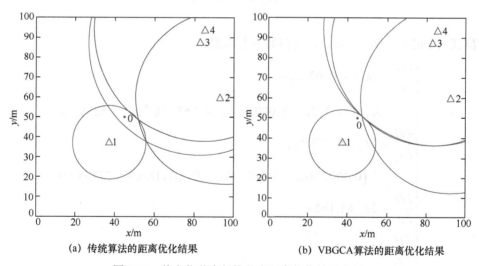

(a) 传统算法的距离优化结果　　　(b) VBGCA算法的距离优化结果

图 3-17　待定位节点与锚节点距离优化结果比较

4．仿真结果及分析

选取区域大小为 100m×100m，传感器节点随机部署在网络中，仿真平台为 MATLAB。把本章提出的 VBGCA 算法与经典的基于 Voronoi 图的定位算法进行比较并分析。网络模型设定如下：

（1）网络为同构网络。

(2) 传感器节点不可移动。
(3) 传感器节点具有测距能力并存在测距误差。
(4) 锚节点随机部署在网络中。
(5) 锚节点密度可满足算法要求。

本节中的数据均为 50 次仿真实验数据的平均值,节点定位误差定义如下:

$$e = \frac{1}{n}\sum_{i=1}^{n}\|x_i - \bar{x}_i\| \tag{3-70}$$

式中,n 为节点数量;x_i 为节点 i 的实际位置;$\bar{x}_i$ 为节点 i 的估计位置。

为了分析 VBGCA 算法能否较好地解决基于 Voronoi 图的定位算法的定位失败问题,首先对网络中待定位节点是否能被成功定位进行仿真分析,在这组仿真中,设定节点数量为 211 个、锚节点数量为 15 个、Voronoi 单元重叠计算次数为 5 次。

表 3-3 所示为不同测距误差下定位失败节点个数比较。

表 3-3 不同测距误差下定位失败节点个数比较

测距误差	5%	10%	15%	20%	25%
基于 Voronoi 图的定位算法定位失败节点个数/个	6	23	45	52	87
传统算法定位失败节点个数/个	2	8	11	15	23
VBGCA 算法定位失败节点个数/个	0	2	1	2	1

根据表 3-3 可以看出定位失败节点个数与测距误差的关系,从仿真所得的数据可以看出,基于 Voronoi 图的定位算法随着测距误差的增加,节点所从属的 Voronoi 区域判断错误率相应增加,导致多个 Voronoi 区域无重叠区域的可能性增加,定位失败的节点数量增加幅度较大。当测距误差为 25%时,其定位失败率达 40%。对于多锚节点下的优化方法,由于无法完整地满足几何约束,故将其引入基于 Voronoi 图的定位算法,虽然定位成功率有所提升,但仍会存在较多待定位节点无法完成定位的情况。VBGCA 算法在不同测距误差下都能达到较高的定位成功率。另外,由表 3-3 中的数据可知,VBGCA 算法也可能存在极少数的定位失败节点。这是由于受网络边界的影响,仿真中对基本的 Voronoi 区域进行了边界的限制,所以对于极个别的边界节点,虽然多个原始的 Voronoi 区域会发生重叠,但该区域可能在网络边界外,在这种情况下就无法成功定位了。

图 3-18 所示为两种定位算法效果比较。网络参数设定如下:节点数量为 226 个;测距误差为 10%;锚节点数量为 30 个;Voronoi 区域重叠计算次数为 5 次。图中"△"表示锚节点,"□"表示定位失败的节点,"·"表示节点的实际位置,"*"表示节点的定位位置,连线代表定位误差。图中的横、纵轴表示监测区域为 100m×100m。如图 3-18(a)所示,基于 Voronoi 图的定位算法有 30 余个点无法完成定位。从图 3-18(b)中可以看出,VBGCA 算法通过几何约束的方式对距离进行优化之后,节点定位成功率大幅增加,实现了节点的全部定位。

为了分析网络中重要参数对定位算法的影响,下一组仿真中将动态改变测距误差、锚节点数量及 Voronoi 区域重叠计算次数 3 个参数,对 VBGCA 算法的定位误差进行仿真分析并与经典的基于 Voronoi 图的定位算法进行比较。

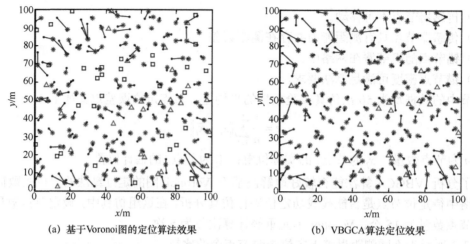

(a) 基于Voronoi图的定位算法效果　　　　(b) VBGCA算法定位效果

图 3-18　基于 Voronoi 图的定位算法与 VBGCA 算法定位效果比较

根据式（3-70）定义的定位误差，通过仿真可得不同测距误差下的节点定位误差。设定锚节点数量为 15 个，Voronoi 区域重叠计算次数为 5。如图 3-19 所示，随着测距误差的增加，两种算法的定位误差均有增加。两条曲线主要部分均较为平缓，说明这类基于 Voronoi 图的定位算法对测距误差不是十分敏感，只要正确判定节点从属的各个 Voronoi 区域即可，更加适用于测距误差较大的环境中，这也是该类算法相比三边测量法等定位算法的重要优势之一。另外，由图 3-19 中的数据可以计算出 VBGCA 算法的定位误差相比经典算法降低约 10%。由此可知，VBGCA 算法不仅能较大地提高定位的成功率，其定位误差也有一定程度的降低。

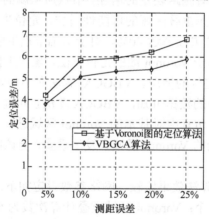

图 3-19　不同测距误差下算法定位误差比较

表 3-4 展示了当测距误差为 10%时，不同锚节点数量下的定位失败的节点个数及定位误差大小。从表 3-4 中可以看到，对于基于 Voronoi 图的定位算法，节点无法成功定位是由测距误差造成的，故其定位失败的节点个数基本上不受锚节点数量的影响。而 VBGCA 算法基本上可实现全部节点的成功定位。对定位误差的分析可知，随着锚节点数量的增加，Voronoia 区域变得更小，待定位节点的从属位置会更精确，所以，两种算法都可以相应地减小定位误差。由于 VBGCA 算法利用几何约束进行距离优化，节点将更为准确地判定自己所属的 Voronoi 区域，故 VBGCA 算法的定位精度比基于 Voronoi 图的定位算法有所提高。

表 3-4　不同锚节点数量下算法定位性能比较

锚节点数量/个	定位算法			
	基于 Voronoi 图的定位算法		VBGCA 算法	
	定位失败数量/个	定位误差/m	定位失败数量/个	定位误差/m
10	20	7.33	1	7.11
15	25	5.83	2	5.1
20	21	4.23	2	3.69
25	26	3.79	1	3.12
30	23	3.37	1	2.85

下面仿真并分析不同 Voronoi 区域重叠计算次数下的定位情况。本组仿真设定测距误差为 10%，锚节点数量为 15 个，Voronoi 区域重叠计算次数变化范围为 3～7。

如图 3-20（a）所示，随着重叠区域计算次数的增加，节点所在的区域将越来越精确，两个算法的定位误差都会随之下降。但是根据图 3-20（b），基于 Voronoi 图的定位算法随着重叠区域计算次数的增加，节点定位失败率剧增，这是由于测距误差的存在，计算次数越多，越有可能出现节点从属的多个 Voronoi 区域没有交集的情况，从而无法定位。VBGCA 算法采取距离优化技术，基本上不受重叠区域计算次数的影响，有效地保证了节点定位的成功率。

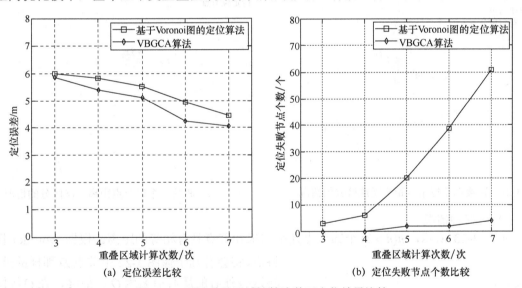

(a) 定位误差比较　　(b) 定位失败节点个数比较

图 3-20　不同重叠区域计算次数下定位效果比较

3.4.3　基于 VBLS 的优化区域选择算法

3.4.1 节分析了基于 Voronoi 图的定位算法，其关键步骤是判断节点属于哪个 Voronoi 区域。由于距离估计误差的存在，所以会错误判断节点所属的 Voronoi 区域，多个区域没有交集，从而定位失败。本节提出的基于 VBLS 的优化区域选择（Optimal Region Selection Strategy based on VBLS，ORSS-VBLS）算法分析了无法确定待定位节点所属 Voronoi 区域的 3 种可能情况，并用自选区域代替 Voronoi 区域，以便更精确地确定待定位节点的位置。

1. 无法确定待定位节点所属 Voronoi 区域

无法确定待定位节点所属 Voronoi 区域可能分为以下 3 种情况。

1）第一种情况

如图 3-21 所示，有两个锚节点几乎与未知节点具有相等的距离。根据 Voronoi 图的特点，CD 是 AB 的垂直平分线，所以，CD 周围的节点满足到 A、B 两个锚节点距离接近的条件。因此，以 CD 为中线绘制一个矩形。矩形的长度是 CD 的长度，宽度与噪声信号有关。噪声信号越大，宽度越大，则待定位节点必然在这个矩形之中，因此，用这个矩形代替 Voronoi 区域，进行后续区域重叠步骤。矩形如图 3-21 中的阴影所示。

2）第二种情况

如图 3-22 所示，有 3 个锚节点几乎与未知节点具有相等的距离。根据 Voronoi 图的特点，D 是节点 A、B 和 C 的外接圆圆心（外心），D 附近的节点满足到 3 个锚节点距离接近的条件。所以，以 D 为中心画圆，圆的半径与噪声信号有关，噪声信号越大，半径越大，则待定位节点必然在这个圆形之中，因此，用这个圆形代替 Voronoi 区域，进行后续区域重叠步骤。圆形如图 3-22 中的阴影所示。

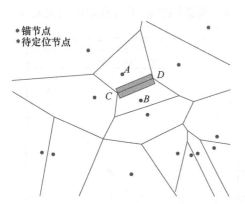

图 3-21 距离两个锚节点距离无法区分的情况

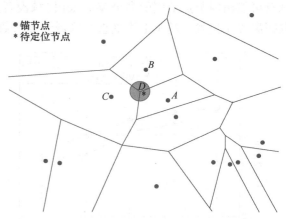

图 3-22 距离 3 个锚节点距离无法区分的情况

3）第三种情况

如图 3-23 所示，$n(n>3)$ 个锚节点几乎与未知节点具有相等的距离。根据 Voronoi 图的特点，将会有几个像图 3-22 中节点 D 那样的外心，将这些外心的质心命名为 O。最终，在 O 周围的节点满足距离 n 个锚节点距离接近的条件。因此，以 O 为中心画圆，圆的半径与噪声信号有关，噪声信号越大，半径越大，则待定位节点必然在这个圆形之中，因此，用这个圆形代替 Voronoi 区域，进行后续区域重叠步骤。圆形如图 3-23 中的阴影所示。

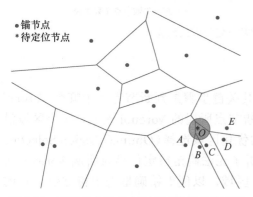

图 3-23 距离多个锚节点距离无法区分的情况

2. 基于 VBLS 的优化区域选择算法

我们将这种用自选区域代替 Voronoi 区域的方

法称为基于 VBLS 的优化区域选择（ORSS-VBLS）算法。

ORSS-VBLS 算法流程如图 3-24 所示。

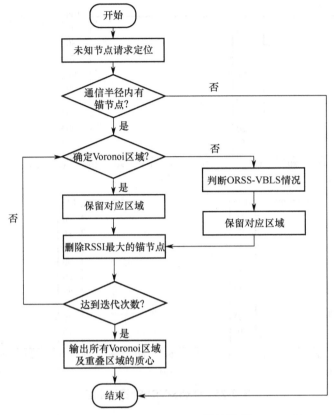

图 3-24　ORSS-VBLS 算法流程

第一步：未知节点向其通信半径内的锚节点发送定位请求信号。

第二步：获得信号的锚节点反馈一个应答信号。

第三步：判断接收信号的数量是否大于 0，如果数量是 0，表示周围没有锚节点，则定位失败，转至第六步；如果数量不为 0，进行下一步。

第四步：是否可以确定待定位节点所属 Voronoi 区域，如果可以，则保留 Voronoi 区域，如果不能判断，则判断属于 ORSS-VBLS 策略中的哪种情况，并按对应方法保留区域。

第五步：删除 RSSI 最大的锚节点，判断迭代次数是否达到设定值，如未达到，则转到第一步。

第六步：计算重叠区域及其质心，作为定位结果输出。

第七步：结束。

图 3-25 所示为 ORSS-VBLS 算法示意。

3. 仿真结果及分析

设置 100m×100m 的方形仿真区域，环境噪声 EN 总体服从平均值为 0 的高斯分布 EN ~ $N(\mu,\sigma^2)$，其中 $\mu = 0$，$\sigma = 0.1$。

$$f(x) = \frac{1}{\sqrt{2\pi}\sigma} \exp\left(-\frac{(x-\mu)^2}{2\sigma^2}\right) \tag{3-71}$$

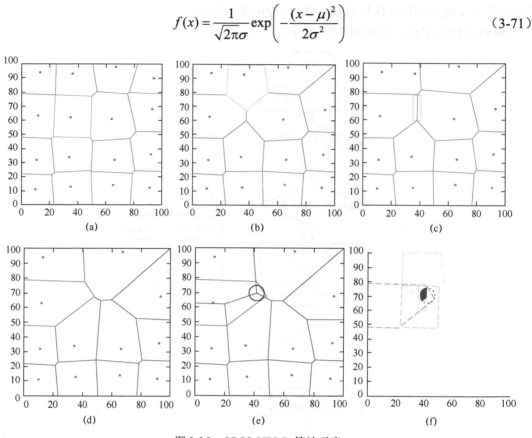

图 3-25 ORSS-VBLS 算法示意

图 3-26 所示为噪声模式。

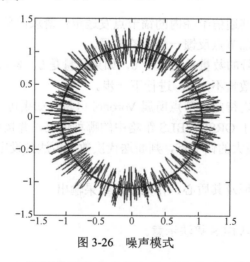

图 3-26 噪声模式

本节主要对 ORSS-VBLS 算法进行仿真分析,并对比了质心算法、I-VBLS 算法和 ORSS-VBLS 算法。

图 3-27 所示为定位误差随测距误差变化情况。随着测距误差的增大,两种算法的定位误差均有所增大。对于 I-VBLS 算法,测距误差越大,Voronoi 区域也就越大,最终重叠区域也

越大，定位误差就会增大。对于 ORSS-VBLS 算法，当测距误差小于 20%时，其对算法的影响很小，这是因为每一步选取的 Voronoi 区域并没有变大，对定位精度影响不大。

图 3-28 所示为定位误差随锚节点数量的变化情况，随着锚节点个数的增加，3 种算法的定位误差均明显减小。对于质心算法，未知节点可以和更多的锚节点通信，获得更多的位置信息参考，加权平均坐标更加稳定。对于 ORSS-VBLS 算法和 I-VBLS 算法，随着锚节点个数的增加，Voronoi 区域的数量增多，每个区域的平均面积减小，重叠区域的面积随之减小，定位精度也随之提高。

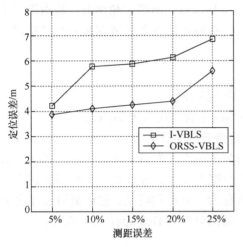

图 3-27 定位误差随测距误差变化情况　　图 3-28 定位误差随锚节点个数变化情况

表 3-5 所示为当测距误差为 10%时，不同锚节点个数下，算法定位性能比较。对于 VBLS 算法，定位失败的原因是较大的测距误差，因此，锚节点个数不会对定位失败率产生较大的影响。VBGCA 算法的定位成功率大大提升是由于该算法减小了测距误差。而 ORSS-VBLS 算法完全避免了测距误差带来的干扰，反而利用误差的存在来缩小 Voronoi 区域，提高了定位精度。定位误差随着锚节点的增加而减小，主要是由于定位区域内的 Voronoi 区域平均面积会随之减小，未知节点的可能范围更小。

表 3-5 不同锚节点数量下算法定位性能比较

锚节点个数/个	VBLS 算法		VBGCA 算法		ORSS-VBLS 算法	
	定位失败数/个	误差/m	定位失败数/个	误差/m	定位失败数/个	误差/m
5	14	16.1	0	15.3	0	15.7
10	16	7.73	0	7.11	0	6.52
15	23	5.83	2	5.1	0	2.49
20	21	4.23	3	3.69	0	2.41
25	26	3.79	2	3.12	0	2.38

3.5 基于 Delaunay 三角剖分的定位方法

本节提出了基于 Delaunay 三角剖分的定位方法（Delaunay triangulation Based Localization

Scheme，DBLS），其思想为待定位节点根据接收到锚节点的 RSSI，判断从属的 Delaunay 三角区域，将所有的 Delaunay 三角区域交集的质心作为定位结果。我们将 DBLS、VBLS 与质心算法进行了仿真比较。仿真结果表明，由于 Delaunay 三角剖分区域更为细化，故 DBLS 的定位效果明显优于另外两种算法。

3.5.1 Delaunay 三角剖分

Delaunay 三角是 Boris Delaunay 在 1934 年提出的。本节首先给出 Delaunay 三角的定义。

定义 3.3：给定平面上 s 个点的集合 P，$P = \{P_i | i = 1, \cdots, s\}$。所谓三角剖分，是指用互不相交的直线段连接 P_m 与 P_n，$m, n \in [1, s]$，$m \neq n$，并且使凸壳中的每个区域都是一个三角形。由于三角剖分是一个平面图，故满足以下几个条件：

（1）图中不存在相交的边。

（2）图中的边不包含集合 P 中的其他任何点，端点除外。

（3）图中所有的面都是三角形，并且所有三角形的集合是集合 P 的凸壳。

在三角剖分定义的基础上可得出 Delaunay 三角剖分的定义。

定义 3.4：如图 3-29 所示，假设 e（AB 为它的两个端点）为边集合 E 中的一条边，如果 e 满足条件，那么将其称为 Delaunay 边：存在一个经过点 A 和点 B 的圆，并且该圆内不包含集合 P 中其他任何点（最多三点共圆），该特性又被称为空外接圆特性。假如离散点集合 P 的某个三角剖分 T 中仅含有 Delaunay 边，那么，此三角剖分 T 为 Delaunay 三角剖分。

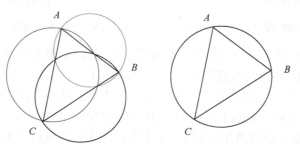

图 3-29 Delaunay 边

因为 Delaunay 三角剖分可以最大限度地避免狭长三角形的产生，所以 Delaunay 三角剖分逐渐被广大学者认可，同时它也是目前应用最为广泛的三角剖分方法。作为一种应用广泛的几何分析工具，Delaunay 三角剖分具备以下几点其他三角剖分不具备的性质。

（1）唯一性：无论从点集合的哪个位置开始建网，最终得到的 Delaunay 三角网都是唯一的（不会因开始建网区域的不同而改变）。

（2）最接近：三角形是以最邻近的三点组成的，并且所形成的三角形的各边都不会相交。

（3）最规则：假如将三角网中每个三角形的最小角度按升序进行排列，那么，Delaunay 三角网的排列得到的数值最大。

（4）区域性：移动、新增、删除三角网中的某个顶点，只会影响相邻的三角形。

（5）具有凸多边形的外壳：在所构建的三角网中，最外层的边界构成了点集合的凸多边形"外壳"。

3.5.2 DBLS 算法描述

由 3.4 节可知，采用无向连通图 $G=[V\ E]$ 表示传感器网络拓扑图，其中，V 为空间中所有传感器节点的集合，E 为连接所有相邻传感器的边的集合。令集合 $A(A\subset V)$ 为所有锚节点的集合，$U=V-A$ 为所有待定位的节点集合。

首先，所有待定位节点通过 RSSI 估计出与周围锚节点的距离信息。待定位节点 U_i 利用余弦定理判断所在的 Delaunay 三角形，再迭代使用插入点定位算法，完成对待定位节点的精确定位。

如图 3-30 所示，设 $\triangle A_1A_2A_3$ 的顶点坐标为 $A_1(x_1,y_1)$、$A_2(x_2,y_2)$、$A_3(x_3,y_3)$，待定位节点 U_i 到 A_1、A_2、A_3 的距离分别为 d_1、d_2、d_3，则点 U_i 在 $\triangle A_1A_2A_3$ 内的充要条件为 $\angle A_1U_iA_3+\angle A_2U_iA_3+\angle A_1U_iA_2=2\pi$。

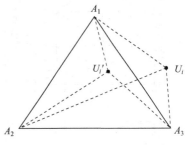

图 3-30 待定位节点与三角形的位置关系

根据余弦定理可以得到未知节点 U_i 与 3 个锚节点之间夹角的余弦值为

$$\cos\angle A_1U_iA_2=\frac{d_1^2+d_2^2-A_1A_2^2}{2d_1d_2}$$
$$\cos\angle A_1U_iA_3=\frac{d_1^2+d_3^2-A_1A_3^2}{2d_1d_3} \quad (3-72)$$
$$\cos\angle A_2U_iA_3=\frac{d_2^2+d_3^2-A_2A_3^2}{2d_2d_3}$$

若 $\angle A_1U_iA_3+\angle A_2U_iA_3+\angle A_1U_iA_2=2\pi$，则判定点 U_i 在 $\triangle A_1A_2A_3$ 的内部；若 $\angle A_1U_iA_3+\angle A_2U_iA_3+\angle A_1U_iA_2<2\pi$，则判定点 U_i 在 $\triangle A_1A_2A_3$ 的外部。

DBLS 算法流程如下：

（1）待定位节点 U_i 向周围广播一个 Request 信号，向邻居锚节点请求定位信息。

（2）所有接收到 Request 消息的锚节点回复一个 Reply 消息，该消息包括锚节点的自身位置和 RSSI。

（3）传感器网络根据 RSSI 估计每个待定位节点和其邻居锚节点的距离，计算其与锚节点的夹角。

（4）待定位节点接收完所有邻居锚节点的 Reply 消息，判断自己所处的 Delaunay 三角区域。

（5）算法伪代码如下。

```
Receive Reply messages from m anchors
For j =1 to m
    Calculate Delaunay area  D_ij  of anchor  A_i[j]
    Add Delaunay ( D_ij )
    For k =j +1 to  m
        Remove  A_i[j]  from  A_i[k] 's one-hop neighbors table
    End for
End for
```

（6）计算所有 Delaunay 三角区域的重合部分的质心，将该质心作为定位结果输出。图 3-31 所示为 DBLS 算法示意。

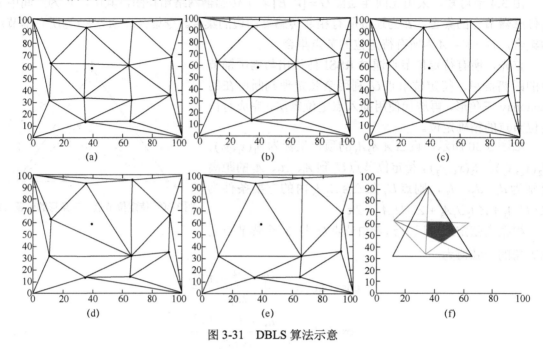

图 3-31　DBLS 算法示意

3.5.3　噪声情况下的定位研究

DBLS 算法在实际环境中存在受噪声干扰的情况，可能导致后续判断待定位节点从属的 Delaunay 区域存在错误，进而导致多个 Delaunay 区域叠加后为空的情况出现。这种情况就意味着定位失败。针对这个问题，本节提出了一种改进方法，可以消除这种误差带来的影响。

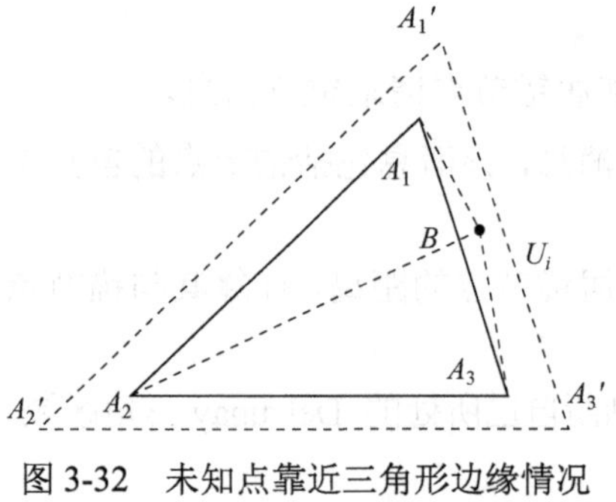

当待定位节点接近三角形区域的边缘时，由于测量距离的误差，所以不能准确判断待定位节点是否属于该 Delaunay 三角区域。如图 3-32 所示，当 U_i 从三角形外靠近 A_1A_3 时，$\angle A_1U_iA_3 \to \pi$，则有

$$\angle A_1U_iA_3 + \angle A_2U_iA_3 + \angle A_1U_iA_2 = 2\angle A_1U_iA_3 \to 2\pi \quad (3\text{-}73)$$

图 3-32　未知点靠近三角形边缘情况

此时，无法判断 U_i 是否在 $\triangle A_1A_2A_3$ 内部，但这种情况只会发生在未知节点非常靠近三角形的时候。因此，计算前一个 Delaunay 区域时要将该区域扩大 η 倍，以包括更多的模糊区域。根据环境噪声的不同，η 的值可以根据最大噪声进行调节。

3.5.4　仿真及结果分析

图 3-33 所示为 DBLS 算法定位误差随通信半径变化情况。图 3-34 所示为 DBLS 算法定位误差随锚节点数量变化情况。

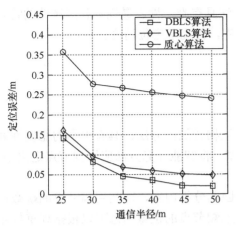 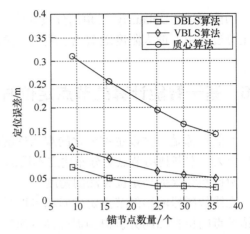

图 3-33 DBLS 算法定位误差随通信半径变化情况　　图 3-34 DBLS 算法定位误差随锚节点数量变化情况

从图 3-33 和图 3-34 中可以看出，随着通信半径增大或锚节点数量增多，3 种算法的定位误差都随之降低，这是因为每个节点能够获得的锚节点数量越多，则可用于判断自身位置的信息就越多。在多次仿真实验中，DBLS 算法的精度都优于 VBLS 算法。这是由于 Delaunay 三角剖分的三角形个数=边界点个数+2 倍内点个数−2。如果在正方形待定位区域的 4 个顶点设置 4 个锚节点，其余节点均在区域内部，即边界点数量为 4 个，则对于有 n 个锚节点的区域，剖分后三角形个数为 $2n-6$ 个，而 Voronoi 图将区域划分为 n 部分。故当 $n>6$ 时，Delaunay 三角剖分更为细化，DBLS 算法效果较 VBLS 算法有所提高。

如图 3-35 所示，随着迭代次数（重叠区域计算次数）的增加，节点所在的区域将越来越精确，两种算法的定位误差都会随之减小。由于迭代次数的增加，未知节点的可行范围逐渐缩小，故精度逐步提高。但随着迭代次数的增加，Voronoi 区域和 Delaunay 区域越来越大，约束效果逐渐减弱，定位精度曲线逐渐趋于平缓。

如图 3-36 所示，随着测距误差的增大，两种算法的定位误差均有所增大。两条曲线在测距误差为 10%～20%时较为平缓，说明 VBLS 算法和 DBLS 算法在一定范围内对测距误差不是十分敏感。

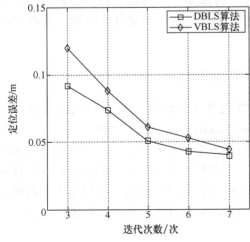 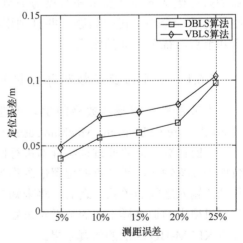

图 3-35 DBLS 定位误差随迭代次数变化情况　　图 3-36 DBLS 定位误差随测距误差变化情况

如前所述，Delaunay 三角剖分较其他三角剖分法具有唯一性、最规则和区域性的特点，在定位过程中，最大限度地避免了狭长三角形的产生，提高了定位精度。

3.6 基于智能计算的节点定位方法

智能计算是一种以生物进化的观点理解和模拟生物智能的方法，具有很强的稳健性和自适应能力。本书利用节点的分布建立不同的数学模型，将智能计算方法应用到节点定位中来，利用数据和经验提高定位算法的精度。

无线传感器网络的节点定位问题可以看作一个回归分析问题，即利用锚节点的跳数信息和锚节点的位置归纳分析得到训练样本间的关系，未知节点的位置信息可以根据训练样本间的关系得出。无线传感器网络由于自身性能限制和成本等因素，网络中锚节点的数量有限，是一个小训练样本下的节点定位问题。如果无线传感器网络中的未知节点数量较多，网络拓扑结构复杂，节点的定位问题将变成高维问题，会增加算法的计算复杂度，导致计算速度较慢。核函数极限学习机将核函数的思想引入极限学习机算法的训练中，将非线性不可分问题转化为高维空间中的线性可分问题，且不依赖训练样本数量，计算复杂度要远远低于其他智能计算方法。在此基础上求得的输出权值，能够产生稳定的预测结果。本节提出基于核函数极限学习机的节点定位算法，该算法将锚节点与未知节点间的实数跳数作为训练输入，锚节点的位置信息作为训练目标，将未知节点间的实数跳数作为测试输入，而未知节点的位置将通过训练后的核函数极限学习机获得。另外，该算法的计算速度快、定位时间短，可以有效节省节点的能量。

我们还可以把无线传感器网络节点定位的问题看作一个不同系统模型下的距离估计问题，节点间的距离估计可以转换成一个约束优化问题，可以通过智能计算方法对约束优化问题进行快速寻优求解，从而提升节点定位的效果。蝙蝠算法具有模型简单、更新机制充分、寻优精度高、收敛速度快等优势，适合作为优化算法以提高节点定位效果。本节还提出了基于蝙蝠算法的节点定位算法，该算法利用未知节点的跳数信息和未知节点的邻居节点的条件概率分布计算未知节点与锚节点间的距离，将未知节点与锚节点间的距离估计问题转化成一个约束优化问题，并且利用蝙蝠算法对优化问题进行快速寻优求解，从而得到未知节点与锚节点间的距离。

3.6.1 基于核函数极限学习机的节点定位算法研究

本节首先介绍核函数极限学习机理论，然后提出基于核函数极限学习机的节点定位（Kernel Extreme Learning Machine based on Hop-count Quantization，KELM-HQ）算法。其次，针对智能计算，需要通过训练样本进行回归分析的问题，本节将未知节点与锚节点间实数跳数作为训练输入，锚节点的位置信息作为训练目标，利用核函数极限学习机来分析训练目标与训练输入之间的关系。之后，将未知节点间的实数跳数作为测试输入，并利用核函数极限学习机得出的训练样本间的关系对未知节点的位置做出准确的计算，实现节点定位。最后，分析 KELM-HQ 算法的仿真结果。

1. 极限学习机

2006 年，南洋理工大学的 Huang 等人提出了一种基于单隐含层前馈神经网络（Single hidden Layer Feedforward Neural networks，SLFNs）的学习算法，称为极限学习机（Extreme Learning Machine，ELM）。

ELM 算法的优点如下。

（1）它是一种简单又容易实现的单隐含层前馈神经网络学习算法，并且学习速度极快。

（2）ELM 算法随机赋值隐含层神经元个数，受到的干预条件很少。

（3）随机确定单隐含层前馈神经网络中的输入层权值和隐含层偏置，降低了算法的训练时间和计算开销。

（4）避免了陷入局部最优解的问题。

（5）具有较强的泛化性能。

1）极限学习机理论

对于任意给定的 N 个样本集合 $(\boldsymbol{x}_i, \boldsymbol{t}_i)$，如图 3-37 所示，其中 $\boldsymbol{x}_i = [x_{i1}, x_{i2}, \cdots, x_{in}]^\mathrm{T} \in \mathbf{R}^n$，$\boldsymbol{t}_i = [t_{i1}, t_{i2}, \cdots, t_{im}]^\mathrm{T} \in \mathbf{R}^m$，隐含层神经元个数为 L，隐含层的激活函数为 $g(x)$，则该单隐含层前馈神经网络的数学表达式可以表示为

$$\sum_{i=1}^{L} \boldsymbol{\beta}_i g(\boldsymbol{w}_i \cdot \boldsymbol{x}_j + b_i) = \boldsymbol{o}_j, \quad j=1,2,\cdots,N \tag{3-74}$$

式中，$\boldsymbol{w}_i = [w_{i1}, w_{i2}, \cdots, w_{in}]^\mathrm{T}$ 为第 i 个隐含层神经元和输入神经元之间的权重，$\boldsymbol{\beta}_i = [\beta_{i1}, \beta_{i2}, \cdots, \beta_{im}]^\mathrm{T}$ 为连接第 i 个隐含层神经元和输出神经元之间的权重，b_i 表示第 i 个隐含层神经元的偏置值，$\boldsymbol{w}_i \cdot \boldsymbol{x}_j$ 表示 $\boldsymbol{w}_i$ 和 $\boldsymbol{x}_j$ 的内积，$\boldsymbol{o}_j$ 表示输出向量。

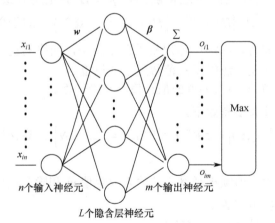

图 3-37 极限学习机结构图

对于隐含层神经元个数为 L、激活函数为 $g(x)$ 的单隐含层前馈神经网络来说，它能够以零误差来逼近这 N 个样本集合，即

$$\sum_{j=1}^{L} \|\boldsymbol{o}_j - \boldsymbol{t}_j\| = 0 \tag{3-75}$$

当存在 $\boldsymbol{\beta}_i$、$\boldsymbol{w}_i$ 和 b_i 使得式（3-76）成立时

$$\sum_{i=1}^{L} \boldsymbol{\beta}_i g(\boldsymbol{w}_i \cdot \boldsymbol{x}_j + b_i) = \boldsymbol{t}_j, \ j = 1, 2, \cdots, N \tag{3-76}$$

上述表达式也可简写为

$$\boldsymbol{H}\boldsymbol{\beta} = \boldsymbol{T} \tag{3-77}$$

式中，

$$\boldsymbol{H} = \boldsymbol{H}(\boldsymbol{w}_1, \boldsymbol{w}_2, \cdots, \boldsymbol{w}_L, b_1, b_2, \cdots b_L, \boldsymbol{x}_1, \boldsymbol{x}_2, \cdots \boldsymbol{x}_n)$$

$$= \begin{bmatrix} g(\boldsymbol{w}_1 \cdot \boldsymbol{x}_1 + b_1) & \cdots & g(\boldsymbol{w}_L \cdot \boldsymbol{x}_1 + b_L) \\ \vdots & \cdots & \vdots \\ g(\boldsymbol{w}_1 \cdot \boldsymbol{x}_N + b_1) & \cdots & g(\boldsymbol{w}_L \cdot \boldsymbol{x}_N + b_L) \end{bmatrix}_{N \times L}$$

$$\boldsymbol{\beta} = \begin{bmatrix} \boldsymbol{\beta}_1^{\mathrm{T}} \\ \vdots \\ \boldsymbol{\beta}_L^{\mathrm{T}} \end{bmatrix}_{L \times M}, \boldsymbol{T} = \begin{bmatrix} \boldsymbol{t}_1^{\mathrm{T}} \\ \vdots \\ \boldsymbol{t}_L^{\mathrm{T}} \end{bmatrix}_{N \times M}$$

式中，$\boldsymbol{H} = \{h_{ij}\}(i=1,2,\cdots,N; \ j=1,2,\cdots,L)$，$\boldsymbol{H}$ 为单隐含层前馈神经网络隐含层的输出矩阵，$\boldsymbol{H}$ 中的第 i 列为输入值 $\boldsymbol{x}_1, \boldsymbol{x}_2, \cdots, \boldsymbol{x}_N$ 在隐含层神经元 i 的输出向量。

通过分析可知，单隐含层前馈神经网络的输入权重和隐含层偏置可随机选取且不需要调节。对于给定的固定输入权重 $\boldsymbol{w}_i$ 和隐含层偏置 b_i，训练单隐含层前馈神经网络，即得出线性系统 $\boldsymbol{H}\boldsymbol{\beta} = \boldsymbol{T}$ 的一个最小二乘解 $\boldsymbol{\beta}$

$$\|\boldsymbol{H}(\boldsymbol{w}_1', \cdots, \boldsymbol{w}_L', b_1', \cdots, b_L')\boldsymbol{\beta}' - \boldsymbol{T}\| = \min_{\boldsymbol{w}_i, b_i, \boldsymbol{\beta}} \|\boldsymbol{H}(\boldsymbol{w}_1, \cdots, \boldsymbol{w}_L, b_1, \cdots, b_L)\boldsymbol{\beta} - \boldsymbol{T}\| \tag{3-78}$$

Huang 等人已经证明，上述线性系统最小二乘解的最小值具有如下特征。

（1）训练误差最小。$\boldsymbol{\beta}' = \boldsymbol{H}^+ \boldsymbol{T}$ 是线性系统 $\boldsymbol{H}\boldsymbol{\beta} = \boldsymbol{T}$ 的最小二乘解。

（2）具有最小权重值和良好的泛化能力。$\boldsymbol{\beta}' = \boldsymbol{H}^+ \boldsymbol{T}$ 是所有最小二乘解中的最小值：$\|\boldsymbol{\beta}'\| = \|\boldsymbol{H}^+ \boldsymbol{T}\| \leqslant \|\boldsymbol{\beta}\|, \forall \boldsymbol{\beta} \in \{\boldsymbol{\beta}: \|\boldsymbol{H}\boldsymbol{\beta} - \boldsymbol{T}\| \leqslant \|\boldsymbol{H}\boldsymbol{z} - \boldsymbol{T}\|, \forall \boldsymbol{z} \in \boldsymbol{R}^{n \times n}\}$，对于单隐含层前馈神经网络，当训练样本得到最小方差时，网络中输出权重范数越小，网络的泛化能力越强。这种学习方法不仅可以得到最小的误差，还能得到范数最小的权重。

（3）线性系统 $\boldsymbol{H}\boldsymbol{\beta} = \boldsymbol{T}$ 最小二乘解的最小值具有唯一性。

极限学习机算法的计算步骤如下。

给定一组训练样本 $\{(\boldsymbol{x}_i, \boldsymbol{t}_i) | \boldsymbol{x}_i \in \boldsymbol{R}^n, \boldsymbol{t}_i \in \boldsymbol{R}^m, \ i = 1, 2, \cdots, N\}$，隐含层神经元的个数为 L，隐含层激活函数为 $g(x)$。

（1）随机生成单隐含层前馈神经网络的输入权重值 $\boldsymbol{w}_i$ 和隐含层偏置值 b_i，$i = 1, 2, \cdots, L$。

（2）计算隐含层输出矩阵 $\boldsymbol{H}$。

（3）计算输出权重向量 $\boldsymbol{\beta}'$：$\boldsymbol{\beta}' = \boldsymbol{H}^+ \boldsymbol{T}$。

2）核函数极限学习机

极限学习机通过最小化训练误差和最小化输出权重的范数对网络进行训练，即 $\min \|\boldsymbol{\beta} \cdot h(\boldsymbol{x}_i) - \boldsymbol{t}_i\|^2$ 和 $\min \|\boldsymbol{\beta}\|$，$\boldsymbol{\beta}$ 是连接隐含层神经元和输出神经元之间的权重向量，$h(\boldsymbol{x}_i)$ 称为隐含层核映射。从标准优化理论的观点看，上述优化问题可采用简化的约束优化问题求解，则上述目标可重新改写为

$$\min L_P = \frac{1}{2}\|\boldsymbol{\beta}\|^2 + C\frac{1}{2}\sum_{i=1}^{N}\xi_i^2 \tag{3-79}$$

$$\text{s.t.} \ \ \boldsymbol{h}(\boldsymbol{x}_i)\boldsymbol{\beta} = \boldsymbol{t}_i - \xi_i, \ \ i=1,2,\cdots,N$$

式中，C 为正则化参数，ξ_i 为训练误差。

由 KKT 条件可知，上述问题可以等价于式（3-80）的优化问题。

$$L_{P_{\min}} = \frac{1}{2}\|\boldsymbol{\beta}\|^2 + C\frac{1}{2}\sum_{i=1}^{N}\xi_i^2 - \sum_{i=1}^{N}\eta_i[\boldsymbol{h}(\boldsymbol{x}_i)\boldsymbol{\beta} - \boldsymbol{t}_i + \xi_i] \tag{3-80}$$

式中，η_i 为拉格朗日算子，上述优化问题可以等价为

$$\frac{\partial L_{\mathrm{PELM}}}{\partial \boldsymbol{\beta}} = 0 \rightarrow \boldsymbol{\beta} = \sum_{i=1}^{N}\eta_i \boldsymbol{h}(\boldsymbol{x}_i)^{\mathrm{T}} = \boldsymbol{H}^{\mathrm{T}}\boldsymbol{\eta}, \ \ i=1,2,\cdots,N \tag{3-81}$$

$$\frac{\partial L_{\mathrm{PELM}}}{\partial \xi_i} = 0 \rightarrow C\xi_i = \eta_i, \ \ i=1,2,\cdots,N \tag{3-82}$$

$$\frac{\partial L_{\mathrm{PELM}}}{\partial \eta_i} = 0 \rightarrow \boldsymbol{h}(\boldsymbol{x}_i)\boldsymbol{\beta} - \boldsymbol{t}_i + \xi_i = 0, \ \ i=1,2,\cdots,N \tag{3-83}$$

式中，$\boldsymbol{\eta}=[\eta_1,\eta_2,\cdots,\eta_N]^{\mathrm{T}}$。针对小训练样本，将式（3-81）与式（3-82）分别代入式（3-83）中，可以得出

$$\left(\boldsymbol{H}\boldsymbol{H}^{\mathrm{T}} + \frac{1}{C}\right)\boldsymbol{\eta} = \boldsymbol{T} \tag{3-84}$$

$$f(x) = \boldsymbol{h}(x)\boldsymbol{\beta} = \boldsymbol{h}(x)\boldsymbol{H}^{\mathrm{T}}\left(\boldsymbol{H}\boldsymbol{H}^{\mathrm{T}} + \frac{1}{C}\right)^{-1}\boldsymbol{T} \tag{3-85}$$

根据 Mercer 条件，构造核函数代替 $\boldsymbol{H}\boldsymbol{H}^{\mathrm{T}}$

$$\Omega_{\mathrm{ELM}} = \boldsymbol{H}\boldsymbol{H}^{\mathrm{T}}: \Omega_{\mathrm{ELM}i,j} = \boldsymbol{h}(\boldsymbol{x}_i)\cdot\boldsymbol{h}(\boldsymbol{x}_j) = K(\boldsymbol{x}_i,\boldsymbol{x}_j) \tag{3-86}$$

$$\boldsymbol{h}(x)\boldsymbol{H}^{\mathrm{T}} = \begin{bmatrix} K(\boldsymbol{x}_i,\boldsymbol{x}_1) \\ K(\boldsymbol{x}_i,\boldsymbol{x}_2) \\ \vdots \\ K(\boldsymbol{x}_i,\boldsymbol{x}_N) \end{bmatrix} \tag{3-87}$$

核函数极限学习机的输出可表示为

$$f(x) = \begin{bmatrix} K(\boldsymbol{x}_i,\boldsymbol{x}_1) \\ K(\boldsymbol{x}_i,\boldsymbol{x}_2) \\ \vdots \\ K(\boldsymbol{x}_i,\boldsymbol{x}_N) \end{bmatrix}\left(\frac{1}{C} + \Omega_{\mathrm{ELM}}\right)^{-1}\boldsymbol{T} \tag{3-88}$$

综上所述，核函数极限学习机算法的计算步骤可归纳如下：给定一个含有 N 个样本的训练集合 $\{(\boldsymbol{x}_i,\boldsymbol{t}_k)|\boldsymbol{x}_i\in\mathbf{R}^n,\boldsymbol{t}_k\in\mathbf{R}^m, \ i,k=1,2,\cdots,N\}$，确定核函数 $K(\boldsymbol{x}_i,\boldsymbol{x}_j)$，计算输出方程

$$f(x) = \begin{bmatrix} K(\boldsymbol{x}_i,\boldsymbol{x}_1) \\ K(\boldsymbol{x}_i,\boldsymbol{x}_2) \\ \vdots \\ K(\boldsymbol{x}_i,\boldsymbol{x}_N) \end{bmatrix}\left(\frac{1}{C} + K(\boldsymbol{x}_i,\boldsymbol{x}_j)\right)^{-1}\boldsymbol{T} \tag{3-89}$$

2. KELM-HQ 算法实现

为了提高未知节点的定位精度，3.3 节详细分析了无线传感器节点间的整数跳数转换成实数跳数的算法和步骤。本节在此基础上引入核函数极限学习机理论，计算未知节点的位置信息。

假设有 K 个节点随机分布在二维区域 $[0,D] \times [0,D]$ 中，其中有 M 个锚节点的位置信息已知，N 个节点的位置信息未知，需要通过定位算法来计算。未知节点的实际位置用 (x_i, y_i) 来表示，未知节点的定位位置用 $(\hat{x}_i, \hat{y}_i)$ 来表示，h_{ij} 表示节点 i 和 j 之间的跳数。假设每个节点的通信半径为 r，每个节点只可与其通信范围内的节点通信。

KELM-HQ 算法实现过程主要有以下 5 个步骤。

（1）计算网络中的实数跳数矩阵。利用 3.3 节研究的跳数量化的方法，将网络中节点间的整数跳数信息转换为实数跳数信息，得到实数跳数矩阵。

（2）建立训练样本。网络中锚节点的位置已知，利用锚节点与未知节点间的实数跳数和锚节点的位置组成训练样本 $(\boldsymbol{B}_{ij}, \boldsymbol{L}_i)$，其中 $\boldsymbol{B}_{ij} = [h^R_{i1}, h^R_{i2}, \cdots, h^R_{iN}]$，$h^R_{ij}$ 表示锚节点 i 与未知节点 j 间的实数跳数，$\boldsymbol{L}_i = [(x^A_i, y^A_i)]$ 表示锚节点 i 的位置。

（3）对训练样本进行训练。利用核函数极限学习机对上述训练样本进行训练，以此来分析训练输入与训练目标之间的关系。

（4）建立测试样本。将未知节点间的实数跳数作为核函数极限学习机的测试样本输入，其中 $\boldsymbol{B}_{jj} = [h^R_{j1}, h^R_{j2}, \cdots, h^R_{jN}]$。

（5）获得测试输出。未知节点的定位位置 $\boldsymbol{L}_j = [(\hat{x}_j, \hat{y}_j)]$ 将通过训练后的核函数极限学习机计算获得。

3. 仿真结果及分析

本节将在不同锚节点个数的条件下通过一系列的仿真对 KELM-HQ 算法的定位性能进行分析，并对比 DV-Hop 算法、DV-Hop-ELM 算法和 KELM 算法的定位效果。仿真环境的主要参数如下。

（1）节点通信半径为 10m。
（2）节点个数为 300 个。
（3）锚节点个数为 5~50 个。
（4）正则化因子 $C=10$。
（5）核函数类型为 lin_kernel。
（6）仿真区域大小为 100m×100m。

KELM-HQ 算法在 300 个未知节点和不同个数的锚节点的网络中，仿真结果如图 3-38 所示。蓝色圆圈表示节点的实际位置，红色星形表示节点的定位位置，绿色线表示节点的定位误差。图 3-38 的（a）~（j）分别表示的是锚节点个数从 5 个依次增加到 50 个的定位效果。

从图 3-38 中可以看出，当训练样本即锚节点个数仅为 5 个时，KELM-HQ 算法就取得了较好的定位效果，这是因为核函数极限学习机将核函数引入极限学习机的训练，在稳定的核映射的基础上求得的输出权值能够产生稳定的输出结果。随着锚节点个数的增加，未知节点的定位误差逐渐减小,这是因为锚节点个数增加,即核函数极限学习机的训练样本数增加,KELM-HQ 算法得到的训练结果更加准确,即锚节点个数越多,节点定位的精度越高。

根据式(3-30)定义的定位误差,通过仿真可以得到不同算法的定位误差。图 3-39 所示为 DV-Hop 算法、DV-Hop-ELM 算法、KELM 算法和 KELM-HQ 算法在上述仿真环境下,锚节点个数从 5 个增加到 35 个时,定位误差的比较。

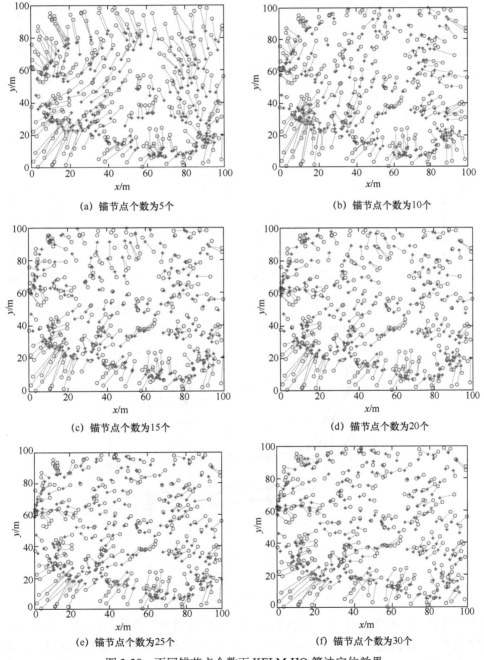

(a) 锚节点个数为5个　　　　　　(b) 锚节点个数为10个

(c) 锚节点个数为15个　　　　　　(d) 锚节点个数为20个

(e) 锚节点个数为25个　　　　　　(f) 锚节点个数为30个

图 3-38　不同锚节点个数下 KELM-HQ 算法定位效果

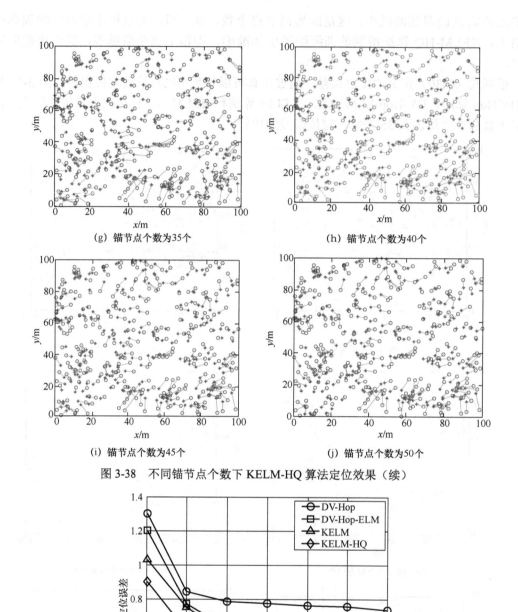

(g) 锚节点个数为35个　　　　　　(h) 锚节点个数为40个

(i) 锚节点个数为45个　　　　　　(j) 锚节点个数为50个

图 3-38　不同锚节点个数下 KELM-HQ 算法定位效果（续）

图 3-39　不同锚节点个数下算法定位误差比较

仿真结果表明，4 条曲线拥有相似的趋势，即随着锚节点个数的增加，未知节点的定位误差逐渐减小，这是因为上述 4 种定位算法的定位效果都依赖网络中锚节点的个数。从图 3-39 中可以看出，KELM-HQ 算法的定位误差小于其他 3 种算法。随着锚节点个数从 5 个增加到

35个,KELM-HQ 算法的平均定位误差比 DV-Hop 算法减小了 34.6%。DV-Hop 算法定位误差较大的原因是该算法仅利用平均跳距来估计锚节点和未知节点间的距离,而平均跳距不能准确地表示节点间的关系。KELM-HQ 算法的平均定位误差比 DV-Hop-ELM 算法减小了 19.2%。这是因为 DV-Hop-ELM 算法中 ELM 算法的作用只是寻找子锚节点。该算法利用锚节点和子锚节点的位置信息获取未知节点的位置信息,同时节点间的整数跳数不能准确描述节点间的距离关系,也是导致该算法定位效果较差的原因。KELM-HQ 算法的平均定位误差比 KELM 算法减小了 11.9%。这是因为 KELM 算法中利用整数跳数计算节点间距离,未知节点定位精度不高。当锚节点个数相同时,KELM-HQ 算法的定位精度优于其他 3 种算法,这是由于将节点间的整数跳数转化为实数跳数后,能够更准确地描述节点间的关系,并且核函数极限学习机的强大的泛化能力能够更好地逼近函数,从而得到更为准确的未知节点的坐标。

通过上述分析可知,KELM-HQ 算法得到的未知节点的定位精度较高。而且利用核函数极限学习机算法进行节点定位算法研究,可以通过训练后的单隐含层前馈神经网络直接得到未知节点的位置,避免了其他算法定位的复杂过程,节省了算法的定位时间,更适合实际应用。

3.6.2 基于蝙蝠算法的节点定位算法研究

本节首先提出了基于蝙蝠算法的节点定位(Neighbor Distribution based on Bat algorithm,NDB)算法,该算法可以通过未知节点的邻居节点的分布信息得出未知节点与锚节点间距离的函数关系。其次,利用蝙蝠算法优化未知节点与锚节点间的距离,从而计算未知节点的坐标。最后,仿真分析了 NDB 算法,并将其与 DV-Hop 算法、DV-RND(DV-Hop Regulated Neighborhood Distance)算法和 SCS(Single hop size Correction Scheme)算法进行定位误差的比较,仿真结果表明 NDB 算法定位效果较好,其定位误差明显小于另外 3 种算法。

1. NDB 算法实现

NDB 算法首先利用未知节点的跳数信息和未知节点的邻居节点的分布信息计算未知节点与锚节点间的距离,并且将未知节点与锚节点间的距离估计问题转化成一个约束优化问题。其次,用 NDB 算法对优化问题进行快速寻优求解,从而计算出准确的未知节点与锚节点的距离。最后,通过同一个未知节点与 3 个及 3 个以上锚节点间的距离,利用极大似然估计法计算未知节点的位置信息。

1)计算条件概率

假设无线传感器网络中节点的通信半径为 r,X 表示锚节点 j 到其一跳范围内中继节点的最大欧几里得距离(x 代表 X 的一个实例),$0 \leqslant X \leqslant r$,如图 3-40 所示。如果用一个跳数为 h 的中继节点替代锚节点,则该中继节点到未知节点 k 之间的最大欧几里得距离可以表示为 X_h。

假设节点随机分布在网络中,节点的随机分布是一个满足密度为 λ 的泊松分布。假设 d 表示未知节点 k 与锚节点 j 间的距离,h 表示未知节点 k 与锚节点 j 间的跳数,在未知节点与锚节点间的距离为 d 的条件下,未知节点与锚节点间跳数为 h 的概率用 $P(h|d)$ 表示。

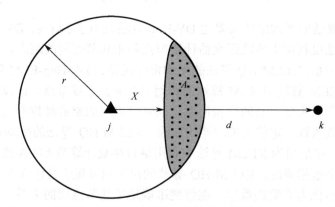

图 3-40 锚节点 j 到其一跳范围内中继节点的最大欧几里得距离

当 $h=1$ 时，

$$P(h|d) = \begin{cases} 1, & 0 \leq d \leq r \\ 0, & \text{其他} \end{cases} \quad (3\text{-}90)$$

当 $h=2$ 时，

$$P(h|d) = \begin{cases} P(d-X<r) = 1-e^{-\lambda A}, & r < d \leq 2r \\ 0, & \text{其他} \end{cases} \quad (3\text{-}91)$$

式中，A 表示锚节点 j 和未知节点 k 的通信范围相交区域的面积，如图 3-40 所示。锚节点 j 的通信范围以 j 为圆心、r 为半径，未知节点 k 的通信范围以 k 为圆心、$d-X$ 为半径。$P(d-X<r)$ 是一跳中继节点与未知节点 k 间的距离小于 r 的概率，X 的概率密度函数用 $f(x) = \psi(\lambda,d,r,x)$ 来表示。

$$\psi(\lambda,d,r,x) = -\lambda e^{-\lambda A}(C_1 + C_2 + C_3 + C_4) \quad (3\text{-}92)$$

式中，

$$C_1 = -\frac{2r(d-x)}{d\sqrt{4 - \frac{[d^2+r^2-(d-x)^2]^2}{d^2 r^2}}}$$

$$C_2 = 2(d-x)\arccos\left[\frac{d^2+(d-x)^2-r^2}{2d(d-x)}\right]$$

$$C_3 = -\frac{(d-x)^2\left[\dfrac{2}{d} + \dfrac{d^2+(d-x)^2-r^2}{d(d-x)^2}\right]}{\sqrt{4 - \dfrac{[d^2+(d-x)^2-r^2]^2}{d^2(d-x)^2}}}$$

$$C_4 = -\frac{-x(4d^2-4dx-r^2+x^2)-(2d-x)(r^2-x^2)}{2\sqrt{(r^2-x^2)[(2d-x)^2-r^2]}}$$

当 $h=3$ 时，一跳范围内中继节点与未知节点间的距离为 $d-X$，一跳范围内节点变成中继节点，中继节点与未知节点间的最大欧几里得距离为 X_1。

$$P(h|d) = P(d-X-X_1<r)\left[1-\sum_{i=1}^{2}P(h=i|d)\right] \quad (3\text{-}93)$$

$P(d-X-X_1<r)$ 是两跳中继节点与未知节点 k 间的距离小于 r 的概率，X 和 X_1 的概率

密度函数分别表示为 $\psi(\lambda,d,r,x)$ 和 $\psi(\lambda,d-X,r,x_1)$。假设一个新的随机变量 Z_1 表示 X 与 X_1 之和，则 Z_1 的概率密度函数表示为

$$f(z_1) = f(x) \otimes f(x_1) = \int_0^r f(x) f(z_1-x) \mathrm{d}x \\ = \int_0^r \psi(\lambda,d,r,x) \psi(\lambda,d-X,r,z_1-x) \mathrm{d}x \tag{3-94}$$

式中，$\otimes$ 是卷积算子。由式（3-93）可以得到

$$P(h=3\mid d) = \left[1 - \int_0^{d-r} f(z_1) \mathrm{d}z_1\right]\left[1 - \sum_{i=1}^{2} P(h=i\mid d)\right] \tag{3-95}$$

利用连续卷积过程方法可以递归计算概率 $P(h\mid d)$。当 $h>2$ 时，

$$P(h\mid d) = P\!\left(d - X - \sum_{j=1}^{h-2} X_j < r\right)\!\left[1 - \sum_{i=1}^{h-1} P(h=i\mid d)\right] \\ = P(d - Z_{h-2} < r)\left[1 - \sum_{i=1}^{h-1} P(h=i\mid d)\right] \\ = \left[1 - \int_0^{d-r} f(z_{h-2}) \mathrm{d}z_{h-2}\right]\!\left[1 - \sum_{i=1}^{h-1} P(h=i\mid d)\right] \tag{3-96}$$

当 $Z_{h-2} = X + X_1 \cdots + X_{h-2}$ 时，Z_{h-2} 的概率密度函数为

$$f(z_{h-2}) = f(x) \otimes f(x_1) \cdots \otimes f(x_{h-2}) \tag{3-97}$$

X_{h-2} 的概率密度函数为

$$f(x_{h-2}) = \psi(\lambda, d - X - X_1 \cdots - X_{h-3}, r, x_{h-2}) \tag{3-98}$$

2) 计算邻居节点的期望

假设一个未知节点与锚节点间的跳数为 h，$E[n_l\mid d]$ 表示未知节点与锚节点间的距离为 d 的条件下，未知节点的邻居节点的跳数为 l 的节点期望，如图 3-41 所示。由 x 的增量 $\mathrm{d}x$ 得出 $\mathrm{d}A = 2x\theta \mathrm{d}x$，其中 $\theta = \arccos[(d^2 + x^2 - r^2)/2dx]$。未知节点的期望和在微分 $\mathrm{d}A$ 中的跳数为 l 的未知节点的期望分别为 $2\lambda x\theta \mathrm{d}x$ 和 $2\lambda x\theta P(l\mid x)\mathrm{d}x$。$E[n_l\mid d]$ 可通过式（3-99）计算。

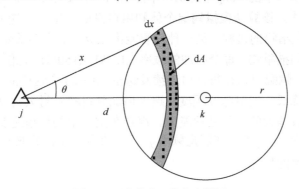

图 3-41 跳数为 l 的节点期望

$$E[n_l\mid d] = \lambda \int_{d-r}^{d+r} 2P(l\mid x) x\theta \mathrm{d}x \tag{3-99}$$

3) 约束优化

将未知节点与锚节点间距离估计问题转化成一个约束优化问题，目标是计算未知节点与锚节点间的距离 d，使得式（3-100）的目标函数最小。

$$\sum_{l=h-1}^{h+1}(n_l-E[n_l\mid d])^2 \qquad (3\text{-}100)$$

约束条件为

$$\sum_{l=h-1}^{h+1}E[n_l\mid d]=\lambda\pi r^2-1 \qquad (3\text{-}101)$$

将上述约束优化问题分为两步：第一步，在满足式（3-101）的约束条件下，计算 $E[n_l\mid d]$ 的值，使得目标函数式（3-100）最小；第二步，在第一步的基础上，利用蝙蝠算法求解未知节点与锚节点间距离 d。

假设 $E_l=E[n_l\mid d]$，ξ 表示拉格朗日乘法算子，则拉格朗日函数表示为

$$L_h(E_l,\xi)=\sum_{l=h-1}^{h+1}(n_l-E_l)^2+\xi\left(\sum_{l=h-1}^{h+1}E_l-\lambda\pi r^2+1\right) \qquad (3\text{-}102)$$

当 $\partial L_h/\partial E_l=0$，且 $\partial L_h/\partial \xi=0$ 时

$$E_l=n_l-\frac{\xi}{2} \qquad (3\text{-}103)$$

$$\xi=\frac{2\left(\sum_{l=h-1}^{h+1}n_l-\lambda\pi r^2+1\right)}{3} \qquad (3\text{-}104)$$

式中，$l=h-1$、h 或 $h+1$。

新的目标函数为

$$F_h(d)=\sum_{l=h-1}^{h+1}(E_l-E[n_l\mid d])^2=\sum_{l=h-1}^{h+1}\left(E_l-\lambda\int_{d-r}^{d+r}2P(l\mid x)x\theta\mathrm{d}x\right)^2 \qquad (3\text{-}105)$$

利用蝙蝠算法对式（3-105）进行优化，计算得出未知节点与锚节点间的距离 d。

2．蝙蝠算法

蝙蝠算法是由剑桥大学的 Yang 在 2010 年提出的一种新型的元启发式优化算法，是一种搜索全局最优解的算法。该算法模拟蝙蝠个体利用自身回声定位的能力，通过发出的脉冲频度、响度等变化来捕获猎物的过程，是一种群智能优化算法。大多数蝙蝠使用短调频的信号，大约一个八度音阶去扫描猎物，每个脉冲的频率在[25kHz,150kHz]范围内，且持续时间为 8～10ms。在通常情况下，蝙蝠可以在每秒内连续发送出 10～20 个这样的声波，当靠近猎物的时候，发出声波的响度降低，发射脉冲频度快速地增加到每秒发射大约 200 个脉冲，从这样急促的声波可知蝙蝠具有强大的信号处理能力。声音在空气中的传播速度约为340m/s，超声波的波长 λ 的计算公式为 $\lambda=v/f$，在固定频率 f 下，超声波波长的取值范围为 2～14mm，这个波长恰巧是蝙蝠猎物的尺寸。

1）蝙蝠算法原理

蝙蝠算法模拟蝙蝠捕食过程中所采用的回声定位原理，该算法建立在以下 3 个理想化的规则之下。

（1）所有蝙蝠都采用回声定位原理去测量距离，并且以独特的方式辨别猎物与障碍物之间的差异。

（2）蝙蝠在位置 x_i 以频率 $f_{\min}$ 和速度 v_i 随机飞行，通过不断改变波长 λ 和响度 A_i，实现

对猎物的搜索，同时可以根据猎物与蝙蝠自身的距离来自动调节发射的脉冲波长（或频率），并不断调整发射脉冲频度 $r \in [0,1]$。

（3）虽然响度可以在许多方面发生变化，但是算法假定了响度的变化过程是从最大值（正值）$A_{\max}$ 逐渐变化到最小值 $A_{\min}$ 的。

在实际的优化算法中，每只蝙蝠可以被看作解空间的一点，由适应度函数来决定蝙蝠位置的好坏。蝙蝠个体的任意一次有效飞行可以被看作蝙蝠算法的一次更新迭代。在 t 时刻下的 d 维空间中，假设蝙蝠个体的飞行速度为 v_i，空间位置为 x_i，二者的更新公式表示如下：

$$f_i = f_{\min} + (f_{\max} - f_{\min}) \cdot \beta \tag{3-106}$$

$$v_i^t = v_i^{t-1} + (x_i^t - x^*) \cdot f_i \tag{3-107}$$

$$x_i^t = x_i^{t-1} + v_i^t \tag{3-108}$$

式中，f_i 表示第 i 只蝙蝠个体发出的脉冲频率，且 $f_i \in [f_{\min}, f_{\max}]$；$\beta \in [0,1]$ 表示均匀分布的随机向量；v_i^t 表示第 i 只蝙蝠在 t 时刻的速度；v_i^{t-1} 表示第 i 只蝙蝠在 $t-1$ 时刻的速度，x_i^t 表示第 i 只蝙蝠在 t 时刻的位置；x^* 表示当前时刻的全局最优位置；x_i^{t-1} 表示第 i 只蝙蝠在 $t-1$ 时刻的位置；个体更新后，每只蝙蝠的新位置为

$$X_{\text{new}} = x^* + \sigma A^t \tag{3-109}$$

式中，$\sigma \in [-1,1]$ 表示区间上的随机向量；A^t 表示 t 时刻所有蝙蝠个体求得的平均响度。

蝙蝠个体在寻找猎物的过程中，在搜寻开始时发射脉冲频度较低、脉冲响度较大，在随机搜索过程中一旦发现猎物就逐渐减小脉冲响度，增大发射脉冲频度。脉冲响度与发射脉冲频度在发现猎物后的更新公式为

$$r_i^{t+1} = r_i^0 \left(1 - e^{-\gamma t}\right) \tag{3-110}$$

$$A_i^{t+1} = \alpha A_i^t \tag{3-111}$$

式中，r_i^{t+1} 表示第 i 只蝙蝠在 $t+1$ 时刻的发射脉冲频度；r_i^0 表示第 i 只蝙蝠最大发射脉冲频度；γ 表示发射脉冲频度递增系数；A_i^{t+1} 表示第 i 只蝙蝠在 $t+1$ 时刻的脉冲响度；A_i^t 表示第 i 只蝙蝠在 t 时刻的脉冲响度；α 表示脉冲响度衰减系数，且 $\alpha \in [0,1]$。从上述表达式可以看出，发射脉冲频度递增系数 γ 随着更新迭代不断增加，而脉冲响度 A 随着更新迭代逐渐减小。

2）蝙蝠算法的步骤

蝙蝠算法的主要计算流程如下。

（1）初始化蝙蝠种群数量 N、蝙蝠个体位置 $x_i (i=1,2,\cdots,n)$、飞行速度 v_i、最大响度 $A_{\max}$、最大脉冲发射频度 r^0 等各个参数。

（2）计算蝙蝠群体中个体的适应度函数 Fitness(i) 的值，并保存最优解。

（3）随机产生发声频率，根据式（3-106）至式（3-108）更新飞行的速度和位置，并记录更新后的个体的适应度值为 F_{new}。

（4）对每个蝙蝠个体产生随机数 rand1，如果满足条件 rand1 $> r_i^t$，则根据式（3-109）产生局部最优解来替代当前解，并替换当前的适应度值。如果不满足，则跳过该步骤。

（5）产生随机数 rand2，如更新后的蝙蝠个体满足 $F_{\text{new}} <$ Fitness(i) & rand2 $< A_i^t$，则接受该解，替换个体原来的位置状态并根据式（3-110）和式（3-111）更新脉冲响度和发射脉冲频度。

（6）更新全局最优解，并判断终止条件，若算法满足所设定的优化精度或达到最大迭代次数，则终止迭代输出结果，否则重复步骤（3）至步骤（6），直到满足条件。

图 3-42 所示为 NDB 算法流程，蝙蝠算法的最优位置为未知节点与锚节点的距离 d，利用得到的同一个未知节点与 3 个及 3 个以上锚节点间的距离，就可以通过极大似然估计法获得未知节点的位置信息。

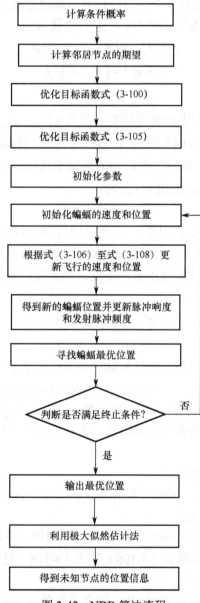

图 3-42 NDB 算法流程

3. 仿真结果及分析

本节对 NDB 算法的性能进行仿真分析，并与 DV-Hop 算法、DV-RND 算法和 SCS 算法进行定位误差比较。每组实验进行 20 次，定位误差取平均值。仿真环境的主要参数如下：

(1) 节点通信半径为 20m。

(2) 节点个数为 200 个。

(3) 锚节点个数为 10 个。

(4) 初始化蝙蝠算法的参数：最大响度为 $A_{\max} = 0.2$，最大发射脉冲频度为 $r^0 = 0.75$，脉冲频率范围为[0,1]，脉冲响度衰减系数为 $\alpha = 0.95$，发射脉冲频度递增系数为 $\gamma = 0.75$，将迭代次数设置为 1000 次。

(5) 仿真区域大小为 100m×100m。

蝙蝠算法寻优求解过程的适应度值变化曲线如图 3-43 所示，分析可知，经过 50 次更新迭代，蝙蝠算法得到了最佳的适应度值，即获得了未知节点与锚节点间的距离 d，仿真结果表明，蝙蝠算法的寻优求解速度较快。

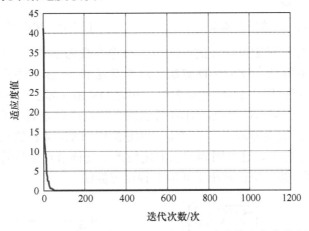

图 3-43 蝙蝠算法寻优求解过程的适应度值变化曲线

在节点个数为 200 个、锚节点个数为 10 个、通信半径为 20m 的仿真条件下，DV-Hop 算法和 NDB 算法的定位效果分别如图 3-44 和图 3-45 所示，蓝色圆点表示节点的实际位置。红色十字表示锚节点的位置，粉色星形表示节点的定位位置，绿色线表示节点的定位误差，从图 3-44 中可以看出，在相同的仿真条件下，DV-Hop 算法产生了较大的定位误差。图 3-45 所示的 NDB 算法的定位精度明显较高。对比图 3-44 和图 3-45 可以看出，NDB 算法产生的定位误差远远小于 DV-Hop 算法的定位误差，这是因为 NDB 算法通过蝙蝠算法寻优求解得到了更精确的未知节点与锚节点间的距离。

为了分析节点密度对定位误差的影响，在锚节点个数为 10 个、通信半径为 20m 的仿真条件下，对 DV-Hop 算法、DV-RND 算法、SCS 算法和 NDB 算法的定位误差进行比较。从图 3-46 中可以看出，4 条定位误差曲线拥有相同的趋势，即随着节点密度的不断增加，4 种算法的定位误差都逐渐减小。NDB 算法的定位误差明显小于 DV-Hop 算法、DV-RND 算法和 SCS 算法。DV-Hop 算法产生了最大的定位误差，这是因为 DV-Hop 算法没有分析未知节点的邻居节点信息，仅使用平均跳距计算未知节点与锚节点间的距离。其他 3 种算法都分析了节点的邻居节点信息。在节点密度较低时，DV-RND 算法在定位精度上表现较差，该算法需要所有节点均匀地分布在整个网络中，并且需要大量的节点来实现定位。SCS 算法在节点密度较低时的定位误差较大，不准确的跳距导致该算法产生较大的定位误差。NDB 算法获得了最高的定位精度和最小的定位误差，这是因为当节点密度增加时，NDB 算法利用节点的跳数信息和邻居节点的分布信息计算出准确的未知节点与锚节点间的距离。

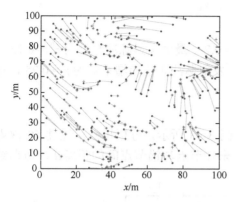

图 3-44　DV-Hop 算法的定位效果

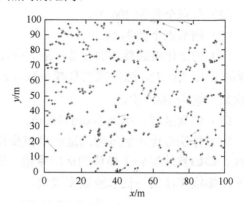

图 3-45　NDB 算法的定位效果

为了分析锚节点比例对定位误差的影响，在节点个数为 200 个、通信半径为 20m 的仿真条件下，对 DV-Hop 算法、DV-RND 算法、SCS 算法和 NDB 算法的定位误差进行比较。如图 3-47 所示，锚节点比例从 5%增加至 30%，相比 DV-Hop 算法，NDB 算法的平均定位误差减小了 25.2%。相比 DV-RND 算法，NDB 算法的平均定位误差减小了 16.7%。相比 SCS 算法，NDB 算法的平均定位误差减小了 11.7%。由图 3-47 可知，4 种算法的定位误差都随着锚节点比例的增加而逐渐减小，这是因为节点的定位效果受锚节点个数的影响较大。当锚节点比例相同时，NDB 算法的定位误差小于其他 3 种定位算法。

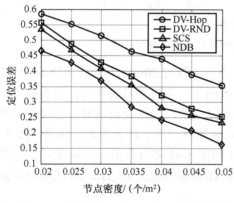

图 3-46　不同节点密度下算法定位误差比较

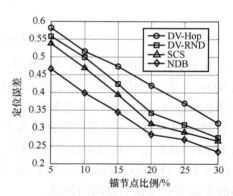

图 3-47　不同锚节点比例下算法定位误差比较

为了分析不同通信半径下算法的定位性能，在节点个数为 200 个、锚节点个数为 10 个、通信半径不同的仿真条件下，对 DV-Hop 算法、DV-RND 算法、SCS 算法和 NDB 算法的定位误差进行比较，如图 3-48 所示。随着通信半径的增大，4 种算法的定位效果都有所提升。当通信半径从 15m 增加到 40m 时，相比 DV-Hop 算法，NDB 算法的平均定位误差减小了 27.3%；相比 DV-RND 算法，NDB 算法的平均定位误差减小了 17.5%；相比 SCS 算法，NDB 算法的平均定位误差减小了 14.2%。当通信半径相同时，NDB 算法的定位误差小于其他 3 种定位算法。

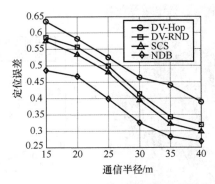

图 3-48　不同通信半径下算法定位误差比较

3.7　凹凸复杂地形特征无线传感器网络定位方法

针对凹凸复杂地形特征环境下的无线传感器网络定位问题，本节提出了基于分布式三角剖分的三维定位（Three-dimensional Localization Algorithm based on the Distributed Triangulation，3DL-DT）算法。首先，对凹凸复杂地形进行建模，得到了凹凸型、凸型和凹形复杂地形的数学模型。其次，从基于跳距定位技术和记边关系定位方法入手，分析了凹凸复杂地形定位误差的影响因素。再次，分析凹凸复杂地形定位的可行性，并介绍其他学者的研究现状。在提出 3DL-DT 算法之前，先简要介绍 2D 分布式三角剖分算法和 3D 分布式剖分算法。最后，提出 3DL-DT 算法，并对其进行仿真分析。

3.7.1　凹凸复杂地形的三维建模

实际三维环境复杂多变，凹凸复杂地形特征是三维环境的一种典型代表，常见的崎岖高地、旷野山丘和森林起伏地均属于此类地形。因此，有必要对此类复杂地形建模进行分析，研究基于凹凸复杂地形特征的节点定位算法。图 3-49 所示为具有典型凹凸特征的复杂地形模型及其无线传感器网络节点分布情况。其中，图 3-49（a）所示为真实的实际凹凸复杂地形特征环境；图 3-49（b）所示为对图 3-49（a）所示环境的建模及其节点分布图，其数学模型见式（3-112），图中红色•点表示未知节点，数量为 1000 个，黑色△表示锚节点，数量为 5 个；图 3-49（c）所示为凸型复杂地形特征模型及其节点分布图，其中未知节点数量为 300 个，锚节点数量为 5 个，其数学模型见式（3-113）；图 3-49（d）所示为凹型复杂地形特征模型及其节点分布图，其中未知节点数量为 300 个，锚节点数量为 5 个，其数学模型见式（3-114）。

$$z = 5\left(1-\frac{x}{5}\right)^2 e^{-\left[\left(\frac{x}{3}\right)^2+\left(\frac{y}{3}+1\right)^2\right]} - \left(\frac{y}{3}+1\right)^2 - 18\left[\frac{x}{10}-\left(\frac{x}{4}\right)^2-\left(\frac{y}{4}\right)^5\right]e^{-\left[\left(\frac{x}{3}\right)^2+\left(\frac{y}{4}\right)^2\right]} - 10e^{-\left[\left(\frac{x}{5}+1\right)^2+\left(\frac{y}{7}\right)^2\right]} \tag{3-112}$$

$$z = 1.2e^{-0.015x^2-0.007y^2+0.5} \tag{3-113}$$

$$z = -0.05e^{-0.007x^2-0.036y^2+0.012} \tag{3-114}$$

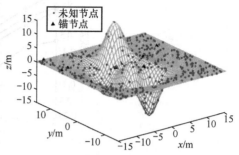

(a) 实际凹凸复杂地形特征环境　　　　(b) 凹凸复杂地形的建模及其节点分布图

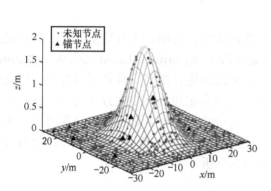
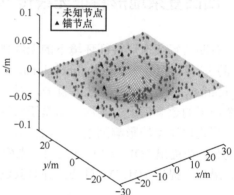

(c) 凸型复杂地形特征模型及其节点分布图　　(d) 凹型复杂地形特征模型及其节点分布图

图 3-49　具有典型凹凸特征的复杂地形模型及其无线传感器网络节点分布情况

3.7.2　凹凸复杂地形定位的误差分析

在具有凹凸特征的复杂地形环境下，无线传感器网络多呈现拓扑结构不规则和通信路径弯曲等特点，相应算法对节点的定位也会产生严重的误差。图 3-50 所示为无线传感器网络应用在凹凸复杂地形特征下的局部监测区域节点分布图，以此情形为例，现将 n 个节点 $N(x_1,y_1,z_1,\cdots,x_n,y_n,z_n)$ 随机部署在该监测区域，其中黑色 △ 为锚节点，数量为 m 个，锚节点的位置坐标为 $X_M=\{x_1,y_1,z_1,\cdots,x_m,y_m,z_m\}$，红色 • 为未知节点，数量为 $n-m$ 个。研究问题转化为根据已知凹凸复杂地形拓扑结构节点间的距离、锚节点位置和节点连通信息，求未知节点坐标的定位问题。因此，必须分析凹凸复杂地形特征三维环境下的特殊性，考虑影响定位误差的主要因素。

1. 基于跳距定位技术的误差分析

与二维无线传感器网络均匀环境相比，基于跳距的定位技术在凹凸复杂地形特征下会产生更大的定位误差。图 3-51 所示为典型的 DV-Hop 定位算法示意，其中 $M_1 \sim M_4$ 是锚节点，$N_1 \sim N_{11}$ 是未知节点，假设 N_{10} 是待定位节点。在图 3-51（a）所示的二维平面监测环境下，根据节点的跳数信息和锚节点之间的距离，可以计算得到平均每跳传输距离 $\bar{d}$，进而求得 N_{10}

分别到锚节点 M_1、M_2、M_4 之间的距离 $3\bar{d}$、$6\bar{d}$、$2\bar{d}$，最后利用三边测量法计算出节点 N_{10} 的坐标。如图 3-51（b）所示，以上方法若直接用在三维凹凸复杂地形环境下节点的定位，受地势凹凸起伏影响，此时计算得到的平均每跳传输距离 $\bar{d}'$ 的误差远大于 $\bar{d}$ 的误差，那么，通过 $3\bar{d}'$、$6\bar{d}'$、$2\bar{d}'$ 计算得到的 N_{10} 的坐标较实际值也会存在较大的误差。

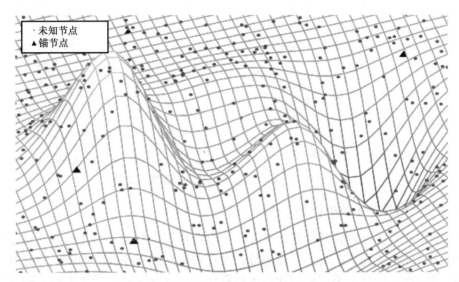

图 3-50　无线传感器网络应用在凹凸复杂地形特征下的局部监测区域节点分布图

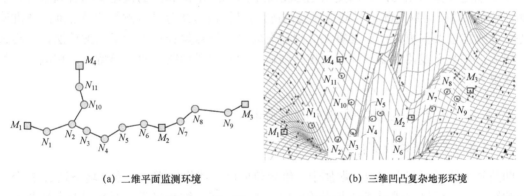

(a) 二维平面监测环境　　　　　　　　　　(b) 三维凹凸复杂地形环境

图 3-51　典型的 DV-Hop 定位算法示意

2. 记边关系定位方法的误差分析

凹凸复杂地形特征下记边关系定位方法会产生较大的累计误差。图 3-52（a）所示为地表距离和欧几里得距离的关系，可以清楚地看到节点间距离 $S_{P_1P_2} \gg \|P_1P_2\|$，$S_{P_3P_4} \gg \|P_3P_4\|$，$S_{P_5P_6} \gg \|P_5P_6\|$。

再看图 3-52（b），以三维凹凸复杂地形特征为例，设 M_1、M_2、M_3 和 M_4 是锚节点，N 是待定位节点。相比二维平面环境，不难看出，该复杂地形三维表面节点之间距离存在 $S_{NM_i} \ne \|NM_i\| (i=1,\cdots,4)$ 的情况，即节点之间的实际地表通信距离不等于节点间的欧几里得距离。此时，如果利用二维平面环境下三边测量法的原理，就三维表面节点定位问题做简单推广使用四边测量法，对本节要研究的凹凸特征等复杂地形环境节点定位问题并不适用。如果

继续利用这种边的关系进行节点定位,计算过程中会产生很大的累计误差,使得定位结果与N的实际坐标相差甚远,甚至出错。

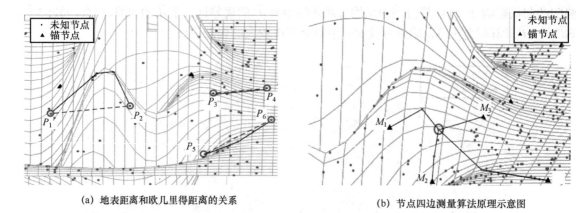

(a) 地表距离和欧几里得距离的关系　　　　(b) 节点四边测量算法原理示意图

图 3-52　凹凸复杂三维环境节点间距离与定位

3. 三维综合因素下定位的误差分析

凹凸复杂地形特征下定位算法的研究多在三维情形下进行,节点之间的通信近似于一个以节点为球心、以最大通信距离为半径的球;而在规则的网络拓扑结构中,所有节点均位于同一个二维平面中,因此,节点间的通信可以看作以节点为圆心、以最大通信距离为半径的圆。与二维定位算法相比,凹凸复杂地形特征下的三维定位算法的误差受综合因素的影响,例如,三维环境障碍物阻断信号间直线通信链路,利用 RSSI 等技术测得的节点间距离准确性较差,导致定位误差更大;三维算法处理信息较多,计算累计误差大于二维算法,最终误差也将更大;三维无线传感器网络呈现拓扑结构不规则和通信路径弯曲等特点,相应算法的误差也会更大。

3.7.3　凹凸复杂地形定位的可行性分析

1. 三维可定位条件分析

凹凸复杂地形下节点定位问题属于三维定位问题,我们知道,二维环境下通过 3 个位置已知的锚节点,可以完成对未知节点的定位。那么,在三维环境下,要实现对未知节点的定位,则至少需要 4 个位置已知的锚节点。通过分析可以发现,并不是只要有 4 个锚节点就可以定位,除图 3-53(a)所示的情形可定位外,图 3-53(b)和图 3-53(c)所示的情形均不可定位,因为由此得到的待定位节点的位置不唯一。下面对图 3-53(a)所示的三维空间可定位情形节点坐标进行定量分析,如图 3-53(d)所示。

由空间距离关系可知

$$\begin{cases} \sqrt{(x_1-x)^2+(y_1-y)^2+(z_1-z)^2}=d_{KA} \\ \sqrt{(x_2-x)^2+(y_2-y)^2+(z_2-z)^2}=d_{KB} \\ \sqrt{(x_3-x)^2+(y_3-y)^2+(z_3-z)^2}=d_{KC} \\ \sqrt{(x_4-x)^2+(y_4-y)^2+(z_4-z)^2}=d_{KD} \end{cases} \qquad (3\text{-}115)$$

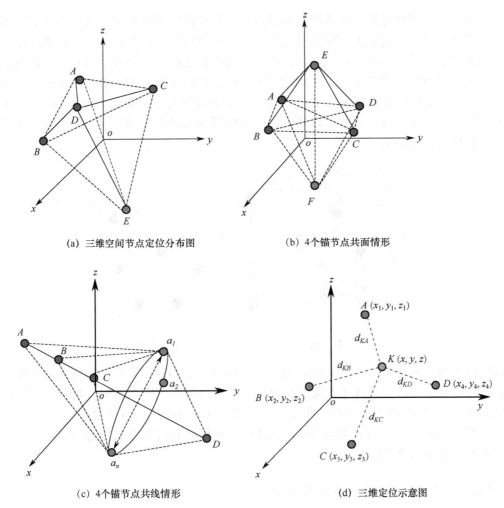

(a) 三维空间节点定位分布图 (b) 4个锚节点共面情形

(c) 4个锚节点共线情形 (d) 三维定位示意图

图 3-53 三维网络空间节点定位情形

通过式（3-115）可以得到三维可定位情形下未知节点 K 的坐标为

$$\begin{bmatrix} x \\ y \\ z \end{bmatrix} = \frac{1}{2} \begin{bmatrix} (x_2-x_1) & (y_2-y_1) & (z_2-z_1) \\ (x_3-x_1) & (y_3-y_1) & (z_3-z_1) \\ (x_4-x_1) & (y_4-y_1) & (z_4-z_1) \end{bmatrix}^{-1} \begin{bmatrix} x_2^2-x_1^2+y_2^2-y_1^2+z_2^2-z_1^2+d_{KA}^2-d_{KB}^2 \\ x_3^2-x_1^2+y_3^2-y_1^2+z_3^2-z_1^2+d_{KC}^2-d_{KC}^2 \\ x_4^2-x_1^2+y_4^2-y_1^2+z_4^2-z_1^2+d_{KA}^2-d_{KD}^2 \end{bmatrix} \quad (3\text{-}116)$$

2. 三维定位问题分析

目前，针对三维定位，已有不少学者从不同角度提出了不同的定位算法。比较典型的有 SV 定位机制，借助携有 Intersema MS55ER 气压传感器（误差≤3.5%）的 Crossbow MTS400/MTS420 无线传感器节点实现对高度（纵坐标 z）的测量，通过向 x-y 平面投影的思路实现对横坐标 x 和纵坐标 y 的计算，最后确定未知节点的坐标(x, y, z)。已有文献指出了 SV 定位机制的局限性，即当三维表面比较陡峭或凹凸不平时，会出现 x-y 平面映射点重合的情形，为此提出了 3DT-SDT 算法，通过对凹凸复杂 3D 表面节点区域进行三角划分，在每个三角区域使用改进的 MDS 算法进行节点定位，建立节点局部相对位置地图，最后合并三角子区域，构建整个网络全局的位置地图，具有一定的实用性。3DT-SDT 算法在进行三角划分时，首先找到边界节点，再根据边界节点选出路标节点，最后将路标节点连接起来，形成三角网。由于该算法在路标节点的选取上借助随机边界节点，采用随机不定数计跳方式，所以由路标节点确定的各个子区域平面和实际三维定位曲面之间存在定位面误差 Δr，如图 3-54 所示。假设在三角划分时由路标节点 1、2、3 确定三角平面，曲面 S 是对应的真实三维表面，可以明显看出，因为存在定位面误差 Δr，由平面估计的节点位置与三维表面节点 5、6、7 和 8 的实际位置之间存在误差 r_1、r_2、r_3 和 r_4。如果通过 MDS 算法对诸如 a 的三角平面进行局部定位再合并，则累计误差比较大。

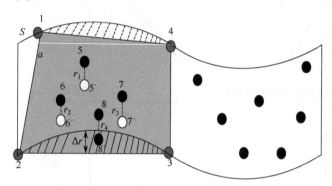

图 3-54　凹凸复杂地形特征三维定位问题分析

我们提出的基于分布式三角剖分的 3D 定位算法相比 3DT-SDT 算法的创新之处在于引入了分布式三角剖分算法，完成了对无线传感器网络节点所在三维表面的三角区域剖分，在一定程度上减小了 3DT-SDT 算法在三角化网络模型建立阶段产生的累计误差。分布式三角剖分算法经过严密的论证和应用性实验仿真，已经证明有很好的误差容错能力和实际应用价值，适用于本章凹凸复杂地形模型。

3.7.4　分布式三角剖分算法的分析

在研究基于分布式三角剖分的三维定位（3DL-DT）算法之前，本节先简单介绍 2D 分布式三角剖分算法和 3D 分布式三角剖分算法。

1. 基本描述与结论

与分布式三角剖分算法相关方法的基本描述如下。

（1）NNS（Node Neighbor Set）：点邻节点集，一个节点的 NNS 是指距其一跳的所有邻居节点的集合，用 $N_v(i)$ 表示节点 i 的 NNS。

（2）ENS（Edge Neighbor Set）：边邻节点集，一条边的 ENS 是指该条边的两个端点的 NNS 的交集，用 $N_e(e_{ij})$ 表示边 e_{ij} 的 ENS。

（3）RENS（Refined Edge Neighbor Set）：边优化邻节点集，一条边的 RENS 点集满足该条边的两个端点与其 ENS 中的点构成的三角形，不包含该条边的 ENS 中的其他任意节点，用 $R_e(e_{ij})$ 表示边 e_{ij} 的 RENS。

（4）权值：网络边界边的权值等于其 RENS 元素的个数；非网络边界边的权值等于其 RENS + 1，用 $W(e_{ij})$ 表示边 e_{ij} 的权值。

(5) AENS (Associated Edge Neighbor Set): 关联边集，一条边的 AENS 是指该条边的两个端点与其 RENS 中的点构成的边的集合，用 $A(e_{ij})$ 表示 e_{ij} 的 AENS，权值的含义是边的端点与 RENS 中的点可以围成的三角形的个数。

(6) 等价边：如果两条边的 AENS 相同，则这两条边互为等价边。

(7) 关键边：四条相邻的边围成的四边形，如果该四边形只有一条对角线，那么这条对角线称为关键边。

(8) 对于给定的图 G，以及 G 的三角子图 T，将 T 中的边称作三角边，将贯穿 $G-T$ 的边称作补充边。补充边有 3 种形式，用 e_0、e_1、e_2 表示，如图 3-55 所示。

(9) 补充边的独立性：如果两条补充边的 AENS 交集为空，则称它们是相互独立的。

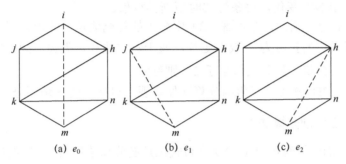

图 3-55 补充边的 3 种类型

与分布式三角剖分算法相关，已知基本结论如下。

(1) 一个网络 G 的子图 T 实现三角化的条件是，当且仅当子图 T 的每条边的权值等于 2。

(2) 当一条边的权值小于 2 时必须移除，否则不能生成三角子图。

(3) 非关键边可以当作 e_2 类型补充边，当这些边的 AENS 值（权值）大于 2 时，可以将其移除。

2. 2D 分布式三角剖分算法

图 3-56 所示为二维网络平面三角剖分视图。

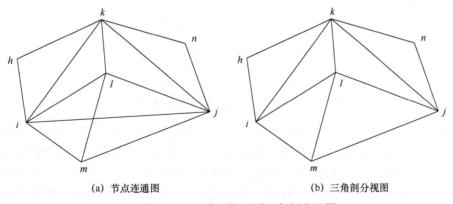

图 3-56 二维网络平面三角剖分视图

假设 $G(V, E)$ 表示无线传感器网络，其中，V 表示网络中所有节点的集合，E 表示无线传感器网络中所有边的集合。3D 分布式三角剖分算法是由 2D 分布式三角剖分算法引申扩展得到的，2D 分布式三角剖分算法的基本步骤如下。

（1）算法初始化。在初始化期间，网络中的每条边（节点）会与其相邻边（节点）进行信息交互，以确定其当前的 NNS、ENS、RENS、AENS、边的权值、关键边和等价边。

（2）边移除迭代确认。在初始化完成之后，每条边依据结论（2）和结论（3），判断其自身是保留还是去除。该步骤是一个不断迭代的过程，因为每移除一条边会影响其余相邻边（包括每条边前面给出的所有描述参数）。为保证边的一致性，给出如下信息处理原则。

① 当有边的权值小于 2 时，该条边将自己移除并将移除信息发送给邻居节点。

② 非关键边移除后将信息传达给相邻边，其余所有边保证其 AENS 中的每条边的权值均大于 2。

③ 随着边的 AENS 变化，每条边实时更新其权值。

（3）移除 e_0 和 e_1 链。至此，在步骤（2）中剩下的补充边是一些由 e_0 类边和 e_1 类边组成的边链。该边链中所有边的长度为 2 或者更长，属于 e_0 类边和 e_1 类边，因此需要移除。同时，剩下的边继续更新其权值，如果权值小于 2，则移除。

完成以上 3 步，2D 分布式三角剖分算法便实现了对网络的三角剖分。

3．3D 分布式三角剖分算法

3D 分布式三角剖分算法可以由 2D 分布式三角剖分算法扩展得到，例如，在二维平面中，边的 RENS 是通过判断边的两个端点与其 RENS 中的点构成的三角形是否包含该条边 RENS 中的其他节点来实现的，因此排除了图 3-56（a）中的 △ijk，本质上是确保整个网络三角剖分后没有重合的三角面。同样地，在如图 3-57（a）所示的三维网络中，RENS 的本质是在 △ijl、△ikl、△jkl 共面的情况下，确保其不与底面 △ijk 共面。

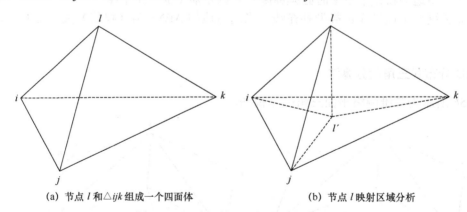

(a) 节点 l 和△ijk 组成一个四面体　　　　(b) 节点 l 映射区域分析

图 3-57　三维网格平面剖分边权值分析图

对于图 3-57（a）中的边 e_{ij} 而言，如果 △ijk 不包含边 e_{ij} 的 ENS 中的其余节点，例如，△ijk 不包含边节点 l，$\forall l \in (N_e(e_{ij}) - \{k\})$，在二维空间中，根据节点间信息进行简单的计算，便可以利用这种方式来判断得出相应结论。但这一判断方法不能推广至三维空间，因为在三维网络中，节点 l 不一定在 △ijk 平面上。对此，专门提出了一种局部投影算法以解决此问题，不失一般性地，对于图 3-57（a）中的边 e_{ij}，其中，节点 $k \in N_e(e_{ij})$，节点 $l \in (N_e(e_{ij}) - \{k\})$，节点 i、j、k、l 构成一个四面体。

基于以上坐标系，设 (x_i, y_i, z_i) 表示节点 i 的空间坐标。下面讨论节点 l 在节点 i、j、k 所决定的平面上的投影 l'，其坐标可以通过式（3-117）解得：

$$\begin{cases} (x_{l'} - x_i)^2 + (y_{l'} - y_i)^2 + y_{l'}^2 = L_{il}^2 \\ (x_{l'} - x_j)^2 + (y_{l'} - y_j)^2 + y_{l'}^2 = L_{jl}^2 \\ (x_{l'} - x_k)^2 + (y_{l'} - y_k)^2 + y_{l'}^2 = L_{kl}^2 \\ z_{l'} = 0 \end{cases} \quad (3\text{-}117)$$

接着，直接确认投影 l' 是否在 △ijk 中。如果该条件成立，如图 3-57（b）所示，那么节点 k 不属于边 e_{ij} 的 RENS。在确定了 RENS 后，每条边获取其相应的权值。除此之外，其余步骤 3D 分布式三角剖分算法与 2D 分布式三角剖分算法一样。

注：当一条边的 ENS 只包含两个节点时，没有必要使用局部投影算法。这样一来，当边位于表面的拐角时，可以避免计算其权值时出错。

以图 3-49（b）所示的凹凸复杂地形的建模及其节点分布为例，利用 3D 分布式三角剖分算法，对网络区域进行三角剖分，可以得到图 3-58 所示的凹凸复杂地形特征。网络三角剖分图，3DL-DT 算法的研究便是基于此模型展开的。

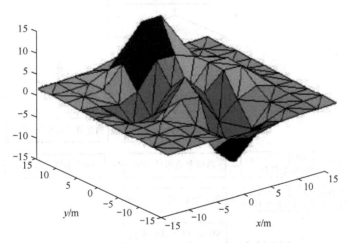

图 3-58 凹凸复杂地形特征网络三角剖分图

3.7.5 基于分布式三角剖分的三维定位算法

基于分布式三角剖分的三维定位算法（3DL-DT 算法）的详细实现流程如图 3-59 所示。算法基本步骤如下。

（1）建立凹凸复杂无线传感器网络三角剖分模型（参考 3.7.4 节）。

（2）构建局部三角剖分子区域相对位置坐标矩阵。通过步骤（1），已经将不规则的凹凸三维网络转化成比较规则的三角剖分子区域。在此基础上，利用 MDS 多维定标技术，对每个三角剖分子区域中的节点进行定位，构建该三角剖分子区域局部相对位置坐标图。假设 T_i 为凹凸复杂三维网络 G 的第 i 个 3D 三角剖分子区域（二维平面），节点总数为 n，具体步骤如下。

① 建立节点间距离矩阵 $\boldsymbol{D}$。利用 RSSI 测距技术测得相邻节点之间的距离，由此构建节点区域 T_i 的节点间距离矩阵。

② 建立局部相对位置坐标矩阵。以节点间距离矩阵为输入，利用 MDS 多维定标技术，

获得三角剖分子区域 T_i 的相对位置坐标。

（3）构建全局三维空间节点相对坐标矩阵。步骤（2）完成了对凹凸复杂三维网络 G 中每个 3D 三角剖分子区域 T_i 的相对位置坐标矩阵的构建，在此基础之上，将所有的三角剖分子区域 T_i 的相对坐标矩阵进行合并，得到全局三维空间相对坐标矩阵。合并原则如下。

① 合并相邻的三角剖分子区域局部三维空间相对坐标。由于相邻的三角剖分子区域必存在公共边，而公共边上的节点有两个相对位置坐标，通过坐标变化，可以实现对二者的统一，由此实现两个局部三维空间相对坐标矩阵的合并。

② 统一相对坐标。假设对三角剖分子区域 T_i 和 T_j 进行合并，合并完后，通过坐标变换，实现坐标由子区域 i 向子区域 j，或者由子区域 j 向子区域 i 的统一。

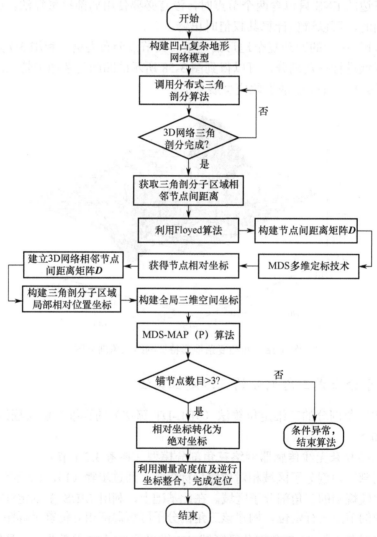

图 3-59　3DL-DT 算法的详细实现流程

③ 全网迭代，循环进行（1）和（2）操作，构建全局三维空间相对坐标矩阵。这是 3DL-DT 算法很关键的一步，设 n 为分布式三角剖分算法将三维无线传感器网络分解成的三角剖分子区域数目；T_i 和 T_j 是两个相邻的三角剖分子区域，其中，i 和 j 是区域号，也称区域 i 和区域

j 相邻；Cr_i 和 Cr_j 分别是 T_i 和 T_j 三角剖分子区域对应的坐标系，f_{ij} 为坐标系转换法则。

下面给出区域合并与坐标统一算法伪代码。

算法：分布式三角剖分子区域合并算法

```
while the number of Triangulation Subdivision Area greater than one do
    for every two adjacent triangulation subdivision area T_i and T_j
        if n ≥ 2 then
            T_i = T_i ∪ T_j
            Cr_i = f_ij(Cr_j)
            n = n - 1
        end if
    end for
end while
```

（4）计算三维空间节点绝对位置坐标 (x,y)，利用节点测得高度值 z，进行坐标整合，完成对节点位置 (x,y,z) 的定位。根据锚节点提供的坐标信息，可以将全局相对坐标转换成绝对坐标，再结合节点高度测量值进行坐标整合，完成节点定位。

3.7.6 仿真及结果分析

本节将模拟图 3-49（a）所示的实际凹凸复杂地形特征环境，仿真环境为图 3-49（b）所示的凹凸复杂地形的建模，仿真区域为 15m×15m×15m，部署节点数量为 500～1000 个。下面从 3DL-DT 算法定位效率、平均定位误差及不同算法间性能比较等方面给出算法的仿真结果与分析。

1. 锚节点数量与定位效率之间的关系

为了分析锚节点数量与 3DL-DT 算法定位效率之间的关系，仿真分别于 3D 凹凸复杂地形模型环境随机部署 500 个、800 个和 1000 个节点，在这 3 种网络环境下，改变网络中锚节点密度，依次为 2%、4%、6%、8%、10% 和 12%，分别运行 3DL-DT 算法，记录不同情形下可定位节点的数量，通过计算可以得到算法的定位效率，其关系如图 3-60 所示。观察锚节点数量与定位效率之间的关系曲线，可以看到 3DL-DT 算法的定位效率随着锚节点密度的增大而提高；网络中节点数量的变化对定位效率的影响不是很明显，因为网络中的一个节点可以与相邻的其他很多节点建立通信，实现定位，并不依赖网络中节点的多少。由此可知，影响算法定位效率的主要因素是锚节点数量，当锚节点密度达到 10% 左右时，算法定位效率已经很高了。

2. 最大测量误差与定位效率之间的关系

为了分析测量误差与 3DL-DT 算法定位效率之间的关系，仿真分别于 3D 凹凸复杂地形模型环境随机部署 500 个、800 个和 1000 个节点，根据图 3-60，选取锚节点密度为 10%，因为此时定位效率趋于稳定。基于以上 3 种网络仿真环境，当节点最大测量误差依次为 5%、10%、15%、20%、25% 和 30% 时，分别运行 3DL-DT 算法，记录不同情形下可定位节点的数量，通过计算可以得到算法的定位效率，其关系如图 3-61 所示。观察最大测量误差与定位效率之间的关系曲线，可以看到 3DL-DT 算法的定位效率随着最大测量误差的增大而降低，这是因为当最大测量误差增大时，RSSI 测距准确度下降，影响网络中节点之间距离的测量，得到误差增大的距离矩阵，三角剖分子区域局部相对坐标误差变大，最终使得 3DL-DT 算法可测量节点数量减少，定位效率降低。

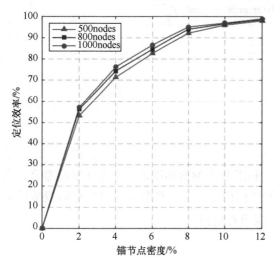

图 3-60　锚节点数量与定位效率之间的关系

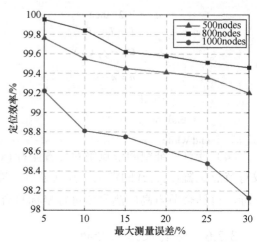

图 3-61　最大测量误差与定位效率之间的关系

3. 最大测量误差与平均定位误差之间的关系

为了分析最大测量误差与 3DL-DT 算法平均定位误差之间的关系，仿真继续在凹凸复杂地形的建模［图 3-49（b）］环境下进行，通过随机部署 500 个、800 个和 1000 个节点，锚节点密度继续取 10%。在这 3 种网络仿真环境下，当节点最大测量误差依次为 5%、10%、15%、20%、25%和 30% 时，分别运行 3DL-DT 算法，最大测量误差与平均定位误差之间的关系如图 3-62 所示。分析曲线，可以看到网络中节点的定位误差和最大测量误差成正比，这是因为当最大测量误差增大时，节点间测距不准确，三角剖分子区域局部相对坐标误差增大，进而影响 3DL-DT 算法全局定位效果。

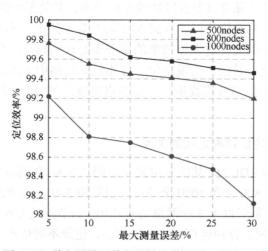

图 3-62　最大测量误差与平均定位误差之间的关系

4. 凹凸三维定位算法综合性能仿真

3DT-SDT 算法在解决凹凸复杂山体环境节点定位问题时，三角化网络模型建立阶段会产生累计误差。3DL-DT 算法通过利用分布式三角剖分算法，将凹凸复杂网络区域定位问题分解成局部三角剖分子区域定位问题，旨在提高定位的准确性。

下面通过仿真从定位效率和平均定位误差两个指标出发，综合比较 3DT-SDT 算法和 3DL-DT 算法的定位性能。仿真在相同的条件下进行：在凹凸复杂地形的建模 [图 3-49（b）] 环境下随机部署 500 个、800 个和 1000 个节点，锚节点密度取 10%，最大测量误差从 5%、10%、15%、20%、25% 和 30% 依次变化。

1) 不同算法定位效率比较

分别记录不同最大测量误差下 3DT-SDT 算法和 3DL-DT 算法可以定位的节点数量，计算各自的定位效率，可以得到图 3-63 所示的曲线。分析图 3-63 可知，在不同节点数量网络环境下，随着最大测量误差的增加，3DT-SDT 算法和 3DL-DT 算法的定位效率均明显降低；在最大测量误差一样的条件下，3DL-DT 算法的定位效率略优于 DT-SDT 算法的定位效率。总体上，两种算法都能到达较高的定位效率。

2) 不同算法间平均定位误差比较

分别记录不同最大测量误差下 3DT-SDT 算法和 3DL-DT 算法的定位误差，通过 10 次重复试验，计算各自的平均定位误差，可以得到图 3-64 所示的曲线。分析图 3-64 可知，在不同节点数量网络环境下，随着最大测量误差的增加，3DT-SDT 算法和 3DL-DT 算法的定位误差均有所增大；当最大测量误差小于 5% 时，3DT-SDT 算法和 3DL-DT 算法平均定位误差都比较小，二者均能很好地实现比较精确的定位；当最大测量误差大于 10% 时，在最大测量误差一样的条件下，3DT-SDT 算法的平均定位误差明显大于 3DL-DT 算法的平均定位误差；节点数量（网络规模）对平均定位误差影响不显著。

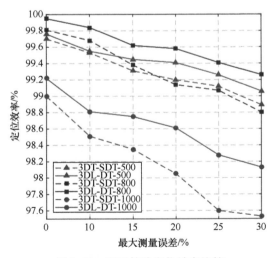

图 3-63 不同算法定位效率比较

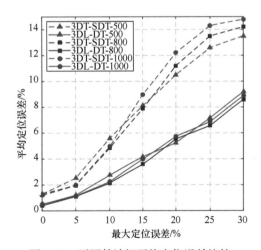

图 3-64 不同算法间平均定位误差比较

3.8 本章小结

本章从静态无线传感器网络定位技术出发，提出了基于跳数量化的多维定标定位方法、基于 Voronoi 图的定位方法、基于 Delaunay 三角剖分的定位方法、基于智能计算的定位方法和基于分布式三角剖分的三维定位算法，并对其进行了详细介绍和仿真分析，为后续的移动无线传感器网络定位方法和空洞地形下的无线传感器网络定位打下了基础。

第 4 章 移动无线传感器网络定位方法

在传感器技术的发展过程中,随着可移动设备的应用场景越加广泛,传感器节点的可移动性在工程实践中引起关注。由于节点的移动性提高了网络的灵活性和自主性,传感器网络的服务质量得到了极大的改善。在移动传感器网络趋势的推动下,移动传感器网络定位技术研究成为物联网领域的一个热点问题。

移动传感器网络(Mobile Sensor Networks,MSN)是指由具备移动能力的传感器节点组成的网络,除了继承传统无线传感器网络的传感、通信和计算能力,移动传感器网络还具有一定的可控机动能力。与静态无线传感器网络相比,移动传感器网络中的一部分或全部的节点处于随机运动状态,整个网络需要定时更新节点的位置,以明确传感信息获取的来源,因此,定位复杂度更高。

本章将对移动无线传感器的主要定位方法进行介绍,以移动定位中常用的蒙特卡罗定位方法为基础,阐述蒙特卡罗定位的基本原理,并在此基础上针对网络的定位精度给出多种改进方法,包括基于移动基线的蒙特卡罗定位方法、最优区域选择的 Voronoi 图方法等,大大增强了无线传感器网络在复杂环境中的适用性。

4.1 移动无线传感器网络概述

4.1.1 基本概念

无线传感器网络按照节点的移动性可以分为静态传感器网络和移动传感器网络。静态传感器网络,是指一经部署,所有传感器节点便处于静止状态且不再移动的网络类型;移动传感器网络,是指传感器节点具备运动能力,可以在监测区域中自由移动的网络。

与静态传感器网络相比,移动传感器网络具有独特的优势:一是动态修复性能,当某个节点由于各种原因"死亡"时,整个网络可能会出现盲区,利用节点的移动性,整个网络可以继续有效地实现监测区域全覆盖,重构拓扑结构。二是通过 sink 节点的移动,可以减少数据传输过程中的能耗,对延长节点寿命起到一定的积极作用。三是无线充电技术的广泛应用,使得节点在移动过程中,可以实时、动态地进行能量补充,整个网络的性能得到了提高。

在实际应用中,移动传感器网络的优势体现得非常明显。例如,矿工通过佩戴传感器装置在井下作业,作为移动的传感器节点,可以随时定位和监控矿工的工作状态,并下达指令;在战场监控或目标跟踪中,不断移动的传感器节点能够扩大监测范围,及时发现入侵者并报警。传感器节点的移动性,一方面扩大了其监测范围,弥补了静态网络中节点"死亡"带来的监测区域真空现象;另一方面,能够为节点提供更优良的通信质量,使传感器网络更好地实现事件的发现和追踪。

在静态传感器网络中,所有节点部署在一定的空间内且不可移动,因此,仅实施一次定位过程即可明确节点的位置,对定位算法的实时性要求不高。而在移动传感器网络中,由于节点随时、随机移动,定位算法除了实现节点的有效定位,还需要保证定位算法的实时性,因此,需要考虑实际工程需求设置通信频率,保证定位的效率。在某些情况下,移动传感器网络定位算法可以用于静态传感器网络的定位,反之则不适用。目前大多数无线传感器网络的定位研究针对静态传感器网络,移动传感器网络定位的研究相对不足,已有研究根据传感器节点的移动形式,将移动传感器网络定位分为如下 3 种情况。

(1) 锚节点移动,未知节点静止。

(2) 锚节点静止,未知节点处于移动状态。

(3) 锚节点和未知节点均处于移动状态。

上述情况中,(1) 可以视为移动锚节点的辅助定位,由于锚节点的位置变化,未知节点可以参考不同时刻的锚节点位置,实现自身定位,将移动网络的定位问题转化为静态网络的定位问题,大大减少网络中的锚节点数量,该情况将在后续章节中详细介绍。情况(2)和情况(3)则需要考虑未知节点的动态变化,采用有针对性的移动式定位算法。本章所述的移动无线传感器网络定位研究,主要针对情况(2)和情况(3)中的移动无线传感器网络定位。

4.1.2 研究现状

目前,移动无线传感器网络主要依据统计的方法实现定位,按照实现原理可以分为蒙特卡罗定位算法和非蒙特卡罗定位算法。

蒙特卡罗定位算法利用序列蒙特卡罗方法中的粒子滤波对节点可能存在的位置采样、滤波,将滤波得到的粒子以后验概率分布的方式估计节点位置,是移动无线传感器网络定位研究的主要方向。

1. 具有代表性的蒙特卡罗定位方法

1) MCL(Monte Carlo Localization)算法

Hu 和 Evans 提出了移动无线传感器网络中与距离无关的节点定位算法,首次将 MCL 算法引入移动无线传感器网络的节点定位,取得了较为理想的效果,节点的定位精度非但没有因为节点的移动特性受到破坏,反而利用移动性提高了定位精度,并减小了定位的代价。该算法的研究结果表明,序列蒙特卡罗方法能够有效地应用于移动无线传感器网络的节点定位,但是 MCL 算法采用了粒子滤波方法,其过程比一般的定位算法更复杂一些。

2) MCB(Mome Carlo Localization Boxed)算法

由 Baggio 等人在 MCL 算法的基础上改进提出的定位方法的核心思想是利用相邻锚节点信息与通信半径绘制出锚盒子,然后根据上一时刻的采样粒子和最快运动速度得到采样盒子,锚盒子和采样盒子有效地限制了采样范围,能够协助传感器节点更高效、准确地采样并获得位置样本,相比 MCL 算法,MCB 算法的性能有了很大的提高。

3) Range-based-MCL 算法

利用未知节点与锚节点之间的距离信息,可以滤波得到更精确的位置样本,提高定位精度。在 Range-based-MCL 算法中,RSS-MCL 算法引入了 RSSI 测距技术,利用接收信号强度的对数正态模型对定位的预测和滤波过程进行了改进,改善了定位的性能。

4) OTMCL(Orientation Tracking-based Monte Carlo Localization)算法

OTMCL 算法引入方向角信息，可以使采样区域更精确，因此，可以应用到传感器节点能够获知自身运动方向的场景中。

2. 基于非蒙特卡罗方法的移动无线传感器网络定位算法的典型方法

1）CDL（Color theory based Dynamic Localization）算法

CDL 算法是一种集中式算法，服务器端通过收集锚节点广播的位置信息和 RGB 信息来建立锚节点位置表，其他节点可以计算出自身的 RGB 值，并发送到服务器端进行定位计算。

2）DLS（Dynamic Localization Scheme）算法

DLS 算法在锚节点和未知节点间采用反馈应答机制，未知节点收集锚节点广播的位置信息和接收信号强度，并多跳传送给最近的锚节点，锚节点计算出该未知节点的坐标值并反馈给该未知节点。算法中锚节点可以改变自身的信息广播频率以适应未知节点速度的变化，但是该算法对锚节点密度和时间同步要求较高。

3）LOCALE（Low-density Collaborative Ad-Hoc Localization Estimation）算法

LOCALE 算法是一种针对稀疏节点部署的移动传感器网络的定位算法，节点之间采取协作定位的方式来实现每个节点精度的提高，在该算法中，未知节点首先得到初步的位置估值，并根据接收的邻居节点信息实现定位优化，该算法已经在实际场景中得到应用，尤其是在节点稀疏的情况下表现出较好的定位效果。

以上介绍了移动无线传感器网络定位的两类算法，并对典型算法进行了详细说明。总体而言，基于蒙特卡罗的定位算法对节点的运动有着良好的适应性，且结构简单，对传感器网络的硬件要求低，但是传统的蒙特卡罗定位算法对节点间的距离信息未进行有效利用，使得定位精度有时不能达到实际工程的需求，因此，更多学者探索针对移动无线传感器网络的定位算法。本章着重介绍针对移动无线传感器网络的定位方法，包括基于蒙特卡罗的定位方法及其改进方法等，并对算法的定位效果进行仿真分析。

4.2 蒙特卡罗定位方法

4.2.1 经典蒙特卡罗定位

蒙特卡罗定位方法被应用到移动传感器网络定位之前，曾被用来进行机器人定位。结合机器人运动轨迹的概率模型，蒙特卡罗定位其实就是一个粒子滤波算法，每个定位时刻都被分成了预测和更新两部分。在预测阶段，机器人发生了位置移动，从而导致位置的不确定性增加，在更新阶段，得到新的观测值，从而可以进行数据的滤波和更新，对机器人当前时刻的位置进行估计。通过这种方式，就能不断地定位机器人。Hu 和 Evans 看到了序列蒙特卡罗方法在机器人定位中表现出的高精度性和计算高效性，于是首次将该方法应用到移动无线传感器网络的节点定位中，提出了 MCL 算法，并取得了比较理想的定位效果。

MCL 算法分为预测和滤波两个阶段。在预测阶段，根据节点的速度信息和在上一定位时刻的粒子集确定采样区域，并随机采样得到粒子；在滤波阶段，根据收到的锚节点信息，对预测阶段的粒子进行筛选，滤除不符合观测条件的粒子，并用满足滤波条件的粒子的均值来估计节点的位置。如果滤波得到的粒子数没有达到定位所需要的粒子数，则执行重采样和滤波过程，直到得到足够数量的粒子或达到最大采样次数为止。

该问题可以进行如下描述：t 表示离散的时间单元，$L_t = \{l_t^1, l_t^2, l_t^3, \cdots, l_t^N\}$ 表示在 t 时刻待定位节点采样点的集合，N 表示采样点的数量，o_t 表示在 t 时刻周围锚节点发送给待定位节点的观测信息，状态转移方程 $p(l_t | l_{t-1})$ 表示 $t-1$ 时刻到 t 时刻节点从 l_{t-1} 转移到 l_t 的概率，观测方程 $p(l_t | o_t)$ 表示待定位节点在 t 时刻接收到来自锚节点的观测信息 o_t 时位于 l_t 的概率。MCL 算法的核心就是用 N 个带有权重的采样点 $C_t = \{(l_t^i, w_t^i) | i = 1, 2, \cdots, N\}$ 估计后验分布 $p(l_t | o_0, o_1, o_2, \cdots, o_t)$，其中，$l_t^i$ 表示节点在 t 时刻一个可能的位置，w_t^i 是节点采样点的权重。最后节点的位置估计表示为 $l_t = \sum_{i=1}^{N} l_t^i \cdot w_t^i$。MCL 算法流程如表 4-1 所示。

表 4-1 MCL 算法流程

//初始化：在监测范围内采用随机采样的方式初始化采样集合 $L_0 = \{l_0^1, l_0^2, l_0^3, \cdots, l_0^N\}$
定位阶段：根据 $t-1$ 时刻的位置 L_{t-1} 和观测值 o_t，得到 t 时刻的位置集合 L_t。
while(size(L_t) < N)
$\Omega = \{l_t^i | l_t^i \text{ is selected from } p(l_t^i | l_{t-1}^i), l_{t-1}^i \in L_{t-1} \text{ for all } 1 \leq i \leq N\}$ //预测
$\Omega_{\text{filtered}} = \{l_t^i | l_t^i \text{ where } l_t^i \in \Omega \text{ and } p(o_t | l_t^i) > 0 \}$ //滤波
$L_t = L_t \cup \Omega_{\text{filtered}}$
end
位置估计：$\text{Loc}_t = \sum_{i=1}^{N} l_t^i / N$

下面对 MCL 算法的关键步骤进行说明。

1．初始化

在初始化阶段，在监测范围内用随机采样的方式初始化采样集合 $L_0 = \{l_0^1, l_0^2, l_0^3, \cdots, l_0^N\}$。

2．预测

在预测阶段，MCL 算法采用随机路径移动模型（Random Waypoint Mobility Model，RWMM）来模拟节点的运动。在这个运动模型中，节点的运动速度为 $0 \sim V_{\max}$，且服从均匀分布，其中，$V_{\max}$ 已知，节点的移动方向为 $0 \sim 360°$ 随机选择。在时刻 t 作一个圆，圆心为 $t-1$ 时刻的节点位置估计 l_{t-1}，$V_{\max}$ 为圆的半径，在这个圆内进行随机采样，将得到的采样点作为 l_t 可能的分布。节点的状态转移函数为

$$p(l_t | l_{t-1}) = \begin{cases} \dfrac{1}{\pi V_{\max}^2}, & d(l_t | l_{t-1}) < V_{\max} \\ 0, & d(l_t | l_{t-1}) > V_{\max} \end{cases} \tag{4-1}$$

式中，$d(l_t | l_{t-1})$ 为 l_t 与 l_{t-1} 之间的距离。

3．滤波

在预测阶段采集到的点并不是都满足条件的，在滤波阶段过滤掉不满足条件的点。节点是根据侦听到所有的一阶和二阶锚节点来判定采样点是否符合条件的。假设 S 和 T 表示能与

待定位节点通信的锚节点的集合，S 表示一跳范围内的锚节点，T 表示二跳范围内的锚节点，并且节点的通信半径都为 r，则所有的采样点都应满足所有的一阶锚节点到采样点的距离都小于或等于 r，所有二阶锚节点到采样点的距离都大于 r 且小于或等于 $2r$，否则就将采样点滤除。过滤条件为

$$\text{filter}(l_t) = \forall s \in S, d(l_t,s) \leqslant r \wedge \forall s \in T, r < d(l_t,s) \leqslant 2r \tag{4-2}$$

式中，$d(l_t,s)$ 表示 l_t 与 s 之间的距离。

4. 重要性采样与重采样

MCL 算法的研究重点是如何求取待定位节点的后验分布 $p(l_t | o_0, o_1, \cdots, o_t)$，然后从节点的后验分布中进行采样，从而得到节点的位置估计，但在实际中一般不能从节点的后验分布中直接采样。重要性采样方法是确定一个和节点后验分布相似且容易进行采样的重要性函数 q（也称建议分布），只需从建议分布中进行抽样，然后计算样本点的权值。在 MCL 算法中，选择状态转移方程 $p(l_t^i | l_{t-1}^i)$ 作为重要性函数，样本点的权重计算如下：

$$q(l_t | o_0, o_1, \cdots, o_t) = p(l_0) \prod_{k=1}^{t} p(l_k | l_{k-1}) \tag{4-3}$$

$$\overline{w_t^i} = \overline{w_{t-1}^i} p(o_t | l_t^i) \tag{4-4}$$

$$w_t^i = \frac{\overline{w_t^i}}{\sum_{i=1}^{N} \overline{w_t^i}} \tag{4-5}$$

式（4-3）是节点以 $t-1$ 时刻可能的位置预测节点在 t 时刻的位置，式（4-4）是待定位节点以 t 时刻接收到锚节点的观测信息更新上一时刻样本点的权重，式（4-5）是对样本点权重进行归一化，节点的后验分布表示为 (l_t^i, w_t^i)。

经过重要性采样后采样集合中的点一般都会出现样本退化的问题，就是有些节点的权重很大，有些节点的权重很小。重采样的思想就是滤除权重很小的点，但是在 MCL 算法中，$p(o_t | l_t)$ 不是 0 就是 1，所以，样本点在归一化之前的权重不是 0 就是 1。因此，在 N 个样本点中，假设有 K 个样本点的权重为 1，则有 $N-K$ 个样本点的权重为 0，称这 K 个样本点为有效样本点。在 MCL 算法中设置了有效样本数的阈值，当有效样本点的个数小于这个阈值时，则进行重采样。

5. 位置估计

得到所采集的样本点及样本点的权重后就可以计算节点的坐标了，利用式

$$\text{Loc}_t = \sum_{i=1}^{N} l_t^i / N \tag{4-6}$$

构造对节点当前位置的估计。

4.2.2 蒙特卡罗盒定位

由于 MCL 算法将节点的运动模型作为建议分布进行采样，即以上一时刻节点可能的位置为圆心，以 $V_{\max}$ 为半径的区域内进行采样。这样的采样面积大，样本点的分布远离实际分布，

采样效率很低,还有可能会出现采样失败的现象。由此,荷兰科学家 Aline Baggio 和 Koen Langendoen 针对这一问题在 MCL 算法的基础上提出了 MCB 算法。

在 MCB 算法中,未知节点利用侦听到的一阶和二阶锚节点构建锚盒子(Anchor Box),并且根据节点上一时刻的位置信息构建采样盒子(Sample Box)。通过构建锚盒子和采样盒子的方式有效地缩小了采样区域,这样不但可以更快地获得有效的样本点,还可以减少节点间的通信次数,以延长系统的生命周期,并能够防止 MCL 算法中因长时间不能采得足够数量的有效粒子而无休止循环的情况发生。因此,MCB 算法对定位计算的效率和能耗都有很大的改善。

图 4-1 所示的重叠区域即 MCB 锚盒子,MCB 算法与 MCL 算法一样,因为算法复杂度与能量消耗的问题,所以,只考虑了未知节点两跳以内的锚节点。在某个时刻 t,未知节点共侦听到周围两跳以内 n 个锚节点,以每个锚节点的位置为中心,以 2 倍半径为边长做一个正方形,求得所有正方形相交部分的矩形即可,锚盒子的坐标公式为

$$x_{\min} = \max_{j=n}^{n}(x_j - r), \quad x_{\max} = \max_{j=n}^{n}(x_j + r)$$
$$y_{\min} = \max_{j=n}^{n}(x_j - r), \quad y_{\max} = \max_{j=n}^{n}(y_j + r)$$
(4-7)

当图 4-1 中的锚节点与待定位节点的距离为二跳时,将式(4-7)中的 r 改为 $2r$,等式左边为锚盒子矩形的坐标。

在确定锚盒子之后,就可以确定采样盒子了,如图 4-2 所示,图中的阴影区域为采样盒子。假设在 $t-1$ 时刻某个未知节点 i 的估计坐标为 (x_{t-1}^i, y_{t-1}^i),则以 i 点在 $t-1$ 时刻的坐标为中心,以 $2V_{\max}$ 为边长做一个正方形,锚盒子与正方形的重叠区域即为采样盒子,坐标公式为

$$x_{\min}^i = \max(x_{\min}, x_{t-1}^i - V_{\max}), \quad x_{\max}^i = \max(x_{\max}, x_{t-1}^i + V_{\max})$$
$$y_{\min}^i = \max(y_{\min}, y_{t-1}^i - V_{\max}), \quad y_{\max}^i = \max(y_{\max}, y_{t-1}^i + V_{\max})$$
(4-8)

式中,$V_{\max}$ 为节点的最高移动速度。在定位的初始阶段或当采样盒子为空时,采样区域为锚盒子。MCB 算法的定位过程与 MCL 算法相同,这里不再赘述。

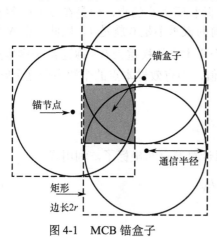

图 4-1 MCB 锚盒子

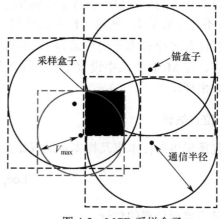

图 4-2 MCB 采样盒子

总体来看,MCB 算法通过在预测阶段使用接收到的锚节点信息来限制采样区域,节点在定位计算过程中不再需要付出巨大的时间开销和能量消耗,从而提高了定位的效率,而节点的定位精度也有了很大的提高。当锚节点密度较低时,MCB 算法与 MCL 算法的定位精度相差不多,然而,当锚节点密度变大时,MCB 算法的定位性能要明显好于 MCL 算法。

4.2.3 算法优劣

本节介绍 MCL 算法的优势与劣势。

1. MCL 算法的优势

MCL 算法的优势包括对节点移动适应性强、计算效率高等几个方面，具体表现为以下 4 点。

（1）节点的移动性对算法性能的影响。MCL 算法最大的优点之一就是算法定位精度不仅没有因节点的移动而变差，反而因节点的移动性和参考节点上一时刻的位置，让节点可以获得更多的信息，使定位精度有所提高。

（2）算法要求简单。MCL 算法的重点是求得节点的后验概率密度分布，其他方法如卡尔曼滤波也可以求得后验概率密度分布，但卡尔曼滤波要求后验概率密度分布满足线性、高斯正态分布。而 MCL 算法可以在非线性非高斯的条件下得到所需的后验概率密度分布。

（3）算法结构简单。MCL 算法将需要大量计算的定位问题转化为概率论问题，只需进行大量的采样，就可以描述节点的后验概率密度分布，简化了定位算法。

（4）算法实用性强。MCL 算法依靠节点间的连通性，不需要测距就能得到节点的位置估计，对传感器节点的硬件要求低。

2. MCL 算法存在的问题

虽然 MCL 算法有非常多的优点，比其他移动无线传感器网络定位算法具有较好的定位精度和定位效率，但是也存在如下一些问题。

（1）MCB 算法在锚节点分布均匀或比较密集时，网络的定位精度较高，但在实际情况中锚节点的分布往往不是很均匀，这时会有许多未知节点不能接收到锚节点的信息，导致未知节点无法定位。

（2）MCL 算法和 MCB 算法都是基于网络连通性原理进行定位的，并没有利用节点间的距离关系，使得节点的定位精度虽然满足大多数应用需求，但定位精度不是很高。

接下来介绍移动基线式定位方法，并将其与 MCL 算法结合起来，这将弥补 MCL 算法、MCB 算法的局限性。

4.3 移动基线式定位方法

4.3.1 经典移动基线定位算法

移动基线定位（Moving-Baseline Location，MBL）算法是在处理一组节点没有锚节点协助定位的情况下，提出的一种相对定位算法。MBL 算法的主要思想是：每个节点需要确定与自身一跳范围内节点的相对位置，当节点不能与距离一跳以外的节点通信时，可以通过节点周围的节点间接地确定与一跳以外节点的相对位置。

MBL 算法假设节点在一段时间内在平面上做匀速直线运动，因此，两个节点在一段时间内的相对运动速度是恒定的。这两个节点在这个时间单元内可以获得一系列带有时间标记的距离测量值。在获得这些测量值后，MBL 算法的主要工作就是整合这些带有时间标记的距离测量值，得到节点的全局运动估计。

下面介绍 MBL 算法的几个重要元素及过程。

1. 节点的距离模型

为了对移动无线传感器网络节点之间的运动关系进行建模，MBL 算法引入了移动网络中的一个概念：当且仅当两个节点之间可以通信时，节点 i 和 j 之间存在一条边；当节点 i 和 j 之间存在一条边时，两个节点之间应有一系列时间离散的距离测量值 $r_{ij}(t), t=1,2,\cdots,n$ 可以利用。图 4-3 中展示了 t 时刻节点 i 与节点 j 的距离测量值。

MBL 算法假设所有节点都是匀速直线运动的，因此，节点轨迹的恢复可以认为是一个低维度的优化问题。如图 4-4 所示，每个节点都必须恢复 4 个自由度，并有如下关系式：

$$L_i(t) = p_i + t \cdot v_i \tag{4-9}$$

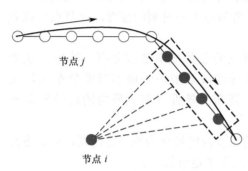

图 4-3　时间离散的距离示意图

式中，p_i 和 v_i 分别代表节点 i 运动的初始位置（两个自由度）和速度向量（两个自由度），$L_i(t)$ 表示节点 i 在时刻 t 的位置。节点 i 的位置 $L_i(t)$ 与节点 j 的位置 $L_j(t)$ 之间一系列的距离测量值的关系可由式（4-10）确定。

$$r_{ji}(t)^2 = m_{ji}^2 + (t - t_{ji}^c)^2 s_{ji}^2 \tag{4-10}$$

式中，t_{ji}^c 表示两个节点之间距离最小的时刻；m_{ji} 表示在两个节点之间距离最小时刻相距的距离；s_{ji} 表示两个节点之间的相对速度。图 4-5 中展示了两个节点位置 $L_i(t)$、$L_j(t)$ 与一系列距离测量值之间的关系。

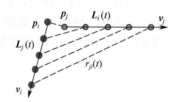

图 4-4　节点自由度示意图

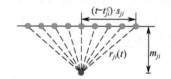

图 4-5　节点的位置距离关系示意图

由上述可知，只要双曲线参数 $H_{ji} = (s_{ji}, t_{ji}^c, m_{ji})$ 已知，就可以通过式（4-10）得到节点 i 与节点 j 在任意时刻 t 的距离 $r_{ji}(t)$。但是因为在移动网络中并不是每对节点 i 与节点 j 都能够通信，为了使每个节点都能确定与其他节点的位置与运动关系，需要通过所有可获得的 H_{ji} 得到一个全局的节点相对位置与运动关系。因此，MBL 算法还需要下面几个重要步骤。

2. 双曲线参数估计

双曲线参数估计是 MBL 算法最基本的部分，它通过带时间标记的距离测量值去估计节点

运动双曲线参数 $H_{ji} = (s_{ji}, t_{ji}^c, m_{ji})$。根据节点的运动模型和获得的两个节点间一系列带时间标记的距离测量值 $(r_z, t_z), z = 1, 2, \cdots, n$，可以考虑下面的二次模型：

$$r_z^2 = \gamma t_z^2 + \beta t_z + \alpha + \varepsilon_z \tag{4-11}$$

因为最小二乘法这类的回归参数估计对包含较大误差的数据很敏感，MBL 算法采用非参数稳健二次拟合。这种拟合算法在处理存在较大误差的数据时具有很好的拟合效果，具体使用方法如下。

（1）建立节点间的距离模型：$y_i = \alpha + \beta x_i + \gamma x_i^2$, $i = 1, \cdots, n$。

（2）将任意 3 个 $y_i = \alpha + \beta x_i + \gamma x_i^2$ 组成一组：

$$\begin{aligned} y_i &= \alpha + \beta x_i + \gamma x_i^2 \\ y_j &= \alpha + \beta x_j + \gamma x_j^2 \\ y_k &= \alpha + \beta x_k + \gamma x_k^2 \end{aligned} \tag{4-12}$$

直到穷尽所有的组合。

（3）将所有的等式组按照式（4-13）计算：

$$\hat{\gamma}_{ijk} = \frac{1}{x_k - x_j} \left(\frac{y_k - y_i}{x_k - x_i} - \frac{y_j - y_i}{x_j - x_i} \right) \tag{4-13}$$

将得到的所有 $\hat{\gamma}_{ijk}$ 取中值，即为 γ 的估计值。

（4）将任意两个 $y_i = \alpha + \beta x_i + \gamma x_i^2$ 组成一组，让

$$\hat{\beta}_{ij} = (y_j - y_i)/(x_j - x_i) - \hat{\gamma}(x_j + x_i)$$

直到穷尽所有组合。将所有的 $\hat{\beta}_{ij}$ 取中值，即为 β 的估计值。

（5）对于所有的等式，让 $\hat{\alpha}_i = y_i - \hat{\beta} x_i - \hat{\gamma} x_i^2$，将所有的 $\hat{\alpha}_i$ 取中值，即为 α 的估计值。

当 $n \geqslant 3$ 时，二次模型的 3 个参数 γ、β、α 可以确定，运动的双曲线参数 $H = (s, t^c, m)$ 可以用下式计算：

$$s = \sqrt{\gamma}, \quad t^c = \beta/(-2\gamma), \quad m = \sqrt{\alpha - \beta^2/(4\gamma)} \tag{4-14}$$

在计算完节点运动的双曲线参数后，每个节点把这个信息广播给邻居节点去估计局部簇。

3. 相对位置与相对速度估计方法

为了建立一个局部簇，3 个可以互相通信的节点 i、j、k 通过节点两两之间的双曲线参数，可以确定它们之间的相对位置与相对速度。固定节点 i，可以确定节点 j 和节点 k 的位置和运动。

4. 局部簇定位

通过构建每 3 个可以通信的节点相对位置与速度关系，每个节点可以通过表 4-2 所示的算法将每 3 个节点所构成的相对位置与速度关系进行融合。

表 4-2　局部簇算法

```
Input: Node i and its neighbors
Output: LocalCluster represented by a set of (ID,position,velocity) tuples of Neighbors    doneNodes=φ
Initialize LocalCluster as triangle (i; j₀; k₀) by randomly picking j₀; k₀ from Neighbors
Add j₀, k₀ to doneNodes
  for node j ∈ doneNodes do
    for node k ∈ Neighbors-doneNodes do
      if H_ji, H_jk and H_ik are available then
        Construct triangle (i, j, k)
        Merge (i, j, k) into LocalCluster
        Add k to doneNodes
      end if
    end for
  end for
```

5．构建全局位置与速度关系

为了得到全局相对位置与速度关系，可以不断将每对局部簇进行融合。例如，当出现两个局部簇拥有 3 个共同节点时，可以每次将一个局部簇融合到主要的局部簇上。假设将局部簇 2 融合到局部簇 1 上，S 表示簇 1 和簇 2 共同拥有的节点 $(p_i^{(1)}, v_i^{(1)})$，$(p_i^{(2)}, v_i^{(2)})$，$i \in S$ 分别表示节点 i 在簇 1 和簇 2 的位置与速度，从 $p^{(2)}$ 到 $p^{(1)}$ 的转化可由最小化残差平方和确定：

$$(\overline{R}, \overline{T}) = \arg\min_{R,T} \sum_{i \in S} \left\| p_i^{(1)} - R(p_i^{(2)}) - T \right\|^2 \tag{4-15}$$

式中，R 对应角度，T 是一个转换。速度向量偏置可以由下式确定：

$$\overline{V} = \arg\min_{V} \sum_{i \in S} \left\| V_i^{(1)} - \overline{R}(V_i^{(2)}) - V \right\|^2 \tag{4-16}$$

在经过转化、旋转和速度向量偏置之后，就可以将两个局部簇进行融合，得到全局的一个相对关系。

6．MBL 算法分析

MBL 算法能够在没有锚节点协助定位的情况下实现节点的相对定位，能够很好地确定节点间的相对运动，并且定位精度也很高。但 MBL 算法假设节点在一段时间内做匀速直线运动，当节点运动具有加速度时，MBL 算法不能很好地模拟节点的运动，导致节点重新计算参数的频率变高。

此外，MBL 算法采用超带宽技术测距，对节点的硬件要求较高，并且 MBL 需要对节点进行双曲线参数估计、局部簇融合等运算，由于移动无线传感器网络对定位算法的实时性要求较高，MBL 只适合于小规模的移动无线传感器网络，因此 MBL 算法的应用有很大的局限性。

4.3.2　二阶移动基线定位算法

MBL 算法是一种精度较高的移动无线传感器网络定位算法，可以在没有锚节点协助的情况下,对节点进行相对定位。但 MBL 算法假设节点在一段时间内做匀速直线运动,如果节点在监测区域内的运动具有加速度,节点相对位置的预测误差会很大,并且误差增长较快。针对 MBL 算法的这个问题,可选择应用二阶 MBL(Second-Order Moving-Baseline Localization,SMBL)算法,该改进的 MBL 算法适合节点运动具有加速度的情况。

1. 二阶移动基线定位的问题描述

假设有 N 个相同的传感器节点随机部署在监测区域,节点的通信半径均为 r,监测区域没有锚节点或基础设施来协助定位。在监测区域节点不断采样通信半径内一阶邻居节点的距离信息,当获得足够的数据时,通过计算得到节点间的相对加速度、最近距离的时间点、该时间点节点间的距离、初始相对速度等参数。节点与在一跳范围内的节点分享这个信息,从而确定节点之间的相对位置。下面对算法的解决思路与具体实现进行阐述。

2. 二阶移动基线定位算法的思路

根据 4.3.1 节的介绍,MBL 算法假设在某个时间段内节点的运动为匀速直线运动,并且在这个时间段内,节点可以获得带有时间标记的距离测量数据,然后通过双曲线参数估计、相对位置估计等对节点进行相对定位。但是在实际情况中,节点的运动可能具有加速度,由于传感器节点硬件的限制,不能将采样频率设置得很高。在这种情况下,依然认为节点是匀速直线运动的,就会造成节点误差的增大和重新计算参数频率的升高。

为了解决这一问题,最直接的方法就是将节点的运动模型设定为节点运动具有加速度的运动模型,该模型认为在这段时间内节点的运动为匀加速直线运动,从而可以直接对节点的加速运动进行拟合。拟合节点的加速运动可以更好地恢复节点的运动轨迹,并且使节点参数的更新频率降低。在某段时间内,当节点近似做匀速直线运动时,可以认为节点的运动加速度为零或近似为零,这样同样可以利用节点的加速度运动模型对节点的运动进行拟合。可以看出,对节点二次运动的拟合,对节点的运动是否具有加速度都适合,因此,SMBL 算法可以应对节点更加复杂的运动。

3. 带有大误差数据的参数拟合算法

当节点做匀加速运动时,估计节点的相对运动所需要的参数与节点做匀速直线运动时所需的参数不同,这时 4.3.1 节中使用的非参数稳健二次拟合方法在这种情况下不再适用。此时,可以采用拉格朗日中值定理滤除大误差数据的方法进行处理,下面将具体介绍。

引理 4.1 如果函数 $f(x)$ 满足:(1)在闭区间 $[a,b]$ 上连续;(2)在开区间 (a,b) 内可导;那么在区间 (a,b) 中起码存在一点 $\varepsilon(a<\varepsilon<b)$ 使等式 $f(b)-f(a)=f'(\varepsilon)(b-a)$ 成立。

当节点做相对匀加速运动时,假设 a、b、c 是时间-距离平方曲线上的 3 个点,$f(\bullet)$ 为时间-距离平方曲线函数,则有 $f'(b) \in (f'(a), f'(c))$。由引理 4.1 可知,b 是 a、c 段内的一点,则有式(4-17):

$$\frac{f(c)-f(a)}{c-a} = f'(b) \in (f'(a), f'(c)) \tag{4-17}$$

式(4-17)便是得到的大误差数据的过滤条件。

如图 4-6 所示,假设节点共采集了 n 个距离数据,其中点 P 是含有较大误差的采样点。

图中蓝色的曲线是经过最小二乘法拟合得到的曲线,红色的折线是连接采样点得到的。

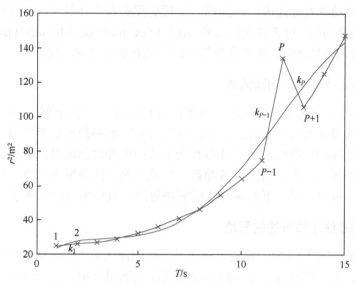

图 4-6 大误差过滤示意图

在经过计算后得到每两个采样点间的斜率 k_i,$i = 1, \cdots, n$,然后通过式(4-18)过滤掉点 P。

$$k_i \in (f'(i), f'(i+1)) \tag{4-18}$$

在滤除掉大误差点后,利用最小二乘法再次进行曲线拟合,直到所有的点都满足过滤条件,算法的具体过程如表 4-3 所示。

表 4-3 带有大误差数据的参数拟合算法

```
//节点已经获取了 n 个带有时间标记的距离信息
(1) 对采集到的 n 个时间离散的距离测量值通过最小二乘法进行拟合,得到一个双曲线参数
(2) 利用得到的曲线计算在每个时间点的斜率 d_{y_i},计算每两个相邻采样点间的斜率 d_{y_{i-i+1}}
(3) do
(4)     for 1 < i < n
(5)         if  d_{y_i} > d_{y_{i-i+1}} || d_{y_{i+1}} < d_{y_{i-i+1}}
(6)             Record the i point
(7)         end
(8)     end
(9)     Find the maximum error of points and filter it
(10)    Fitting curve again
(11) while(d_{y_{i-i+1}} ∉ (d_{y_i}, d_{y_{i+1}}))
```

由上述算法可以看出,算法的主要过程就是找出不符合的点进行滤波,然后拟合。此处假设节点测距出现大误差的概率为 0.05。当采样点的个数为 10 时,出现一个大误差的概率约为 31%,出现两个大误差的概率约为 8%,出现 3 个大误差的概率约为 1%,所以,一般只有一个采样点具有较大的误差。虽然运用这种方法进行曲线拟合的计算量约为最小二乘法计算量的 1.5 倍,但是可以很好地处理具有大误差数据的曲线拟合。

图 4-7 和图 4-8 所示为拟合曲线仿真图。在图 4-7 中,黑色的折线是节点间实际测得的距

离平方连接形成的,红色曲线是距离数据未经过滤大误差拟合得来的曲线。在图 4-8 中,红色的点表示节点间的真实距离值的平方,蓝色的曲线是将大误差过滤后拟合得到的曲线。可以看出,经过算法过滤后的拟合曲线更加符合节点的实际运动轨迹。

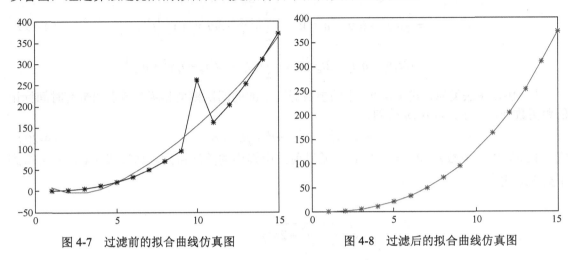

图 4-7 过滤前的拟合曲线仿真图　　　　图 4-8 过滤后的拟合曲线仿真图

4. 二阶移动基线定位的算法实现

SMBL 算法是 MBL 算法的改进算法。SMBL 算法更适用于节点复杂运动的情况,与 MBL 相比具有很明显的定位优势。SMBL 算法主要由参数估计、相对位置估计、局部簇融合阶段组成。由于 SMBL 算法主要是利用 MBL 算法对节点复杂运动情况的适用性进行改进的,因此,SMBL 算法与 MBL 算法的相对位置估计阶段与局部簇融合阶段大致相同。下面主要介绍 SMBL 算法的参数估计。

假设时间被分成了离散的时间单元 t,每个节点都有各自的 ID,每个节点可以与通信半径内的邻居节点进行通信,并且可以获得一组带时间标记的距离数据 $r_{ij}(t), t=1,\cdots,n$。

由于节点在监测区域内做匀加速直线运动,所以两个节点的相对运动也为匀加速运动。节点的相对运动轨迹可能是直线,也可能是曲线,这与节点的合加速度与初始速度的合速度有关,为了降低算法的复杂度,假设两个节点的合运动仍为匀加速直线运动。由于加速度的存在,节点的速度是时刻变化的,在计算节点间距离最近的时刻的速度时可能会得到负的速度,这与实际不符。因此,需要对参数的计算进行分类讨论。

第一种情况:在节点间距离最近的时刻节点间的相对速度大于零。

图 4-9 所示为 SMBL 算法中节点的相对位置关系,每个实心圆点都表示采集距离数据的时刻,虚线表示节点之间的直线距离。

其中,a 为两个节点间的相对加速度;t_c 为两个节点间距离最近的时刻;v_c 表示两个节点距离最近时的相对速度;m_{ij} 为节点相对运动过程中的

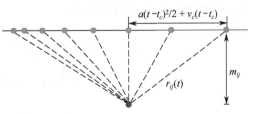

图 4-9 SMBL 算法中节点的相对位置关系

最小距离;$r_{ij}(t)$ 表示节点运动过程中在 t 时刻的距离。定义 $H_{ij}=(a,v_c,t_c,m_{ij},\text{flag})$ 表示节点 i 与节点 j 曲线参数的集合,最后一个参数 flag 设置为 1,表示此时的参数由第一种情况得到。

由图 4-9 中的位置关系可以得到如下距离关系：

$$r_{ij}^2(t) = m_{ij}^2 + \left[\frac{1}{2}a(t-t_c)^2 + v_c(t-t_c)\right]^2$$

$$= \frac{1}{4}a^2t^4 + (av_c - a^2t_c)t^3 + \left(\frac{3}{2}a^2t_c^2 - 3at_cv_c + v_c^2\right)t^2 +$$

$$(3t_c^2 v_c - a^2 t_c^3 - 2t_c v_c^2)t + \left(\frac{1}{4}a^2 t_c^4 - at_c^3 v_c + t_c^2 v_c^2 + m_{ij}^2\right)$$

(4-19)

与 MBL 算法类似，式（4-19）中的参数通过下面的四次模型和两个节点间带有时间标记的距离数据 $(r_z, t_z), z = 1, \cdots, n$ 得到。

$$r_z^2 = \varepsilon t_z^4 + \delta t_z^3 + \gamma t_z^2 + \beta t_z + \alpha \tag{4-20}$$

式（4-20）中，参数 ε、δ、γ、β、α 可通过前文中提出的算法得到。通过式（4-19）可得到下列表达式：

$$\begin{aligned}
\hat{a} &= 2\sqrt{\varepsilon} \\
\hat{t}_c &= \frac{\sqrt{-\delta - 3\delta^2 + 2a^2\gamma}}{a^2} \\
\hat{v}_c &= \frac{\sqrt{-2\gamma a^2 + 3\delta^2}}{a} \\
\hat{m} &= \sqrt{\alpha - (1/4)a^2 t_c^4 + at_c^3 v_c - t_c^2 v_c^2}
\end{aligned} \tag{4-21}$$

第二种情况：在节点距离最近的时刻，节点的相对速度小于零（不存在）。

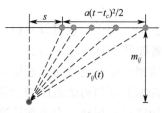

图 4-10 SMBL 算法中节点相对位置关系 2

图 4-10 所示为第二种情况下的节点的相对位置关系，每个实心圆点都表示采集距离数据的时刻，虚线表示节点之间的直线距离。

其中，a 表示两个节点的相对加速度；t_c 表示两个节点相对速度为 0 的时刻；m_{ij} 表示两个节点相对运动过程中的最短距离；s 为两个节点相对速度为 0 时两个节点间的水平距离；$r_{ij}(t)$ 为两个节点在运动过程中在 t 时刻的距离。定义 $H_{ij} = (a, s, t_c, m_{ij}, \text{flag})$ 表示节点 i 与节点 j 曲线参数的集合，最后一个参数 flag 设置为 2，表示此时的参数由第二种情况得到。由图 4-10 中的位置关系可以得到如下距离关系式：

$$r_{ij}^2(t) = m_{ij}^2 + \left[\frac{1}{2}a(t-t_c)^2 + s\right]^2$$

$$= \frac{1}{4}a^2 t^4 - a^2 t_c t^3 + \left(\frac{3}{2}a^2 t_c^2 + as\right)t^2 -$$

$$(a^2 t_c^3 + 2ast_c)t + \left(\frac{1}{4}a^2 t_c^4 + ast_c^2 + s^2 + m_{ij}^2\right)$$

(4-22)

与 MBL 算法类似，式（4-22）中的参数通过下面的四次模型和两个节点间带有时间标记的距离数据 $(r_z, t_z), z = 1, \cdots, n$ 得到。

$$r_z^2 = \varepsilon t_z^4 + \delta t_z^3 + \gamma t_z^2 + \beta t_z + \alpha \tag{4-23}$$

式（4-23）中，参数 ε、δ、γ、β、α 可通过前文中的参数拟合算法得到。通过式（4-22）可得到下列表达式：

$$\begin{aligned}
\hat{a} &= 2\sqrt{\varepsilon} \\
\hat{s} &= \frac{1}{a}\left(\gamma - \frac{3}{2}\frac{\delta^2}{a^2}\right) \\
\hat{t}_c &= -\frac{\delta}{a^2} \\
\hat{m} &= \sqrt{\alpha - a^2 t_c^4 / 4 - a s t_c^2 - s^2}
\end{aligned} \qquad (4\text{-}24)$$

在计算完参数后，要确定两个节点间的相对位置。假设节点 i 和节点 j 之间的参数集为 H_{ij}，固定节点 i 的坐标为 $(0,0)$。首先，判断 $H(5)$ 的数值是 1 还是 2。如图 4-11 所示，当 $H(5)=1$ 时，节点 j 在 t 时刻的坐标为 $(m_{ij},(a(t-t_c)^2+v_c(t-t_c))/2)$；如图 4-12 所示，当 $H(5)=2$ 时，则节点 j 在 t 时刻的坐标为 $(m_{ij},s+a(t-t_c)^2/2)$。图中的红色箭头表示 SMBL 算法中节点 i 与节点 j 的相对速度方向与相对加速度方向。

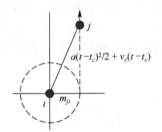
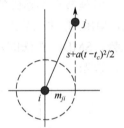

图 4-11　当 $H(5)=1$ 时相对坐标示意图　　图 4-12　当 $H(5)=2$ 时相对坐标示意图

计算完两个节点的坐标后加入第三个点，进而实施局部簇定位。

4.3.3　仿真结果及分析

使用 MATLAB 对 SMBL 算法进行仿真实验，为了验证改进算法的有效性和合理性，将 MBL 定位算法与 SMBL 算法进行对比，SMBL 算法是在 MBL 算法的基础上提出的改进算法。

1．仿真参数设置

无线传感器网络参数设置如下。

（1）节点运动在 100m×100m 的正方形区域，节点的个数为 40 个，初始时刻节点随机部署在监测区域。

（2）节点测距的系统误差为 $0.03\,\mathrm{m}$，随机误差在 $[0,10]\,\mathrm{m}$ 内均匀分布。

（3）节点运动的最快速度为 $1\,\mathrm{m/s}$，最大加速度为 $0.1\,\mathrm{m/s^2}$。

（4）节点的通信半径 r 为 $30\,\mathrm{m}$。

（5）仿真结果为 10 次仿真结果的平均值。

（6）定位误差定义为

$$e = \frac{\sum_{1}^{N-1} \left\| d - \hat{d} \right\|}{N-1} \cdot \frac{1}{r}$$

式中，d 为节点间的真实距离；$\hat{d}$ 为节点测量得到的距离；N 为节点的数量。

2. 仿真结果与分析

在仿真实验中，将 SMBL 定位算法与 MBL 定位算法进行对比，通过仿真节点的运动速度与节点运动的加速度对定位精度的影响，以及分析算法的定位效率，全面评估算法的性能。

1）两种算法定位精度随时间的变化

图 4-13 所示为节点在匀加速直线运动时，一次参数计算周期中，MBL 算法和 SMBL 算法定位误差随时间变化的曲线（图中为 10 次仿真实验的平均曲线）。由图 4-13 可知，在初始定位时刻，MBL 算法的精度比 SMBL 算法稍好一些。随着运动的不断进行，MBL 算法的定位误差不断增大并且误差的增长率有变大的趋势。这是由于 MBL 算法假设节点做匀速直线运动，MBL 算法在对节点的运动曲线进行拟合时，会得到两个节点的相对运动速度。之后在一次参数计算周期中，每个运动时刻内节点的运动距离的估计值都是节点的相对运动速度与时间的乘积。但是节点实际做的是匀加速运动，节点在每个时刻内的相对运动距离是不断增大的。因此，MBL 算法在节点匀加速运动的情况相对定位误差不断增大，并且误差的增长率有变大的趋势。SMBL 算法的定位误差随着运动不断地进行缓慢增长，在仿真时间内只增长了很小的定位误差。

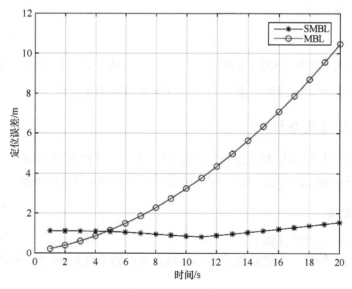

图 4-13 两种算法定位误差随时间变化的曲线

从图 4-13 中可以看出，SMBL 算法在节点复杂运动的情况下具有较好的定位效果，并且可以有效地降低参数的计算频率。

2）节点加速度对定位误差的影响

图 4-14 所示为两种算法定位误差随节点运动加速度变化的曲线，两种算法随着加速度的增大表现出了不同趋势。MBL 算法随着加速度的不断增大，误差也不断增大，这是因为运动

加速度大的节点在每个相邻的时间单元内节点的运动距离的增加量比加速度小的节点运动距离增加量大。随着加速度的不断增大,这个增加量也在不断增大,这使得 MBL 算法在节点轨迹拟合上的偏差也越来越大。SMBL 算法的定位误差随着加速度的增大呈下降趋势,这是因为节点运动的加速度越大,节点的加速度参数的估计相对误差会越小,对节点运动轨迹的拟合效果也越好。因此,在节点运动具有加速度的情况下,SMBL 算法具有很好的定位效果,并且节点速度变化越明显,SMBL 算法定位效果越好。

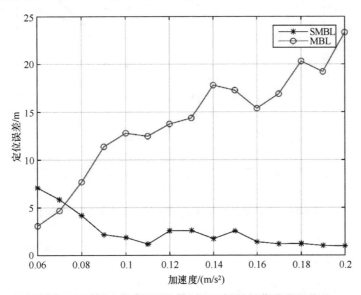

图 4-14 两种算法定位误差随节点运动加速度变化的曲线

3)节点速度对定位误差的影响

图 4-15 所示为两种算法定位误差随节点运动速度变化的曲线,两种算法对节点运动速度的反应也呈现了不同的趋势。MBL 算法随着运动速度的加快,定位误差变化不是很明显,SMBL 算法随着节点运动速度的加快,节点的定位误差呈增长趋势,当节点运动速度大于 1.6m/s 时,节点的定位误差增长得很快。节点运动速度的加快使得节点的加速度对节点相对运动的影响减小,节点的运动在短时间内趋于匀速运动,导致 SMBL 算法的定位误差有所增大。

4)算法的时间复杂度

算法的时间复杂度也是评价节点定位算法的一个重要指标,为了直观地比较 MBL 算法和 SMBL 算法的复杂度,采用比较两种算法执行时间的方式。图 4-16 所示为两种算法分别运行 10 次得到的运行时间,两条实线分别是两种算法运行 10 次的平均时间。由图 4-16 可知,SMBL 算法的定位时间要长于 MBL 算法的定位时间,这是由于 SMBL 算法的参数计算步骤比较复杂。但是 SMBL 算法可以在较长的时间内把误差稳定在一定范围内,节点轨迹拟合参数的重新计算的频率明显低于 MBL 算法。

3. 仿真结果总结

由以上仿真结果可知,在节点具有一定加速度的情况下,SMBL 算法具有较高的定位精度与较低的节点运动轨迹参数计算的频率。这是因为 SMBL 算法将节点的运动在一定的时间内拟合为匀加速直线运动，这样的拟合更加符合节点的实际运动情况，从而直接减小了定位误差，同时也降低了参数计算的频率。

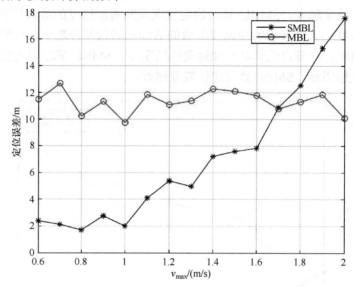

图 4-15 两种算法定位误差随节点运动速度变化的曲线

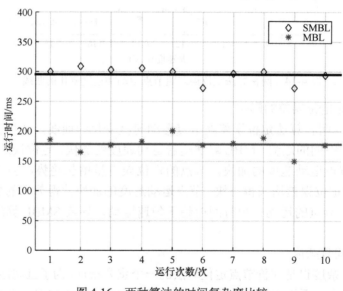

图 4-16 两种算法的时间复杂度比较

综上所述，SMBL 算法在节点运动情况复杂的实际环境中具有较好的定位效果。

4.4 基于移动基线的蒙特卡罗定位方法研究

基于蒙特卡罗定位算法的移动无线传感器网络定位算法是目前移动无线传感器网络定位算法中最典型的一类算法。MCL 算法和 MCB 算法都具有较好的定位效果，它们都不需要节点的测距功能，仅依靠网络的连通性就能实现移动节点的定位，能很好地应对节点的移动性给节点的定位效果带来的影响。

虽然 MCL 算法、MCB 算法可以满足大多数应用的要求，但当锚节点分布不均匀时，很多未知节点不能接收到锚节点信息，定位精度不理想。针对这一问题，适合采用基于移动基线的蒙特卡罗定位（Moving-Baseline Localization Based on Monte Carlo Boxed，MBMCB）算法或基于二阶移动基线的蒙特卡罗定位（Second-Order Moving-Baseline Localization Based on Monte Carlo Boxed，SMBMCB）算法进行处理。这类 MBMCB 算法结合了 MBL 算法和 MCL 算法的优点，在锚节点分布不均匀时有较好的定位精度，又可以有效降低由于节点的复杂运动对传感器节点定位算法性能造成的影响。

4.4.1 基于一阶移动基线的蒙特卡罗定位

1. 基于一阶移动基线的蒙特卡罗定位算法思路

无论是在移动无线传感器网络中还是在静态无线传感器网络中，节点定位算法的定位精度都与锚节点的密度成正相关关系，锚节点的数量越多，越有可能使更大比例的未知节点获取用于估计自身位置的锚节点信息。但是锚节点的增多会使系统的成本迅速升高，能量损耗也会加大。相比大幅提高锚节点密度或使用高精度的测距硬件，如何用较小的代价获得较好的定位精度，是当今移动无线传感器网络定位算法的研究热点。

为了解决这一问题，最直接的方法就是使接收不到锚节点信息的未知节点能够估计自身位置。由于节点运动的随机性和算法复杂度等原因，待定位节点最多能接收到两跳距离以内的锚节点信息。锚节点很难全面覆盖整个传感器节点的移动区域，在监测区域将会存在许多待定位节点，它们无法接收到锚节点信息，虽然它们以上一时刻的位置估计作为新时刻的位置估计，但是当节点连续几次接收不到锚节点信息时，未知节点的位置估计精度会很差，几乎完全判断不出自身位置。已知 MBL 算法可以实现传感器节点的相对定位，因此，当待定位节点不能侦听到锚节点信息时，使没有侦听到锚节点信息的待定位节点在下一定位时刻之前不断收集与其他待定位节点之间的距离信息，推断出下一时刻与其他待定位节点的相对位置。在得到节点的相对位置后，通过局部簇中可以估计自身位置的待定位节点，可以间接估计该待定位节点的位置。

2. 基于移动基线定位问题的定性描述

假设在监测区域中有 M 个结构相同的未知节点，各个节点的通信半径均为 r，并且有 N 个带有 GPS 的锚节点，所有节点在监测区域内不断移动，并且锚节点广播自身的 ID 和位置信息。在定位时刻，当未知节点没有接收到锚节点信息时，让该节点与其周围的一阶邻居节点进行通信，求得与周围邻居节点的相对位置。如果节点下一时刻仍没有侦听到锚节点信息，可以利用其他待定位节点间接定位该节点。

3. 节点运动模型

本节算法分析中采用的是目前在移动无线传感器网络中一种最常见的无记忆运动模型——随机路径移动模型。在随机路径移动模型中，每个节点的运动方式和状态与其他节点没有任何联系，所有节点的运动方向和运动速度都是随机的，彼此之间互不影响。在本节算法中需要某些节点在移动过程中和其他节点进行通信，故在随机路径移动模型的基础上增加了一个限定条件，即在节点定位的两个相邻时刻内所有节点做运动速度不变的直线运动。图 4-17 所示为节点的随机路径移动模型，图 4-18 所示为本章所需要的节点运动模型，即增加限制的随机路径移动模型。

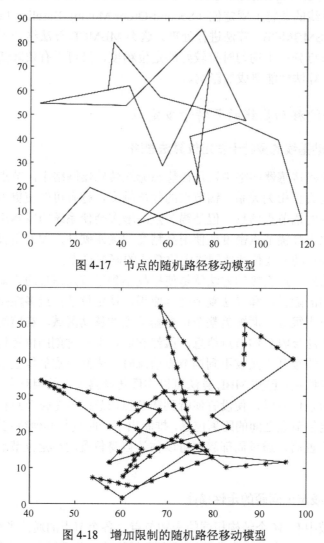

图 4-17 节点的随机路径移动模型

图 4-18 增加限制的随机路径移动模型

在图 4-18 中，节点在每次变换方向和改变速度大小之前，按照之前的速度和方向做匀速直线运动，图中黑色的点代表某些节点在运动过程中发送或接收距离信息的时间点。

4．未知节点相对位置定位分析

1）测距误差模型

MBL 算法采用的是 TOA 测距方法，这种测距方法虽然测距精度高，但是需要传感器节点添加额外的硬件，这无疑会消耗网络的能量和增加网络的成本。故仍采用基于 RSSI 的测距方法，传感器节点本身就可以检测无线电信号的强度，这种测距方法不需要对节点添加额外的硬件。信号的传播模型是 RSSI 测距的基础，下面详细介绍几种传播模型。

无线电信号传播的特征之一就是信号的强度随着距离的增大而衰减。无线电信号的传播模型可分为经验模型和理论模型。经验模型需要创建数据库，其中的数据表示测试点的位置和 RSSI 的关系，在测试时通过测得的 RSSI 与存储的数据进行对比，从而得到距离估计值。理论模型将无线电信号强度与节点间距离的关系进行建模，将无线电信号强度与节点的距离转化为确切的数学关系，测距时通过获得的信号强度即可计算出两个节点之间的距离。目前，Regular 模型和 Logarithmic Attenuation 模型是最常见的两种无线电信号传播的理论模型。

Regular 模型是一种理想化的传播模型，它只考虑路径损耗对无线电信号强度的影响，并没有将环境因素的影响（如噪声、障碍物等）加入模型中，因此，不能在实际中使用。Regular 模型可以用式（4-25）表示：

$$P_R(d) = P_T - P_L(d_0) - 10\eta \lg\left(\frac{d}{d_0}\right) \tag{4-25}$$

式中，P_T 为发射节点的发射功率，$P_R(d)$ 为接收节点的接收功率，$P_L(d_0)$ 为发射信号的能量损耗，$10\eta \lg(d/d_0)$ 为接收信号的能量损耗。Logarithmic Attenuation 模型在 Regular 模型的基础上将环境的影响加入模型。Logarithmic Attenuation 模型可以用式（4-26）表示：

$$P_R(d) = P_T - P_L(d_0) - 10\eta \lg\left(\frac{d}{d_0}\right) + X_\delta \tag{4-26}$$

式中，$X_\delta \sim N(0, \delta^2)$ 是一个随机变量，表示环境等其他因素对无线电信号强度的影响，在加入 X_δ 后，无线电的信号强度-距离曲线不再是理想的对数曲线。图 4-19 所示为 Regular 模型与 Logarithmic Attenuation 模型信号强度随距离变化的曲线。

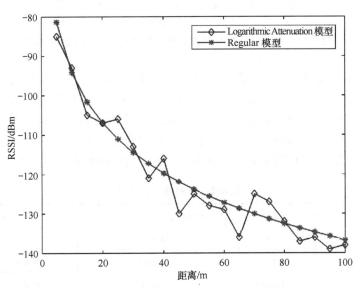

图 4-19　Regular 模型与 Logarithmic Attenuation 模型信号强度随距离变化的曲线

采用的测距误差模型可以用式（4-27）表示：

$$\hat{d} = (1 \pm \eta) \cdot d \tag{4-27}$$

式中，$\hat{d}$ 为节点之间的测量距离；d 为节点之间的实际距离；η 为在区间 $[0, \mu]$ 符合均匀分布的一个随机变量，μ 为节点测距误差最大时的误差与实际距离的比值。

2）节点间的双曲线参数估计

双曲线参数估计是 MBL 算法最基本的部分，同样，双曲线参数估计也是未知节点能否进行相对定位的关键。双曲线参数估计是否准确直接影响待定位节点位置估计误差的大小。使用上面介绍的节点测距误差模型生成的测量距离值进行仿真实验，将最小二乘法作为参数估计的方法。图 4-20 所示为节点的实际时间距离曲线与拟合后的时间距离曲线。

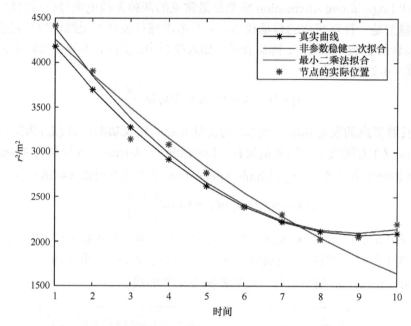

图 4-20　节点的实际时间距离曲线与拟合后的时间距离曲线

RSSI 测距的系统误差较大，MBL 算法所采用的非参数稳健二次拟合方法最终使用的是某 3 个点确定的参数，当所有数据都存在一定的偏差时，非参数稳健二次拟合方法的参数拟合精度会很低。从图 4-20 中可以看出，非参数稳健二次拟合方法在系统误差较大时的参数拟合效果不是很好，最小二乘法的拟合效果很接近真实曲线。表 4-4 中展示了最小二乘法与非参数稳健二次拟合方法估计双曲线参数的对比，实验所用的数据由式（4-27）得到。

表 4-4　双曲线参数估计

	真实参数	非参数稳健二次拟合方法	最小二乘法
s	5.6173	3.6064	6.0470
t^c	9.1821	16.6768	8.9207
m	45.4981	32.6211	45.8050

3）未知节点的相对定位精度

影响未知节点相对定位精度的主要因素是未知节点间的测距误差，故先从节点的距离预测误差分析，然后分析未知节点的相对定位精度。

先仿真节点距离预测的误差分析，直观地了解双曲线参数对测距误差的影响。

图 4-21 描述了当式（4-27）中的 η 在 $[0,0.1]$ 上均匀分布、节点的通信半径 r 为 100m、节

点的最快运动速度为 0.2 r/s 时，两个节点间的距离预测误差，图中为 20 次仿真的结果。从图 4-21 中可以看出，第一个时刻节点的距离预测误差都在 12m 以内，有一半节点的距离预测误差都在 2m 左右，只有少数几个节点的距离预测误差在 6m 以上。可知距离预测的效果是不错的。这是因为虽然 RSSI 测距误差较大，但本节分析中设定为实际距离的 10%，MBL 算法利用了节点移动过程中所有的距离信息进行曲线拟合，这样可以有效降低误差对结果的影响。

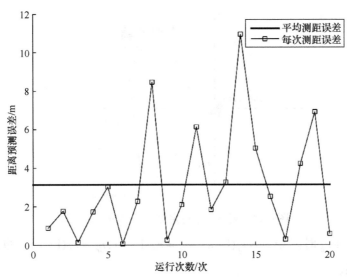

图 4-21 两个节点之间的距离预测误差

图 4-22 展示了对未知节点进行相对定位 20 次的位置估计误差，以及 20 次定位的平均位置估计误差。

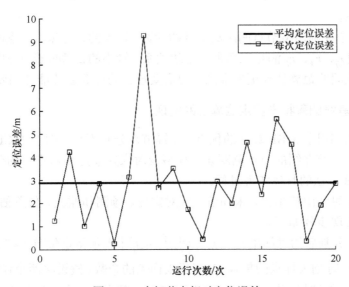

图 4-22 未知节点相对定位误差

从图 4-22 中可以看出，未知节点 20 次位置估计误差的平均值为 3m 左右，大部分位置估计误差集中在 4m 以下，占运行次数的 75%，大于 6m 的定位误差只有一次，占运行次数的

5%。在未知节点相对定位过程中，由于测距误差的存在，所以可能出现测距的 3 个距离不能构成三角形的情况，为此需要做出部分处理，具体如下。

在这里采用三角形三边互相限制的原理，来对边的测距长度进行校正。由于 3 个未知节点之间的距离都是有误差的，因此，并不能判定哪条边的测距误差比较大，在校正边的大小时采取同时改变 3 条边大小的方法。图 4-23 所示为调整 3 个待定位节点边的大小的示意，调整的方法可以分为 3 种情况。

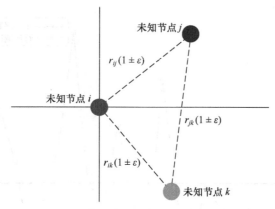

图 4-23　调整 3 个待定位节点边的大小示意

（1）当 $r_{ij} > r_{jk} + r_{ik}$ 时，令 $r_{ij} = r_{ij}(1-\varepsilon)$，$r_{jk} = r_{jk}(1+\varepsilon)$，$r_{ik} = r_{ik}(1+\varepsilon)$，直到 r_{ij}、r_{jk}、r_{ik} 满足三角形的三边关系。

（2）当 $r_{ik} > r_{jk} + r_{ij}$ 时，令 $r_{ik} = r_{ik}(1-\varepsilon)$，$r_{jk} = r_{jk}(1+\varepsilon)$，$r_{ij} = r_{ij}(1+\varepsilon)$，直到 r_{ij}、r_{jk}、r_{ik} 满足三角形的三边关系。

（3）当 $r_{jk} > r_{ij} + r_{ik}$ 时，令 $r_{jk} = r_{jk}(1-\varepsilon)$，$r_{ij} = r_{ij}(1+\varepsilon)$，$r_{ik} = r_{ik}(1+\varepsilon)$，直到 r_{ij}、r_{jk}、r_{ik} 满足三角形的三边关系。

其中，ε 是一个控制调整节点间距离估计的参数，较大的 ε 意味着节点间的距离估计变化较大，可以快速使 r_{ij}、r_{jk}、r_{ik} 满足三角形的三边关系；较小的 ε 意味着节点间的距离估计变化较小，可以使节点间的距离估计更加准确，但需要较大的计算量才能达到要求。

5. 基于移动基线的蒙特卡罗定位算法的实现

MBMCB 算法利用了 MBL 算法的优点，在锚节点分布不均匀时与 MCL 算法相比具有明显的优势。根据上一节介绍的节点测距误差模型及对未知节点相对定位的分析，下面将详细介绍基于 MBMCB 算法的具体实现过程。

MBMCB 定位算法由初始化、未知节点相对定位、预测和滤波、位置估计几个阶段组成。MBMCB 的具体实现步骤如下。

假设 t 表示被分割后的时间单元，$L_t = \{l_t^1, l_t^2, \cdots, l_t^N\}$ 表示待定位节点在 t 时刻采样点的集合，则 L_{t-1} 表示上一时刻采样点的集合，N 表示采样点的个数。假设将两个连续的时间单元 $t-1$ 到 t 再次分割为离散的时间单元，用 $z=1,\cdots,n$ 表示，其中，n 表示被分割时间单元的段数，则 $r_z = \{d_1, d_2, \cdots, d_n\}$ 表示在 $t-1$ 到 t 时刻内节点采集到的带时间标记的距离测量值，$H(s, t_c, m)$ 表示 MBL 算法两个节点之间的双曲线参数。

1）初始化阶段

每个节点随机分布在移动无线传感器网络的监测区域，节点根据其运动模型确定自己的运动方向和运动速度大小，运动的最快速度由 $V_{\max}$ 限制。

2）未知节点相对定位阶段

待定位节点相对定位主要是应用 MBL 算法预测节点在下一时刻的相对位置。与 MBL 算法不同，MBMCB 算法未知节点的相对定位，只需要完成接收不到锚节点信息的未知节点与一跳距离以内的节点进行相对定位。未知节点相对定位具体过程如下。

设定接收不到锚节点信息的节点为 i，选取任意可与节点 i 通信的一阶邻居节点 j_0 和 k_0。从 $t-1$ 时刻到 t 时刻 3 个节点 i、j_0、k_0 收集彼此之间的距离信息 r_z，通过前文描述的方法可获得 3 个节点之间的双曲线参数 H_{ij_0}、H_{ik_0}、$H_{j_0k_0}$。固定位节点 i，节点 i 与 j_0 的相对速度为 S_{j_0i}，则节点 j_0 的坐标可以用式（4-28）表示：

$$x_{j_0} = m_{j_0i}$$
$$y_{j_0} = S_{j_0i}(t - t^c_{j_0i}) \tag{4-28}$$

节点 k_0 在 $z = n-1$ 时刻有两种可能的位置和 4 种可能的速度方向。因为节点 j_0 和 k_0 的相对速度的方向与 j_0、k_0 在 $z = n-1$ 时刻连线向量的夹角是确定的，因此，可计算出 4 种可能的速度方向与两个节点连线向量的夹角。节点 j_0、k_0 两种可能的位置可用式（4-29）表示：

$$\boldsymbol{L}^1_{j_0k_0} = [x^1_{k_0} - x_{j_0} \quad y^1_{k_0} - y_{j_0}]$$
$$\boldsymbol{L}^2_{j_0k_0} = [x^2_{k_0} - x_{j_0} \quad y^2_{k_0} - y_{j_0}] \tag{4-29}$$

式中，$(x^1_{k_0}, y^1_{k_0})$，$(x^2_{k_0}, y^2_{k_0})$ 表示节点 k_0 的两个可能的位置。节点 j_0、k_0 的 4 种可能的速度方向可用式（4-30）表示：

$$V^1_{k_0j_0} = S_{j_0i} - S^1_{k_0i} \quad V^2_{k_0j_0} = S_{j_0i} - S^2_{k_0i}$$
$$V^3_{k_0j_0} = S_{j_0i} - S^3_{k_0i} \quad V^4_{k_0j_0} = S_{j_0i} - S^4_{k_0i} \tag{4-30}$$

式中，S_{j_0i} 为节点 i 与 j_0 的相对速度，$S^1_{k_0i}$、$S^2_{k_0i}$、$S^3_{k_0i}$、$S^4_{k_0i}$ 分别为节点 i 与 k_0 的 4 种可能的相对速度。由双曲线计算得到的节点 j_0、k_0 连线向量与速度方向分别为：

$$\boldsymbol{L}_{j_0k_0} = [m_{j_0k_0} \quad S_{j_0k_0}(t - t^c_{j_0k_0})]$$
$$\boldsymbol{s}_{j_0k_0} = [0 \quad S_{j_0k_0}] \tag{4-31}$$

然后与由双曲线参数计算出的角度对比，即可得到节点 k_0 相对节点 i 的位置与速度方向，得到节点 i 与 j_0、k_0 相对位置与相对速度后即得到了一个局部簇。将节点 i 一跳范围内的邻居节点不断加入局部簇，即可获得节点 i 在 $z = n-1$ 时刻与其他未知节点的相对位置与相对速度。最后预测节点 i 在 $z = n$ 时刻与其他节点的相对位置。

3）预测阶段和滤波阶段

未知节点通过接收锚节点信息构造锚盒子，然后根据上一时刻节点的位置分布 $L_t = \{l^1_t, l^2_t, \cdots, l^N_t\}$ 构建采样盒子，根据式（4-1）更新节点当前时刻的位置信息。在得到采样点之后，通过式（4-5）将不符合条件的样本点过滤掉，如果样本点的个数没有达到阈值，则返回预测阶段，重新开始。当采集到足够的样本点时，进入下一阶段。

4）位置估计阶段

MBMCB 算法的位置估计可分为两个方面：一方面为对可以侦听到锚节点的待定位节点通过 MCB 算法定位；另一方面为利用局部簇中可以估计自身位置的待定位节点间接地对局部簇中侦听不到锚节点的待定位节点定位。

MBMCB 算法的具体实现过程如图 4-24 所示。

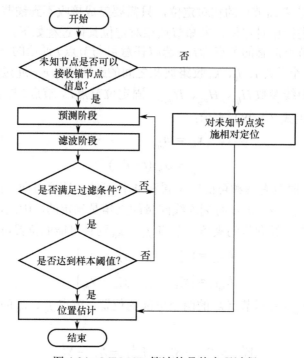

图 4-24　MBMCB 算法的具体实现过程

6．实验仿真结果及分析

采用 MATLAB 对 MBMCB 算法进行仿真，通过对比 MCB 算法与 MBMCB 算法的定位效果，证明算法的合理性和有效性。MBMCB 算法是在 MCB 算法的基础上提出的优化算法。

1）仿真参数设置

移动传感器网络的参数设置如下：

（1）节点运动在 100m×100m 的正方形区域，初始时刻节点随机部署在该区域。

（2）传感器节点在各个方向上具有相同的信号发送距离，即通信半径 r 为 100m。

（3）节点采用改进的随机路径移动模型，即本节所阐述的模型。

（4）为了防止随机性给仿真结果带来的影响，在相同的实验参数下重复进行仿真 10 次，最后取 10 次的平均值作为仿真的结果。

（5）节点定位误差定义如下：

$$e_i = \frac{\sum_{i=1}^{N} \left\| x_i - \hat{x}_i \right\|}{N} \times \frac{1}{r}$$

式中，x_i 表示待定位节点的真实位置，$\hat{x}_i$ 表示待定位节点的估计位置。

2）仿真结果与分析

（1）两种算法位置估计误差随时间变化。图 4-25 所示为节点运动速度为 $V_{max}=20\mathrm{m/s}$、锚节点的个数为 8 个、未知节点数为 100 个时，MCB 算法和 MBMCB 算法定位误差随时间变化的曲线。由图 4-25 可知，MCB 算法和 MBMCB 算法的节点定位精度随时间变化具有相同的趋势，从开始呈下降趋势，最后趋于稳定。MCB 算法在初始阶段，随着节点的运动，待定位节点侦听到的锚节点信息不断增加，待定位节点的不确定性很快减小。因为节点运动的随机性使算法的定位效果不稳定，在靠后的时间内定位误差有一定的起伏，最终当待定位节点侦听到的锚节点与节点的运动的随机性给算法带来的不稳定性达到一种平衡时，未知节点的定位误差趋于稳定。MBMCB 算法在初始阶段对未知节点的定位误差要比 MCB 算法小一些，这是因为在初始阶段由于节点分布的随机性，未知节点接收到的锚节点信息较少，MBMCB 算法利用 MBL 算法的特性将无法获得锚节点信息的未知节点进行定位，从而使未知节点在定位的起始阶段比 MCB 算法有较高的定位精度。随着运动的进行，MBMCB 算法的定位误差表现得比较平稳，最后平稳阶段 MBMCB 算法的定位精度稍高于 MCB 算法。从仿真结果可以看出，MBMCB 算法在锚节点分布不均匀时具有较好的定位效果。

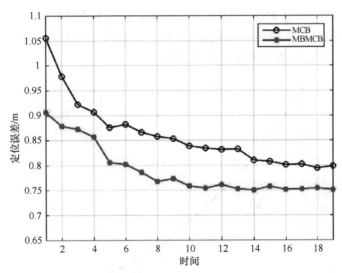

图 4-25　MCB 算法和 MBMCB 算法定位误差随时间变化的曲线

（2）传感器节点移动速度对 MCB 和 MBMCB 算法位置估计误差的影响。

图 4-26 所示为在锚节点数为 8 个、未知节点数为 100 个时，MCB 算法和 MBMCB 算法定位误差随运动速度变化的曲线。节点在每种运动速度的定位误差为算法定位误差趋于稳定时的误差，并且为了减少随机性对算法结果的影响，每种运动速度的节点定位误差都是 10 次仿真结果的平均值。传感器节点运动速度的提高会使节点在运动时容易脱离周围的一跳节点，使两个节点之间无法获得彼此之间的双曲线参数，从而 MBMCB 算法较难使侦听不到锚节点信息的未知节点形成相对定位，节点的定位误差增加。

从图 4-26 中能够看出 MCB 算法和 MBMCB 算法都表现出了相同的定位趋势。首先，随着传感器节点运动速度的提高，待定位节点能够侦听到更多的锚节点，定位误差呈减小的趋势;然后,随着运动速度的提高,开始出现粒子退化问题,导致定位误差逐渐增大。

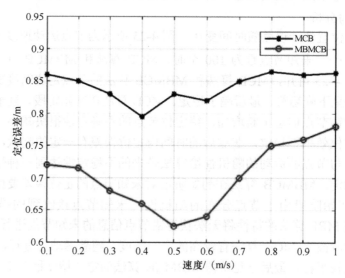

图 4-26　MCB 和 MBMCB 算法定位误差随运动速度变化的曲线

(3) 锚节点密度对 MCB 算法和 MBCMB 算法定位精度的影响。

图 4-27 所示为节点的运动速度为 $V_{max}=20\text{m/s}$、未知节点数为 100 个时,MCB 算法和 MBMCB 算法定位误差随锚节点密度变化的曲线。

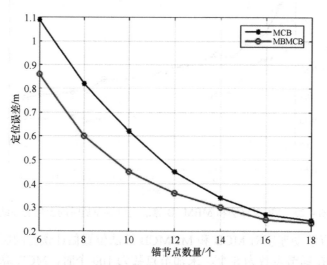

图 4-27　MCB 和 MBMCB 算法定位误差随锚节点密度变化的曲线

由图 4-27 可知,MCB 算法随着监测区域内锚节点个数的增加,节点定位误差迅速减小,然后趋于平稳。MBMCB 算法随着锚节点密度的增加,定位误差也呈下降趋势,但是下降的程度较 MCB 算法小,并且在趋于稳定时 MBMCB 算法和 MCB 算法的定位误差越来越接近。这是由于 MBMCB 算法能够预测节点间的相对位置,使侦听不到锚节点的未知节点可粗略估计自己的位置。随着监测区域内锚节点数量的增加,MBMCB 算法的这种优势会被减弱,其定位误差接近 MCB 算法。

3）仿真结果总结

通过以上仿真分析可知，在不同仿真条件下，MBMCB 算法的定位精度都比 MCB 算法高，这是因为 MBMCB 算法引入了 MBL 算法预测节点相对位置的思想。MBMCB 算法可以预测接收不到锚节点信息的待定位节点与邻居节点的相对位置，然后通过已经定位的节点估计位置。综上所述，采用 MBMCB 算法在锚节点分布不均匀时具有更加明显的优势。

4.4.2 基于二阶移动基线的蒙特卡罗定位

1. 基于二阶移动基线的蒙特卡罗定位问题描述

假设在监测区域内有 M 个同构的待定位节点和 N 个带有 GPS 的锚节点，通信半径均为 r，并且所有传感器节点的移动规律都符合 4.4.1 节所阐述的节点运动模型。节点在监测区域内不断运动，当某个待定位节点侦听到的锚节点数量大于或等于 3 时，对锚节点反馈后不断采集彼此之间的距离测量值，对节点的运动参数拟合后估计临时锚节点在下一个 SMBMCB 算法定位时刻的位置。临时锚节点的引入可以间接提高锚节点密度，并且当 SMBMCB 算法两次定位时间间隔较长时，可以使更多的未知节点接收到临时锚节点的信息。

2. 基于二阶移动基线的蒙特卡罗定位算法思路

由 SMBL 算法可知，当移动传感器网络中的节点做匀加速直线运动时，MBL 算法的相对定位误差会随着时间的变化快速增大。当节点做匀加速直线运动并且两次定位时间间隔相对较长，MBMCB 算法对侦听不到锚节点的待定位节点预测在下一时刻的相对位置时，由于两次定位的时间间隔较长，故网络的拓扑结构可能已经严重变化，很难实现通过 MCB 算法定位的待定位节点对侦听不到锚节点的待定位节点定位，这样一来，MBMCB 算法相比 MCB 算法的优势将不存在。

为了解决这个问题，可以从另一个方面对 MCB 定位算法进行分析。对于接收不到锚节点信息的未知节点，由于两次定位时间间隔较长，传感器网络的拓扑结构改变很大，很难先预测节点的相对位置，再通过 MCB 算法定位的待定位节点间接地对节点进行位置估计，故依然采用 MCB 算法对接收不到锚节点信息的待定位节点的处理办法。然而，由分析可知，SMBL 算法可以在较长的时间内使相对定位精度保持在良好的状态，因此，可以利用临时锚节点，即当一个待定位节点可以同时侦听到 3 个或 3 个以上的锚节点时，利用 SMBL 算法使该待定位节点可以估算定位时刻自身的位置，在定位时刻待定位节点可以用来辅助周围的待定位节点定位。另外，由于两次定位的时间间隔较长，所以节点的移动性有可能使临时锚节点被更多的待定位节点侦听到。

3. 节点运动模型

因为 MBMCB 算法中需要节点在移动过程与其他节点进行通信，并且节点的运动具有加速度，所以在随机路径移动模型的基础上做了一些改进，作为本节算法的节点运动模型。图 4-28 所示为随机路径移动模型示意图，图 4-29 所示为改进的随机路径移动模型示意图。

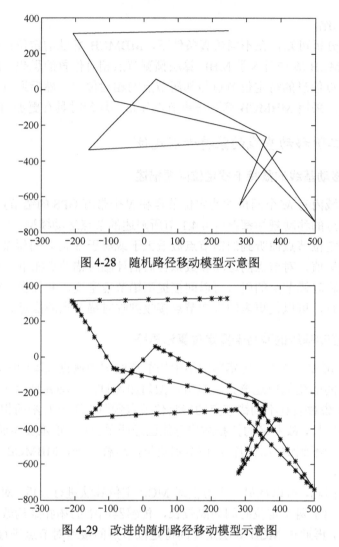

图 4-28　随机路径移动模型示意图

图 4-29　改进的随机路径移动模型示意图

设两次定位时刻之间节点依然做直线运动，在图 4-29 中每个点代表两次定位之间的时间被细分后的时间节点，每两个点之间的时间间隔相等。因为节点运动具有加速度，从图 4-29 中可以看出，每两个点之间的距离是不相等的，并且相对距离也在不断变化。

4．未知节点作为临时锚节点分析

1）测距误差模型

目前已经有许多成熟的测距技术，如 TOA 测距、TDOA 测距、AOA 测距、超声波测距等。其中，TOA 测距需要传感器节点之间进行时钟同步，TDOA 测距需要增加额外信号的收发装置，超声波测距也需要节点增加收发装置，因此，在规模较大的移动无线传感器网络中会大幅提高系统的成本。所以，依然采用 RSSI 作为节点的测距方式，节点的测距误差模型可用式（4-32）表示：

$$\hat{d} = (1 \pm \eta) \cdot d \tag{4-32}$$

式中，$\hat{d}$ 为两个节点之间的距离测量值；d 为两个节点之间的实际距离；η 为一个随机变量，在区间$[0,\mu]$上服从均匀分布，μ表示节点测距误差的最大值与实际距离的比值。

2) 节点的运动参数估计

在节点运动具有加速度时，由分析可知，节点间运动参数的拟合并不能使用非参数稳健二次拟合，因此，只考虑使用最小二乘法进行运动参数的估计。图 4-30 所示为最小二乘法拟合曲线与通过距离测量值得到的拟合曲线。

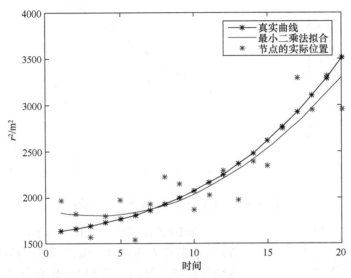

图 4-30 最小二乘法拟合曲线与通过距离测量值得到的拟合曲线

从图 4-30 中可以看出，最小二乘法拟合的曲线与实际的曲线还是有一定差距的，表 4-5 所示为节点实际运动轨迹参数与拟合得到的运动轨迹参数。

表 4-5 节点实际运动轨迹参数与拟合得到的运动轨迹参数

参数列表	真实参数	最小二乘法
a	0.4999	0.4077
v/s	3.0003	5.6030
t	2.6833	5.6979
m	11.6580	19.8812

从表 4-5 中可以看出，节点距离最近的时刻与节点的最近距离这两个参数都有较大的误差，并且在距离最近的时刻两个节点的相对速度的估计也有一定的误差。为了直观了解参数估计误差的影响，图 4-31 描述了当节点的通信半径 r 为 100m、节点运动的最快初始速度为 $0.2r/s$、节点运动的加速度为 $0.5\,\mathrm{m/s^2}$ 时，两个节点间的距离预测误差曲线。

由图 4-31 可以看出，两个节点间的距离预测误差随着时间的变化增长较大，在 10 个单位时间内增长了大约 $0.3r$。这是因为在 RSSI 测距模型的条件下，节点的运动参数估计精度比在 TOA 测距模型下低很多。

3) 临时锚节点位置估计过程

在节点运动具有加速度的条件下，节点间的运动参数估计与节点做匀速直线运动的参数估计过程基本相同。在估计节点相对位置时，与 MBL 算法有一定的区别。图 4-32 所示为节

点在 t 时刻的相对位置示意。

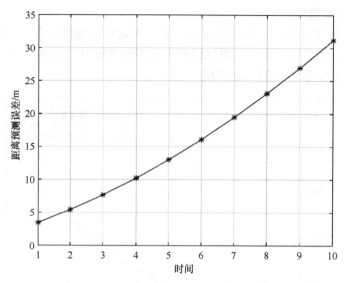

图 4-31　两个节点间的距离预测误差曲线

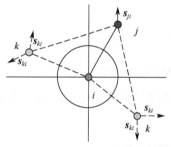

图 4-32　节点在 t 时刻的相对位置示意

在 MBMCB 算法中，节点 i 与节点 j 的相对速度 S_{ji} 和节点 i 与节点 k 的相对速度 S_{ki} 都是与时间无关的常量，由运动参数估计得到。在 SMBMCB 算法中，估计节点相对位置时，由于加速度的存在，节点的速度在不断变化，因此，图 4-32 中相对速度 s_{ji} 和 s_{ki} 与时间 t 有关。下面详细描述节点运动具有加速度的条件下临时锚节点的位置估计过程，如表 4-6 所示。

表 4-6　临时锚节点位置估计的基本过程

```
//运动参数已知为 H，H(i,j,k) 为节点 i 与 j 的第 k 个参数。r_z(i,j,t) 为节点 i 与 j 在 t 时刻的测量距离,固定节点 1 的位置为(0,0),
   当前时刻为 t。
//首先构建在 t 时刻 3 个节点的相对位置
(1)  Xnode_1 = 0; Ynode_1 = 0;
(2)  if  H(1,2,5) == 1
(3)      Xnode_2 = H(1,2,4);
(4)      Ynode_2 = (1/2) × H(1,2,1) × (t − H(1,2,3))^2 + H(1,2,2) × (t − H(1,2,3));
(5)  else  syms x y
(6)      Xnode_2 = H(1,2,4);
(7)      Ynode_2 = (1/2) × H(1,2,1) × (t − H(1,2,3))^2 + H(1,2,2) × (t − H(1,2,3));
(8)  end
(9)
(10) S_1 = x^2 + y^2 − r_z(1,3,t)^2;
(11) S_2 = (x − Xnode_2)^2 + (y − Ynode_2)^2 − r_z(2,3,t)^2;
(12) result = solve(S_1, S_2);
```

(13) Xnode$_3$_possible = double(result.x);
(14) Ynode$_3$_possible = double(result.y);
(15) 根据位置关系可得到节点 3 相对节点 1 四个可能的速度方向 s_{ki}^1、s_{ki}^2、s_{ki}^3、s_{ki}^4。
(16) 在 t 时刻节点 i 和节点的相对速度为 $s_{ji} = [0\ H(1,2,2) + (t - H(1,2,3)) \cdot H(1,2,1)]$。
(17) 将 s_{ij} 分别与 s_{ki}^1、s_{ki}^2、s_{ki}^3、s_{ki}^4 做差便可得到节点 1 与节点 3 的可能的相对速度 s_{kj}^1、s_{kj}^2、s_{kj}^3、s_{kj}^4。
(18) 根据参数 H 可得到在 t 时刻节点 1 和节点 3 的相对速度为 $s_{kj} = [0\ (t - H(2,3,3)) \cdot H(2,3,1)]$。
(19) 比较 s_{kj} 与 s_{kj}^1、s_{kj}^2、s_{kj}^3、s_{kj}^4 确定节点 1 与节点 3 的相对速度的方向。
(20) 在预测待定位节点与锚节点的相对位置后,根据锚节点的位置便可确定临时锚节点的位置。

表 4-6 详细描述了当节点运动具有加速度时临时锚节点的定位过程。由此分析可知,节点运动具有加速度,定位过程的不同只是在于节点速度的变化,只需在定位过程中根据节点间的运动参数计算即可。

4) 临时锚节点的定位精度

图 4-33 所示为当节点的通信半径 r 为 100m、节点的最快初始速度为 $0.2r/s$、节点运动的加速度为 $0.5\,\mathrm{m/s^2}$ 时,MBL 算法与 SMBMCB 算法分别预测临时锚节点在 10 个时间单元的定位误差曲线。

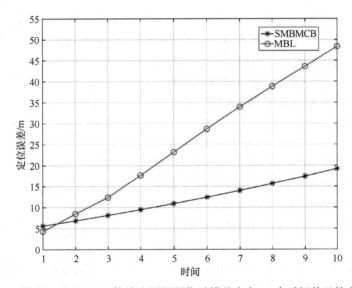

图 4-33 MBL 算法与 SMBMCB 算法分别预测临时锚节点在 10 个时间单元的定位误差曲线

由图 4-33 可知,利用 MBL 算法确定的临时锚节点的位置估计误差随时间的变化增长很快,在 10 个时间单元后位置估计误差大约达到 $0.5r$。而 SMBMCB 算法利用 SMBL 算法得到的临时锚节点定位误差虽然随时间的变化也明显增大,但在第 10 个时间单元时定位误差约为 $0.2r$。可以看出临时锚节点定位误差小于节点间的测距误差,这是因为作为临时锚节点的待定位节点,能同时接收到 3 个锚节点的信息,而锚节点之间的运动参数估计是没有误差的,以锚节点间的运动参数可以适当地修正锚节点与未知节点间的距离误差。由图 4-34 可知,两个锚节点间的距离 r_{ij} 是没有误差的,因此,调整方法可分为 3 种情况。

(1) 当 $r_{ij} > r_{jk} + r_{ik}$ 时,令 $r_{jk} = r_{jk}(1+\varepsilon)$,$r_{ik} = r_{ik}(1+\varepsilon)$,直到 r_{ij}、r_{jk}、r_{ik} 满足三角形的三边

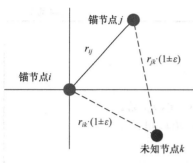

图 4-34 锚节点限制距离估计示意图

关系。

(2) 当 $r_{jk} > r_{ij} + r_{ik}$ 时，令 $r_{jk} = r_{jk}(1-\varepsilon)$，直到 r_{ij}、r_{jk}、r_{ik} 满足三角形的三边关系。

(3) 当 $r_{ik} > r_{ij} + r_{jk}$ 时，令 $r_{ik} = r_{ik}(1-\varepsilon)$，直到 r_{ij}、r_{jk}、r_{ik} 满足三角形的三边关系。

其中，ε 是一个控制调整节点与节点之间距离的参数。

5. 基于二阶移动基线的蒙特卡罗定位算法实现

在节点运动具有加速度并且算法两次定位间隔较长的情况下，SMBMCB 算法不仅可以确定临时锚节点，以间接地增加锚节点的密度，而且节点的运动可以使更多的待定位节点侦听到临时锚节点的信息，与 MBMCB 算法相比具有明显的优势。SMBMCB 算法主要由初始化、临时锚节点定位、预测和滤波、位置估计阶段组成。SMBMCB 算法具体实现步骤如下。

1) 初始化阶段

初始化阶段传感器节点随机部署在运动区域，传感器节点按已知运动模型运动。

2) 临时锚节点定位阶段

在定位之前，未知节点判断自己周围一跳范围内锚节点的数量，当待定位节点侦听到锚节点的数量大于或等于 3 个时，选取 3 个不同的锚节点，采集带时间标记的距离信息，然后对节点间的运动参数进行拟合。在得到节点间的运动参数后估计该未知节点在下个定位时刻的位置，在下个定位时刻将该未知节点作为临时锚节点。

3) 预测和滤波阶段

预测阶段主要进行锚盒子和采样盒子的构建。锚盒子的构建依然采用 MCB 算法的方法，使用待定位节点两倍通信半径以内的锚节点或临时锚节点进行构建。图 4-35 中的灰色部分是当未知节点同时侦听到锚节点和临时锚节点时构造的锚盒子的示意图。图 4-35 中空心点代表待定位节点，B_1 为临时锚

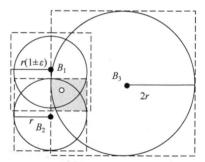

图 4-35 带有临时锚节点的锚盒子构建示意图

节点，B_2 和 B_3 为锚节点。通信半径以内的锚节点以 r 为边长做正方形，二倍通信半径以内的锚节点以 $2r$ 为边长做正方形。因为临时锚节点本身具有位置估计误差，因此，一跳临时锚节点以 $r(1+\varepsilon)$ 为边长做正方形，二跳临时锚节点以 $2r(1+\varepsilon)$ 为边长做正方形，ε 为与锚节点的位置估计误差有关的参数，所有正方形的重合范围为锚盒子。锚盒子边界的确定可由式 (4-33) 得到：

$$\begin{cases} x_{\min} = \max\{\max_i^n(x_i - kr), \max_j^m[x_j - kr(1+\varepsilon)]\} \\ x_{\max} = \min\{\min_i^n(x_i + kr), \min_j^m[x_j + kr(1+\varepsilon)]\} \\ y_{\min} = \max\{\max_i^n(y_i - kr), \max_j^m[y_j - kr(1+\varepsilon)]\} \\ y_{\max} = \min\{\min_i^n(y_i + kr), \min_j^m[y_j + kr(1+\varepsilon)]\} \end{cases} \quad (4\text{-}33)$$

式中，(x_i, y_i) 为第 i 个锚节点的坐标，(x_j, y_j) 为第 j 个临时锚节点的坐标，k 为待定位节点到临时锚节点或锚节点的跳数。

采样盒子可以由式（4-34）确定：

$$x_{\min}^i = \max(x_{\min}, x_{t-1}^i - V_{\max}) \quad x_{\max}^i = \min(x_{\max}, x_{t-1}^i + V_{\max})$$
$$y_{\min}^i = \max(y_{\min}, y_{t-1}^i - V_{\max}) \quad y_{\max}^i = \min(y_{\max}, y_{t-1}^i + V_{\max})$$
(4-34)

式中，(x_{t-1}^i, y_{t-1}^i) 为未知节点上一时刻的坐标，$V_{\max}$ 为节点的最快速度。在过滤阶段滤除不符合条件的采样点，滤除条件可用式（4-35）表示：

$$\text{filter}(l_t) = \forall s \in S, d(l_t, s) \leq r \wedge \forall s \in T, r < d(l_t, s) \leq 2r$$
(4-35)

式中，l_t 为采样点的坐标，S 为待定位节点一倍通信半径内的锚节点的集合，T 为待定位节点二倍通信半径内的锚节点的集合，$d(l_t, s)$ 为采样点到锚节点的距离。

4）位置估计阶段

由于定位算法中所有采样点的权值都相等，所以将采样集合中的全部采样点求和取均值，即可得到待定位节点的位置，结果可用式（4-36）表示：

$$\text{Loc}_t = \sum_{i=1}^{N} l_t^i / N$$
(4-36)

式中，N 表示采样集合中采样点的个数，l_t^i 为在 t 时刻未知节点可能的位置。

4.4.3 仿真结果及分析

在节点移动具有加速度且两次定位时刻相隔较长的条件约束下，通过仿真比较 MBMCB 算法与 SMBMCB 算法的性能。在仿真试验中，节点随机分布在 500m×500m 的移动无线传感器网络监测区域，节点采用 4.4.1 节的运动模型，节点的通信半径 r 为 100m。

1. 两种算法定位误差比较

图 4-36 所示为在未知节点数量为 100 个、锚节点数量为 8 个、节点的最快初始速度为 $V_{\max} = 0.2r/s$、加速度为 $0.5\,\text{m}/\text{s}^2$ 时，MBMCB 算法与 SMBMCB 算法的定位误差随时间变化的曲线。

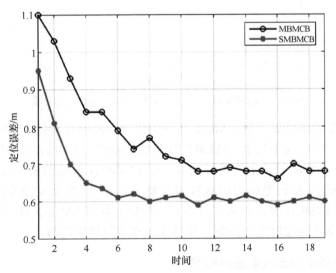

图 4-36 两种算法定位误差随时间变化曲线

由图 4-36 可知，MBMCB 算法和 SMBMCB 算法的定位误差都呈现减小趋势且在一段时间后趋于稳定。在初始阶段，SMBMCB 算法的定位误差要小于 MBMCB 算法。这是因为在 MBMCB 算法的初始阶段，节点的运动具有加速度，在这种情况下 MBMCB 算法接近于 MCB 算法的性能，算法的定位误差与锚节点的分布有关，当锚节点分布均匀时，传感器网络定位误差较小；当锚节点分布不均匀时，由于有许多节点接收不到锚节点信息，因此，定位误差较大。SMBMCB 算法可以利用临时锚节点间接提高锚节点的密度，因此，在初始阶段定位误差较小一些。在稳定阶段，MBMCB 算法的定位误差存在一些波动，这是节点移动的随机性造成的。SMBMCB 算法的定位精度较平稳一些，这是因为当节点由于运动的随机性造成分布不均匀时，有很大的概率提高临时锚节点的个数，这些临时锚节点在下一定位时刻可以辅助定位，以减小节点运动随机性带来的影响。

2. 节点运动速度对定位误差的影响

图 4-37 展示了节点运动速度对算法定位误差的影响。两种定位算法都是由 MCB 算法与 MBL 算法思想相结合的，因此，节点运动速度对两种定位算法定位误差的影响可以从两方面分析。一方面是节点的运动速度对 MCB 算法定位误差的影响，另一方面是节点的运动速度对 MBMCB 算法未知节点相对定位的影响与对 SMBMCB 算法临时锚节点定位精度的影响。

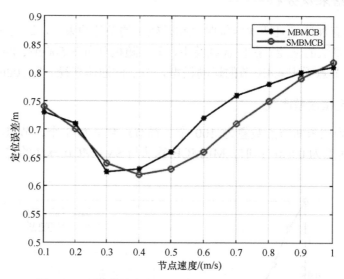

图 4-37　两种算法定位误差随节点运动速度变化曲线

当节点具有较低的运动速度时，MCB 算法的定位误差较大，而 MBMCB 算法在这种情况下未知节点的相对定位误差较小，SMBMCB 算法的临时锚节点的定位精度也较高。随着节点运动速度的加快，MCB 算法定位误差减小，而 MBMCB 算法的未知节点相对定位误差变大，SMBMCB 算法的定位误差比 MBMCB 算法要小。当节点的运动速度很快时，MCB 算法的定位精度降低，MBMCB 算法的未知节点相对位置定位和 SMBMCB 算法的临时锚节点定位精度也比节点运动速度慢时低，因此，总体定位误差呈增大趋势。

3. 节点运动加速度对定位误差的影响

图 4-38 所示为 MBMCB 算法和 SMBMCB 算法定位误差随节点运动加速度变化的曲线。

加速度对 MCB 算法的影响与速度对 MCB 算法的影响相似。当加速度较小时，MBMCB 算法的未知节点的相对定位精度较高，而 SMBMCB 算法中临时锚节点定位精度比 MBMCB 算法低。随着加速度的增大，MBMCB 算法定位误差不断与 MCB 算法靠近，而 SMBMCB 算法由于临时锚节点的存在，定位误差要小于 MBMCB 算法。随着加速度进一步增大，MBMCB 算法和 SMBMCB 算法节点的定位误差都呈增大的趋势。

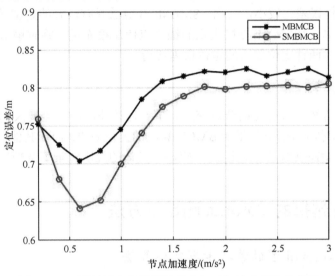

图 4-38　两种算法定位误差随节点运动加速度变化的曲线

4. 锚节点密度对定位误差的影响

图 4-39 所示为 MBMCB 算法和 SMBMCB 算法定位误差随锚节点密度变化的曲线。该仿真结果是通过节点的起始移动速度为 $0.2\,r/s$，加速度为 $0.5\,\mathrm{m/s^2}$，锚节点个数从少到多不断变化多次仿真得到的。

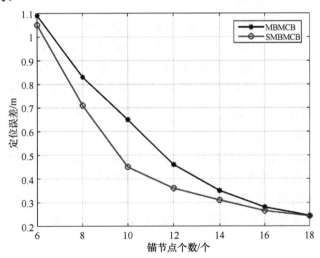

图 4-39　两种算法定位误差随锚节点密度变化的曲线

由图 4-39 可知，MBMCB 算法和 SMBMCB 算法在锚节点密度较低时，它们的定位误差比较接近。随着锚节点个数的增加，SMBMCB 算法的定位误差要小于 MBMCB 算法，最后随着锚节点密度的进一步升高，它们的节点位置估计误差又呈接近趋势。这是因为当锚节点密度较低时，一个待定位节点不容易同时接收到 3 个或 3 个以上的锚节点信息，并且利用已经定位待定位节点对接收不到锚节点信息的待定位的节点位置估计误差也很大，因此，两种定位算法的定位误差比较接近。随着监测区域内锚节点个数的增加，SMBMCB 算法可以利用临时锚节点来减小定位误差，而 MBMCB 算法的定位误差与锚节点的分布有关，只有当锚节点分布均匀时，定位误差比较小，因此，SMBMCB 算法具有较好的定位效果。随着监测区域内锚节点密度的升高，待定位节点接收到的锚节点信息很充足，临时锚节点已经不能帮助改善定位精度了，此时两种定位算法的定位误差接近。

5. 仿真结果总结

通过仿真分析可知，只有在锚节点密度、节点运动速度、节点最大起始速度适当的条件下，SMBMCB 算法才具有明显优于 MBMCB 算法的定位效果。而在其他情况下，与 MBMCB 算法接近甚至不如 MBMCB 算法，因此，应该在具体的应用背景下合理地选择定位算法。

4.5 最优区域选择的 Voronoi 图定位方法

4.5.1 基于 Voronoi 图的蒙特卡罗定位算法

4.2 节介绍的经典蒙特卡罗的定位算法在滤波阶段是通过未知节点的一跳和二跳锚节点来进行位置约束的。但该算法在锚节点密度较低时的定位精度较低。研究发现，Voronoi 图可以用来缩小采样范围，提高采样精度。因此，应用基于 Voronoi 图的蒙特卡罗定位（Voronoi-based Monte Carlo Localization，VMCL）算法可有效解决这类问题。

根据信号传输特性，对于未知节点 U 和锚节点 A_1、A_2，在不存在噪声的情况下，当且仅当 $d_{U,A_1} \leqslant d_{U,A_2}$，$\text{RSSI}_{U,A_1} \geqslant \text{RSSI}_{U,A_2}$ 时成立。

如图 4-40 所示，在 MCL 算法中，根据锚节点观测到的信息，未知节点的滤波范围为图 4-40（a）中的阴影部分。然而，未知节点在收到锚节点 A_1、A_2 的 RSSI 信号时，可以区分出两个信号的大小，因此，可以利用这两个信号进一步对滤波范围进行优化。在图 4-40（b）中，l 是 A_1A_2 的垂直平分线。未知节点 U 接收到两个锚节点的 RSSI 信号——RSSI_{U,A_1} 和 RSSI_{U,A_2}，由于 U 距离 A_1 更近，$d_{U,A_1} \leqslant d_{U,A_2}$，$\text{RSSI}_{U,A_1} \geqslant \text{RSSI}_{U,A_2}$。因此，滤波范围可以缩小为图 4-40（b）中的阴影部分。

如图 4-41 所示，MCL 算法根据锚节点观测到信息，未知节点的滤波范围为图 4-41（a）的阴影部分。未知节点在收到锚节点 A_1、A_2、A_3 的 RSSI 信号时，也可以区分出两个信号的大小，因此，可以利用这两个信号进一步对滤波范围进行优化。在图 4-41（b）中，l_1 是 A_1A_2 的垂直平分线，l_2 是 A_1A_3 的垂直平分线，l_3 是 A_2A_3 的垂直平分线。

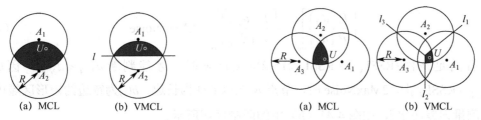

图 4-40　VMCL 算法示意——两个一跳锚节点　　图 4-41　VMCL 算法示意——3 个一跳锚节点

未知节点 U 接收到 3 个锚节点的 RSSI 信号 RSSI_{U,A_1}、RSSI_{U,A_2} 和 RSSI_{U,A_3}，由于 U 距离 A_1 更近，$d_{U,A_1} \leq d_{U,A_2} \leq d_{U,A_3}$，$\text{RSSI}_{U,A_1} \geq \text{RSSI}_{U,A_2} \geq \text{RSSI}_{U,A_3}$，因此，滤波范围可以缩小为图 4-41（b）中的阴影部分。

如图 4-42 所示，与前两种情况一样，MCL 算法根据锚节点观测到信息，未知节点的滤波范围为图 4-42（a）中的阴影部分。未知节点在收到锚节点 A_1、A_2、A_3 的 RSSI 信号时，也可以区分出两个信号的大小，因此，可以利用这两个信号进一步对滤波范围进行优化。在图 4-42（b）中，l_1 是 A_1A_2 的垂直平分线，l_2 是 A_1A_3 的垂直平分线，l_3 是 A_2A_3 的垂直平分线。未知节点 U 接收到 3 个锚节点的 RSSI 信号 RSSI_{U,A_1}、RSSI_{U,A_2} 和 RSSI_{U,A_3}，由于 U 距离 A_1 更近，$d_{U,A_1} \leq d_{U,A_2} \leq d_{U,A_3}$，$\text{RSSI}_{U,A_1} \geq \text{RSSI}_{U,A_2} \geq \text{RSSI}_{U,A_3}$，因此，滤波范围可以缩小为图 4-42（b）中的阴影部分。

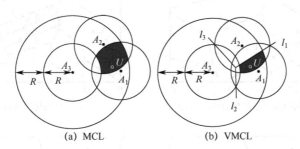

图 4-42　VMCL 算法示意——两个一跳锚节点和一个二跳锚节点

当滤波失败时，概率分布 $p(l_t|o_t)=0$ 或服从均匀分布。因此，去掉与可能的滤波区域不符的部分。滤波后，如果采样点数量少于 N 个（N 为常数），则重复采样和滤波过程。

4.5.2　ORSS-VMCL 算法

VMCL 算法不仅可以提升 MCL 算法的采样效率，也减小了定位误差。本节将介绍一种基于 VMCL 的优化区域选择策略（Optimal Region Selection Strategy Based on VMCL，ORSS-VMCL）算法，该算法进一步利用了环境噪声，通过对噪声的实时估计，进一步缩小采样范围，提高定位精度。

当 RSSI 信号受到噪声干扰时，无法准确判断出未知节点与多个锚节点的距离关系。根据第 3 章介绍的区域选择方法，可以有效地解决这一问题。

图 4-43（a）所示为所有锚节点产生的 Voronoi 图。在图 4-43（b）中，节点 N 收到的锚节点 A 和 B 的 RSSI 信号 $\text{RSSI}_{N,A}$ 和 $\text{RSSI}_{N,B}$ 的值很接近，考虑到式（4-37）中的不等式关系：

$$\left[\frac{P_r(d_B)}{P_r(d_0)}\right]_{\mathrm{dB}} - \left[\frac{P_r(d_A)}{P_r(d_0)}\right]_{\mathrm{dB}} > 2\mathrm{MaxNoise} \quad (4\text{-}37)$$

只有满足条件 $(\mathrm{RSSI}_{N,A} - \mathrm{RSSI}_{N,B}) > 2\mathrm{MaxNoise}$ 时，才能判断 $d_{N,A} < d_{N,B}$，因此，当 $|\mathrm{RSSI}_{N,A} - \mathrm{RSSI}_{N,B}| \leqslant 2\mathrm{MaxNoise}$ 时，节点 N 在以 CD 为长边、$b(t)$ 为宽边的矩形区域内 [$b(t)$ 由实时测量误差决定]，如图 4-43（b）中的阴影区域所示。

在图 4-43（c）中，节点 N 收到的锚节点 A、B 和 C 的 RSSI 信号 $\mathrm{RSSI}_{N,A}$、$\mathrm{RSSI}_{N,B}$ 和 $\mathrm{RSSI}_{N,C}$ 的值很接近，即信号差没有超过阈值，$|\mathrm{RSSI}_{N,A} - \mathrm{RSSI}_{N,B}| \leqslant 2\mathrm{MaxNoise}$，$|\mathrm{RSSI}_{N,A} - \mathrm{RSSI}_{N,C}| \leqslant 2\mathrm{MaxNoise}$ 且 $|\mathrm{RSSI}_{N,B} - \mathrm{RSSI}_{N,C}| \leqslant 2\mathrm{MaxNoise}$。节点 N 在以 A、B 和 C 三点的外心 D 为圆心，以 $r(t)$ 为半径的圆内 [$r(t)$ 由实时测量误差决定]，如图 4-43（c）中的阴影区域所示。

类似地，节点 N 收到的多个锚节点的 RSSI 信号的值很接近，则节点 N 在以这些点的质心 O 为圆心，以 $r(t)$ 为半径的圆内 [$r(t)$ 由实时测量误差决定]，如图 4-43（d）中的阴影区域所示。

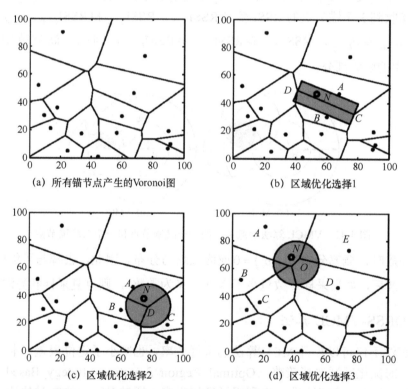

图 4-43 优化区域选择策略

我们将这种基于区域优化选择策略的 VMCL 算法称为 ORSS-VMCL 算法。

4.5.3 误差估计

自适应卡尔曼滤波方法具有简单、实时的优点，可以估计系统噪声和观测噪声的一阶矩和二阶矩。卡尔曼滤波器模型根据 $k-1$ 时刻的状态来估计 k 时刻的状态。

$$X_k = \boldsymbol{\Phi}_{k,k-1} X_{k-1} + W_{k-1} \tag{4-38}$$

式中，X_k 为 k 时刻的状态向量；$\boldsymbol{\Phi}_{k,k-1}$ 为状态转移矩阵；W_k 为 k 时刻的噪声，$W_k \sim N(0, \boldsymbol{Q}_k)$。$k$ 时刻，X_k 的观测量为 Z_k，且

$$E[V_k] = r_k, \quad E\left[(V_k - r_k)(V_j - r_j)^{\mathrm{T}}\right] = \boldsymbol{R}_k \delta_{kj} \tag{4-39}$$

H_k 是真实状态空间映射到观测空间的观测模型，V_k 是观测噪声，$V_k \sim N(0, \boldsymbol{R}_k)$。假设初始状态和噪声向量 $\{x_0, w_1, \cdots, w_k, v_1, \cdots, v_k\}$ 都是相互独立的。

$$E[W_k] = q_k, E\left[(W_k - q_k)(W_j - q_j)^{\mathrm{T}}\right] = \boldsymbol{Q}_k \delta_{kj} \tag{4-40}$$

$$E[V_k] = r_k, \quad E\left[(V_k - r_k)(V_j - r_j)^{\mathrm{T}}\right] = \boldsymbol{R}_k \delta_{kj} \tag{4-41}$$

$$E\left[(W_k - q_k)(V_j - r_j)^{\mathrm{T}}\right] = 0 \tag{4-42}$$

进而可以得到

$$\hat{X}_k = \hat{X}_{k,k-1} + K_k \tilde{Z}_k \tag{4-43}$$

$$\hat{X}_{k,k-1} = \boldsymbol{\Phi}_{k,k-1} \hat{X}_{k-1} + \hat{q}_k \tag{4-44}$$

$$\tilde{Z}_k = Z_k - H_k \hat{X}_{k,k-1} - \hat{r}_k \tag{4-45}$$

$$K_k = P_{k,k-1} H_k^{\mathrm{T}} \left[H_k P_{k,k-1} H_k^{\mathrm{T}} + \hat{R}_k \right]^{-1} \tag{4-46}$$

$$P_{k,k-1} = \boldsymbol{\Phi}_{k,k-1} P_{k-1} \boldsymbol{\Phi}_{k,k-1}^{\mathrm{T}} + \hat{Q}_{k-1} \tag{4-47}$$

$$P_k = [I - K_k H_k] P_{k,k-1} \tag{4-48}$$

$$\hat{r}_{k+1} = (1 - d_k) \hat{r}_k + d_k \left(Z_{k+1} - H_{k+1} \hat{X}_{k+1,k} \right) \tag{4-49}$$

$$\hat{R}_{k+1} = (1 - d_k) \hat{R}_k + d_k \left(\tilde{Z}_{k+1} \tilde{Z}_{k+1}^{\mathrm{T}} - H_{k+1} P_{k+1,k} H_{k+1}^{\mathrm{T}} \right) \tag{4-50}$$

$$\hat{q}_{k+1} = (1 - d_k) \hat{q}_k + d_k \left(\hat{X}_{k+1} - \boldsymbol{\Phi}_{k+1,k} \hat{X}_k \right) \tag{4-51}$$

$$\hat{Q}_{k+1} = (1 - d_k) \hat{Q}_k + d_k \left(K_{k+1} \tilde{Z}_{k+1} \tilde{Z}_{k+1}^{\mathrm{T}} K_{k+1}^{\mathrm{T}} + P_{k+1} - \boldsymbol{\Phi}_{k+1,k} P_k \boldsymbol{\Phi}_{k+1,k}^{\mathrm{T}} \right) \tag{4-52}$$

$$d_i = \frac{1-b}{1-b^i}, \quad i = 0, 1, \cdots, k-1 \tag{4-53}$$

式中，b 为遗忘因子（Forgetting Factor）。

4.5.4 动态区域选择

前文讨论了对误差的实时估计，可以找到实时误差与优化区域之间的关系。假设噪声所导致的实时测量误差为 ε，对于图 4-43（b）中的情况，有

$$b(t) \leqslant 2\varepsilon \tag{4-54}$$

对于图 4-43（c）和图 4-43（d）中的情况，有

$$r(t) \leqslant 2\varepsilon \tag{4-55}$$

动态区域选择原理如图 4-44 所示。
ORSS-VMCL 算法流程如图 4-45 所示。

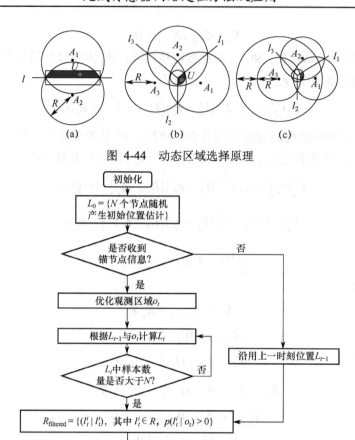

图 4-44 动态区域选择原理

图 4-45 ORSS-VMCL 算法流程

4.5.5 仿真结果及分析

1. 仿真参数设置

仿真区域：500m×500m；环境噪声：EN，为总体服从平均值为 0 的高斯分布 EN～$N(\mu,\sigma^2)$，其中，$\mu=0$，$\sigma=0.1$；通信半径：$r=100$m；节点最大移动速度：$V_{max}=0.5r=50$m/s；s_d 为平均一跳锚节点数量；n_d 为平均一跳未知节点数量。

2. 算法消耗时间对比

图 4-46 所示为 MCL 算法、VMCL 算法和 ORSS-VMCL 算法的平均定位时间对比。该仿真运行了 10 组，并计算了 10 组的平均运算时间。在硬件条件相同的情况下，VMCL 算法几乎与 MCL 算法的时间消耗相当，而 ORSS-VMCL 算法的值比另外两者高。这是因为在 VMCL 算法运行过程中，Voronoi 图这一筛选条件只是针对附近节点滤波的条件之一，相对不会耗费很多计算量。在 ORSS-VMCL 算法运行过程中，会有判断区域取舍问题，计算复杂度相对较高。

3. 算法定位精度对比

图 4-47 中对比了 3 种算法的定位精度。这个仿真也被运行了 10 组取平均值。ORSS-VMCL

算法的平均定位误差为 17.5m，低于 MCL 算法和 VMCL 算法。VMCL 算法在一定程度上缩小了滤波范围，能够使 MCL 算法采样点的可靠性得到提高，因此，提高了定位精度。ORSS-VMCL 算法不仅解决了误差问题，还利用误差进一步缩小了采样范围，从而较大地提高了定位精度。

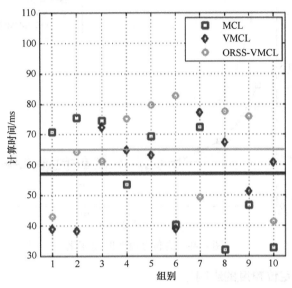

图 4-46　定位算法的平均定位时间对比

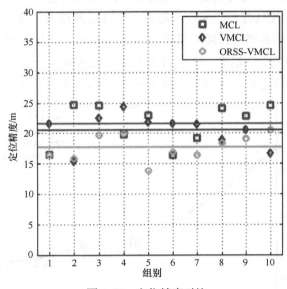

图 4-47　定位精度对比

4．时间对定位精度的影响

图 4-48 所示为 MCL 算法、MCB 算法、VMCL 算法和 ORSS-VMCL 算法的定位精度随时间变化的情况。从图 4-48 中可以看出，4 种算法的收敛情况大致相同。这 4 种算法在第 5 次定位以后都能够收敛。MCL 算法在最初的几次定位中误差较大，随着迭代次数的增加，算法的精度得到了较大的提高，加之其定位精度差强人意，因此，可以应用于需要快速定位且

节约计算成本的情况。ORSS-VMCL 算法相对稳定，虽然计算复杂度较高，但是定位精度也是最令人满意的。

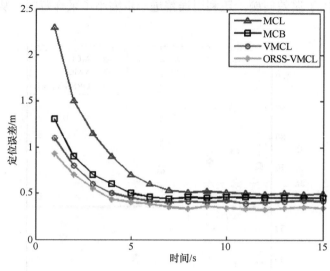

图 4-48 定位精度随时间变化

5. 锚节点密度对定位精度的影响

图 4-49 中展示了锚节点密度对定位精度的影响。锚节点密度 s_d 是所有定位方法的关键参数。图 4-49 中的 4 条曲线具有相同的收敛趋势。随着 s_d 的增加，每个节点可以获得越来越多的位置信息，用来定位的参考条件随之增加。但是，当 $s_d>2.5$ 时，过多的冗余位置参考信息对定位精度的影响逐渐减小。然而，在锚节点密度很低的时候，上述 4 种算法都有可能出现覆盖盲区，导致定位无法进行，此问题可以采用 4.2 节、4.3 节介绍的方法解决。

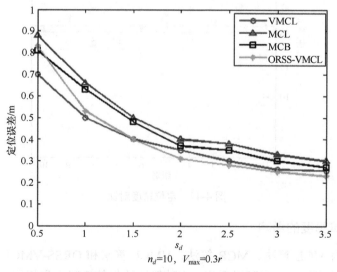

$n_d=10$，$V_{max}=0.3r$

图 4-49 定位精度随 s_d 变化

6. 最快运动速度对定位精度的影响

图 4-50 中展示了当 s_d=1.5，n_d=15 时，最快运动速度对定位精度的影响。4 种算法的基本趋势一致，当 V_{max} 从 $0.2r$ 变为 $0.4r$ 时，定位精度逐渐提高。这是由于过低的运动速度会使 MCL 算法失去最快运动速度约束这一条件，尤其是在上一次定位相对不准确的情况下。同时，节点也无法获得更多的锚节点信息。相反，当 V_{max} 大于 $0.4r$ 时，节点运动速度过快，会导致不确定性的增加，也会失去最快运动速度这一约束条件存在的意义，定位误差会越来越大。

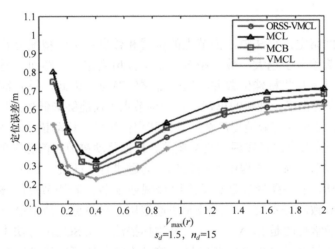

图 4-50 定位精度随最快运动速度 V_{max} 的变化

因此，在仿真过程中，当其他条件不变时，通常采用 V_{max}=$0.3r$。

7. 仿真结果总结

根据以上仿真实验结果可知，ORSS-VMCL 算法虽然具有更高的算法复杂度，但相比传统的 MCL 算法，仍然具有不慢的收敛速度，且定位精度显著提升。对于锚节点稀疏的情况，ORSS-VMCL 算法与传统 MCL 算法、MCB 算法的精度都不高，这种情况应使用 4.4 节介绍的基于 MBMCB 算法。

4.6 本章小结

本章首先阐述了移动无线传感器定位的概念、特点与实际的应用场景，介绍了当前应用于移动无线传感器网络定位的主流算法和研究方向。基于蒙特卡罗方法的 MCL 算法和 MCB 算法是现有移动式定位算法的主流与核心算法 MBMCB，然后介绍了 MBL 算法，描述了算法的主要过程及优劣。基于一阶 MBMCB 算法在复杂应用场景下具有较高的定位精度和较低的参数计算频率，可显著改善网络的定位性能。为适应锚节点分布不均匀、节点运动存在加速度的情形，本章还介绍了 SMBMCB 算法，以及 VMCL 算法，进而应用最优区域选择策略，通过调整 Voronoi 区域在滤波过程中的大小，提高 VMCL 算法的效率和精度。

第5章 移动锚节点的路径规划及定位

5.1 引言

在无线传感器网络定位算法中，锚节点的位置和数量对定位精度有着十分重要的影响。一般来讲，锚节点覆盖范围越大、数量越多，则定位精度越高。然而，增加锚节点数量意味着增加定位成本，且在某些特殊位置并不适合部署锚节点，因此，提升锚节点的移动性为解决锚节点的稀疏问题提供了一种新的思路。移动锚节点不仅能够降低传感器网络的成本，提高锚节点的工作效率，还可以有效地提高算法性能和定位精度。移动锚节点的路径规划及定位包括两部分：规划移动锚节点路径实现网络全覆盖、根据移动锚节点信息实现未知节点定位。

本章首先针对锚节点移动过程中的路径规划问题进行了研究。锚节点的移动路径规划一般可以分为随机移动、静态路径规划和动态路径规划3种。若锚节点的移动采用随机移动的路径规划方法，会导致路径不可控、区域无法被遍历，最终造成待定位节点无法自定位。在静态路径规划中，最常见的是SCAN方法，又称扫描法。在SCAN方法中，锚节点以固定的路径在网络中运动并最终覆盖整个监测区域。这种方法虽然可以达到较高的定位成功率，但网络中某些区域即使没有节点分布，也将被遍历，在节点部署不均匀的网络中效率较低。本章着重针对动态路径规划方法进行介绍，包括遗传算法规划、蚁群算法规划及回溯式贪婪算法规划等，同时将动态路径规划与静态路径规划进行了对比分析。

锚节点的路径规划能够以最优的方式实现网络的全覆盖，并保证锚节点与未知节点间的信息交换，在此基础上，本章介绍了基于移动锚节点的无线传感器网络定位方法，该方法结合了移动锚节点的特殊性和 Cayley-Menger 行列式几何应用知识，对距离估计模型进行了优化并在距离优化的基础上，实现了多跳的分布式定位。

5.2 基于遗传算法的可移动锚节点的路径规划

5.2.1 遗传算法的原理概述

遗传算法（Genetic Algorithm，GA）是一种由进化论、物种选择学说及群体遗传学说发展而来的模拟进化算法，是通过模拟自然界的生物进化过程与机制进行极值问题求解的一类过程搜索最优解算法，该算法具有较强的稳健性，适用于复杂问题的优化。

遗传算法是在自然选择与自然遗传基础上发展而来的寻优算法，它用来模拟正常的进化过程，并在人文系统中实现对目标参数的优化。遗传算法中的进化理论如下。

（1）对基因进行作用而不是对个体本身。
（2）染色体及基因串性能好的可以保证个体本身容易存活下来。
（3）有性生殖保证了后代通过基因的混合、重组、突变几种形式产生更强的后代。

（4）生物的进化是保存在染色体中的，进化本身是没有记忆的。

遗传算法是一种随机算法，它可以在走动中寻找需要改善的个体，而不是毫无目的地行走。遗传算法可以类比于自然进化法，通过自身染色体上的基因来寻找合适的染色体进行配对，这样可以提升高质量染色体被选中繁殖的机会。

遗传算法的使用过程实际上是一个反复迭代的过程，它仿照生物在自然环境中的遗传机制，对目标算子进行反复选择、交叉、变异操作，通过不断循环操作，最终可以得到最优解或近似度最高的解。一般来说，对于一个实际问题，一般是按照以下步骤来求解的：

（1）根据决策变量及约束条件确定出搜索空间。
（2）创建模型，确定数学描述、函数类型及量化方法。
（3）确定可行解的编码方法。
（4）确定由基因影响个体的表现方法。
（5）确定基因到个体的转换规则。
（6）设计遗传算子的选择、交叉、变异运算的具体方案。

遗传算法的一般流程如图 5-1 所示。

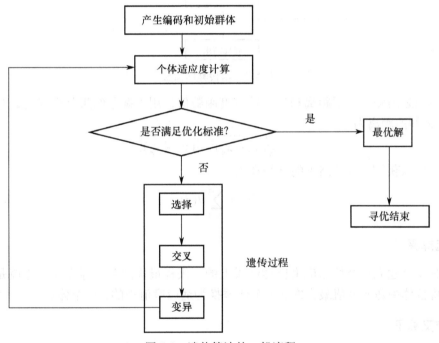

图 5-1 遗传算法的一般流程

5.2.2 基于遗传算法的可移动锚节点路径规划算法

设定 $D = \{d_{ij}\}$ 是锚节点 i 与节点 j 之间的距离组成的矩阵，路径规划问题是试图找到一条回路使得不重复遍历最短距离，设置 GA 编码，每个个体为 N 个整数。N 是锚节点数量，定义一个 s 行 t 列的 pop 矩阵（种族矩阵）来表示群体，其中 $t = N + 1$，第 t 列用于存储修改个体下的路径和，也就是目标函数值。遗传算法流程如图 5-2 所示。

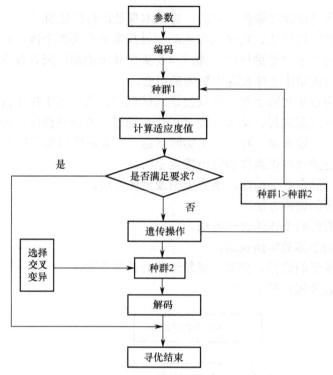

图 5-2　遗传算法流程

在路径规划问题中，用距离和作为适应度函数值，用于衡量结果是否最优。任何两个锚节点 m、n 之间的距离为

$$d_m = \sqrt{(x_m - x_n)^2 + (y_m - y_n)^2} \tag{5-1}$$

于是，可以获得一条环路下的路径和为

$$J(t) = \sum_{j=1}^{t-2} d(j) \tag{5-2}$$

1．选择算子

选择算子是建立在个体适应度评估结果上的，采样最优部分保存方法，也就是所谓的精英策略。将群体中适应度值最大的 c 个个体替换为适应度值小的 c 个个体。

2．交叉算子

交叉算子起着核心作用，它通过将两个父代进行配对和交配，进而形成新的个体。设置交叉因子 p_c 并生成随机值，如果该值大于 p_c，则进行交叉。交叉的步骤如下：

（1）随机选取两个交叉点。

（2）两个后代 X_1' 和 X_2' 先分别按照对应位置复制双亲 X_1 和 X_2 匹配段中的两个交叉点中间的序列，获得对应中间部分 A_1、B_1。

（3）在对应位置上交换 X_1 和 X_2 双亲匹配段 A_1、B_1 以外的部分序列。如果交换后发现后代 X_1' 中的某一数字 a 与 X_1' 子串 A_1 有重复，则在子串 B_1 中取 A_1 位置相同的数字 b 替换 a，如果 b 仍然与子串 A_1 有重复，则重复上面的操作，直到不重复为止。

示例：

X_1　9　8 | 4　5　6　7　1 | 3　2　0
X_2　8　7 | 1　4　0　3　2 | 9　6　5

通过交叉后，可以获得

X_1　8　3 | 4　5　6　7　1 | 9　0　2

3．变异算子

变异算子采用倒置变异法：假设当前个体为（1 3 7 4 8 0 5 9 6 2），如果随机值大于变异因子 p_m，则随机选择来自这个个体的两个变异点，然后倒置种群的部分，如果变异点为 7 和 9，则中间部分 4 8 0 5 倒置为 5 0 8 4，则新的个体为（1 3 7 5 0 8 4 9 6 2）。

5.2.3　算法仿真及分析

1．8 个节点的情况

系统会随机产生 8 个节点，位置不固定，如图 5-3（a）所示。如果随机产生路线，一般会产生交叉路径，则无法保证路径最短，通过遗传算法进行优化后可以得到图 5-3（b）所示的路径。在节点数较少的情况下，基本可以保证路径最短，但如果节点数较多，则所得结果是相对最优的。

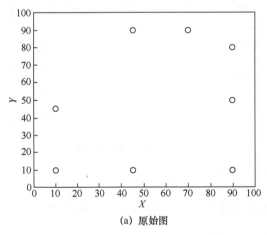
(a) 原始图

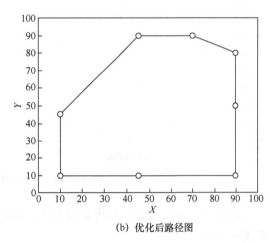
(b) 优化后路径图

图 5-3　8 个节点运动路径图

由图 5-4 可知，大约迭代 15 次后开始收敛，即路径达到最优。

2．30 个节点的情况

遗传算法参数设定如下：$s=30$，$p_c=0.1$，$p_m=0.8$，$c=25$，进化 50 次，将会有 30！种路径，此时无法保证所求路径最短，但可以保证相对最优。优化结果如图 5-5 所示。

对应最短路程为 2.8973。

在对 30 个骨干节点优化后，遗传算法参数设定如下：$s=1500$，$p_c=0.1$，$p_m=0.8$，$c=25$，进化了 300 次，骨干节点组合路径达到最小。

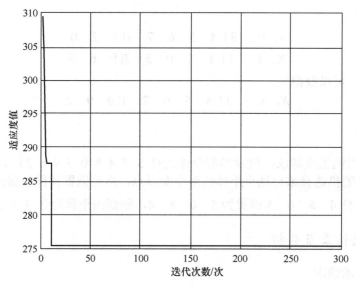

图 5-4 8 个节点情况下迭代性能图

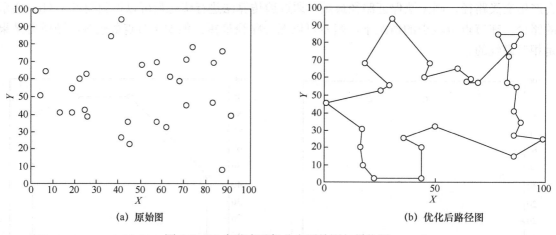

(a) 原始图　　　　　　　　　　　　　(b) 优化后路径图

图 5-5 30 个节点随机分布原始图与优化图

由图 5-6 可以看到，在优化过程中，所走总路程逐渐缩短，大约迭代 180 次后开始收敛，即优化结束。

3. 改变不同参数所产生的不同效果

1）迭代参数改变

由图 5-7 可以看出，在迭代 100 次后还没达到稳定状态，在迭代 300 次后已经可以看到收敛，但改变迭代次数对本实验效果影响不大。

2）改变交叉概率

由图 5-8 可以看出，在一定范围内，交叉概率为 0.25 左右时效果最佳，实际上大于或小于 0.25 都会变缓。

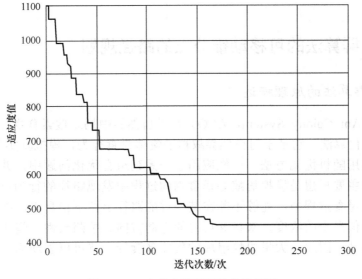

图 5-6 30 个节点情况下迭代性能图

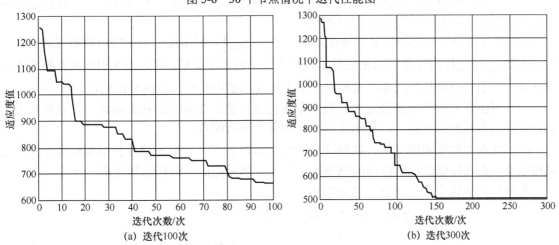

(a) 迭代100次

(b) 迭代300次

图 5-7 迭代 100 次与迭代 300 次产生的不同效果

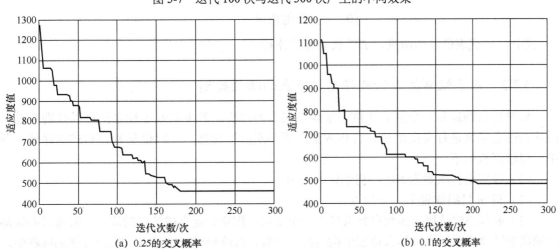

(a) 0.25的交叉概率

(b) 0.1的交叉概率

图 5-8 交叉概率为 0.25 和 0.1 时的性能图

5.3 基于蚁群算法的可移动锚节点的路径规划

5.3.1 蚁群算法的原理概述

蚁群算法（Ant Colony System，ACO）是受自然界中蚂蚁搜索食物行为的启发而产生的一种群智能优化算法，它基于对自然界蚁群的集体觅食行为，模拟真实的蚁群协作过程。蚁群算法作为通用随机优化方法，已经应用于一系列组合优化问题中，并取得了较好的结果。蚁群算法的主要思想是模拟蚂蚁寻找食物的过程中发现路径的行为及蚂蚁选择食物的智能化。蚂蚁在觅食过程中，能够不断在其经过的路径上留下信息素，并在觅食过程中通过不断感知这种信息素的浓度，来指导自己的行动方向。按照天性，蚂蚁总会朝着信息素浓度高的方向移动，因此，大量蚂蚁组成的集体觅食行为就可以表现为一种对信息的正反馈现象。

最大—最小蚁群系统是到目前为止解决路径规划问题最好的蚁群算法之一，该算法在基于蚂蚁系统算法的基础上做出了以下改进：

（1）将各条路径可能的信息素浓度限制在 $[\tau_{\min}, \tau_{\max}]$，超出这个范围的值将被强制设置为 $\tau_{\min}$ 或者 $\tau_{\max}$。这样的设置可以避免算法过早收敛于局部最优解，有效避免出现某条路径上的信息量远大于其他路径的现象，避免产生所有蚂蚁都集中到同一条路径的情况。

（2）将信息素的初始值设定为其取值范围的最大值。在算法的初始阶段，信息素挥发因子 ρ 较小，若其初始值较大，算法将有更好的发现解的能力。

（3）强调对最优解的利用。在每次迭代结束后，只有最优解所属路径信息会被更新，这就相当于一直在加强最优解出现的概率，可以大大地提高历史信息的利用率。

在每次完成迭代后，信息素更新如下：

$$\tau_{ij}(t+1) = (1-\beta)\tau_{ij} + \Delta\tau_{ij}^{\text{best}}$$

$$\Delta\tau_{ij}^{\text{best}} = \begin{cases} \dfrac{1}{L^{\text{best}}}, & (i,j) \text{ 包含在最优路径中} \\ 0, & \text{其他情况} \end{cases} \quad (5\text{-}3)$$

式中，τ_{ij} 代表信息素浓度，L^{best} 代表最优路径。

5.3.2 基于蚁群算法的可移动锚节点的路径规划

假设每只蚂蚁是一个独立地被用于构造路线的过程，若干蚂蚁过程之间可以分别通过自适应的信息素来进行交换信息，合作求解，再不断进行优化。此时信息素分布式地存储在图中。算法流程如下：

（1）设置迭代次数为 NC，初始化 NC =0。

（2）将 m 只蚂蚁置于 n 个顶点。

（3）m 只蚂蚁按概率函数自行选择下一个节点，按照设定完成各自的周游。若每只蚂蚁都按照状态转移规则行进，那么将逐步构造出一个解，最终形成一个回路。在路径规划问题中，蚂蚁的任务是访问所有的骨干节点后返回到起点，由此生成一条回路。假设将蚂蚁 k 当前所在

点记为 i，那么蚂蚁 k 由点 i 向 j 移动要遵循规则而不断迁移，按照不同概率选择下一个点。

（4）记录本次迭代最佳路线。

（5）全局更新信息素。更新的目的是在最佳路径上注射额外的信息素，并且只有当信息素属于这条最短路径时，此条路径上面的信息素才能得到加强。因此，这不仅是一个正反馈过程，更是一个强化学习过程。随着信息素的挥发，各路径的信息素得到加强。

（6）终止，达到迭代次数停止算法。

（7）输出结果。

5.3.3 算法分析及仿真

1. 8 个节点的情况

设置 ACO 参数如下：

$$NC\_max = 30, \quad m = 30, \quad \alpha = 1.4, \quad \beta = 2.2$$
$$\rho = 0.15$$
$$Q = 10^6$$

可以获得图 5-9 所示的图像。

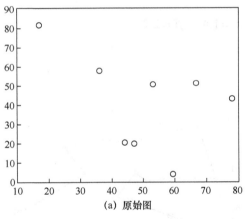 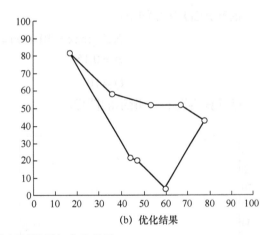

图 5-9　8 个节点随机分布图原始图与优化结果

主要的数值结果如下：

$$Shortest\_Route = [3\ 8\ 1\ 7\ 4\ 6\ 5\ 2]$$
$$Shortest\_Length = 2.8937$$

与遗传算法一样，系统会随机产生 8 个节点，位置不固定，如图 5-9（a）所示。如果随机产生路线，一般会产生交叉路径，则无法保证路径最短，通过蚁群算法进行优化后，可以得到图 5-9（b）所示的路径。在这种节点数较少的情况下，基本可以保证路径最短，但如果节点数较多，则所得结果是相对最优的。由图 5-10 可知，从第一次寻找路径开始，路径长度不断缩短，并迅速收敛，直到找到最优路径。

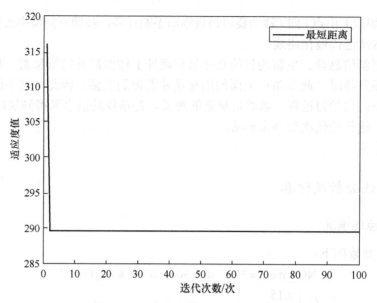

图 5-10 8个节点情况下迭代性能图

2. 30个节点的情况

设置 ACO 参数如下：

$NC\_max = 50$，$m = 30$，$\alpha = 1.4$，$\beta = 2.2$

$\rho = 0.15$

$Q = 10^6$

可以获得图 5-11 所示的图像。

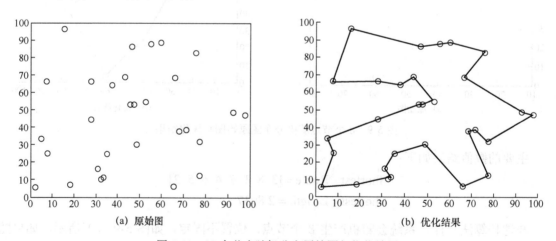

图 5-11 30个节点随机分布原始图与优化结果

由图 5-12 可以看到，在优化过程中，所走总路程逐渐缩短，大约迭代 30 次后开始收敛，即优化结束。

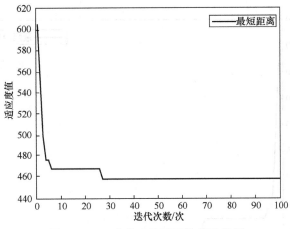

图 5-12　30 个节点情况下迭代性能图

3. 改变不同参数所产生的不同效果

下面将调整迭代次数,观察迭代次数分别为 10 次、50 次、100 次的蚁群算法的性能,如图 5-13～图 5-15 所示。

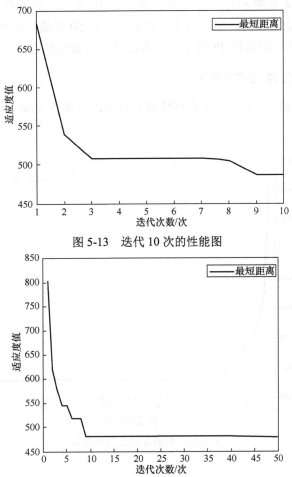

图 5-13　迭代 10 次的性能图

图 5-14　迭代 50 次的性能图

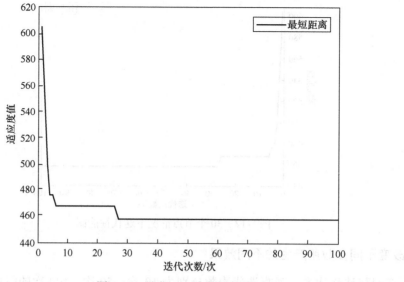

图 5-15 迭代 100 次的性能图

从图 5-13、图 5-14 及图 5-15 可以看出，在迭代 10 次后，基本看不出收敛趋势，在迭代 50 次后基本可以看出稳定趋势。仔细观察可以发现，在 50 次迭代结束之前有一处轻微浮动，在迭代 100 次后可以确定在迭代 28 次左右确实已经达到稳定状态。

4．蚁群算法与遗传算法的效果对比

用两种算法解决 30 个骨干节点的路径规划问题，再进行性能对比，结果分别如图 5-16 和图 5-17 所示。

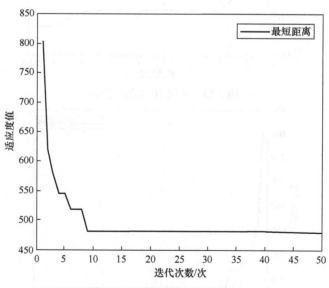

图 5-16 蚁群算法迭代性能图

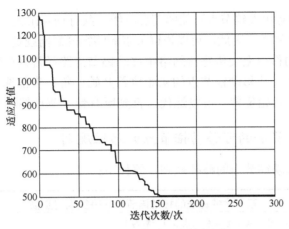

图 5-17 遗传算法迭代性能图

综上所述,在前文提到的情况下,蚁群算法在迭代 10 次后就能收敛,而遗传算法收敛前期缓慢,且在迭代 200 次后收敛。因此,在此实验中设置的参数基础上,蚁群算法的迭代性能比遗传算法更优秀。

5.4 基于贪婪算法的可移动锚节点的路径规划

5.4.1 贪婪算法的原理概述

贪婪算法(Greedy Algorithm,GA)源于 0-1 背包问题。0-1 背包问题是指在对问题进行求解时,每一步都采取最优的选择,从而达到最优结果的算法。虽然贪婪算法得到的结果不一定是最优的结果,但都是相对接近最优解的结果,且因其具有时间复杂度低、计算效率高、易于实现等优点而被广泛应用于优化问题。在骨干网络构建之后,锚节点的移动路径问题实际上可以转化成旅行商问题(Traveling Salesman Problem,TSP)。旅行商问题是指在一个去各个城市的费用已知且旅行商只能经过每个城市一次的前提下,求取使总费用最少的路线的一种路线规划问题。在移动无线传感器网络中,骨干节点相当于旅行商问题中的城市,移动锚节点相当于旅行商问题中的旅行商,而骨干节点之间的距离相当于旅行商问题中各城市之间的费用。

因此,可以按照旅行商问题的处理方法,将移动锚节点的路径规划进行如下数学抽象:设 $G=(V,E)$ 是一个具有边成本 c_{ij} 的有向图,其中 V 为移动无线传感器网络中的骨干节点之间的路径的集合,E 为移动无线传感器网络中除骨干节点以外的待测节点的路径的集合。定义边成本 c_{ij} 如下:对于所有的 i 和 j,$c_{ij}>0$。若 $<i,j>$ 不属于 E,则 $c_{ij}=\infty$。定义 $|V|=n$,n 为无线传感器网络中骨干节点的总数量。

回溯式贪婪(BTG)算法是一种动态路径规划算法。该算法的特点是当前每一步都遍历最优的节点。首先将传感器网络看成一个无向图,每个节点为无向图中的一个顶点,节点间的连通信息为图中的边。因此,对网络节点的遍历就可以视为对无向图中各个顶点的遍历。设定网络无向图为 G,任选一定点 v 为起始点,依次从 v 出发搜索 v 的邻居节点 n_i,将 n_i 设定为已访问节点。若顶点 n_i 的邻居节点中未知节点数量最多,则以 n_i 为新的出发点继续搜索,直至所有顶点均被访问。从初始点出发锚节点可能的遍历路线一共有$(n-1)!$条,即等于除锚节点初始位置外的$n-1$个节点的排列数,因此,可以说锚节点的路径规划问题是一个排列组合问题。

针对本书所关注的移动无线传感器网络中移动锚节点路径规划问题,选取骨干节点之间的路径长短为度量标准。从移动锚节点的初始位置开始,每一步都选择距离当前位置最近的骨干节点作为下一步的初始位置。反复迭代,直到所有骨干节点都被移动锚节点遍历。

5.4.2 基于贪婪算法的可移动锚节点的路径规划

基于贪婪算法的移动锚节点的路径规划步骤如下:

基于贪婪算法的移动锚节点的路径规划步骤
//设定节点个数为n,锚节点个数为n_a,设定移动锚节点个数为1;
//令b_{Num}表示骨干节点个数,初始值为0
(1) 根据式(5-26)得到节点
(2) for $1 \leqslant i \leqslant n$
(3)   得到节点i的邻居节点个数$n_{\text{Num}}(i)$;
(4) end for
(5) for $1 \leqslant i \leqslant n$
(6)   if $W(i)$在所有邻居节点中的权重最大
(7)   设定节点i为骨干节点,令isBackbone$(i)=1$;
(8) $b_{\text{Num}} = b_{\text{Num}} + 1$;
(9)   end if
(10) end if
(11) for $1 \leqslant i \leqslant n$
(12)   for $1 \leqslant j \leqslant n_{\text{Num}}(i)$
(13)   if $W(i)$在节点j的所有邻居节点中的权重最大
(14)   设定节点i为骨干节点,令isBackbone$(i)=1$;
(15) $b_{\text{Num}} = b_{\text{Num}} + 1$;
(16)   end if
(17)   end for
(18) end for
(19) for $1 \leqslant i \leqslant b_{\text{Num}}$
(20)   for $1 \leqslant j \leqslant b_{\text{Num}}$
(21)   if 骨干节点i、j之间的跳数为2
(22)   按照上文中提到的骨干节点跳数为2的情况选取路由节点;
(23)   end if
(24)   if 骨干节点i、j之间的跳数为3
(25)   按照上文中提到的骨干节点跳数为3情况选取路由节点;
(26)   end if
(27)   end for
(28) end for
(29) for $1 \leqslant i \leqslant b_{\text{Num}}$
(30)   根据骨干节点i计算其骨干位置$b_{\text{Loc}(i)}$;

（31）end for
（32）移动锚节点根据 $b_{\text{Loc}(i)}$ 利用路径规划算法进行路径规划并记录所有骨干位置

5.4.3 算法分析及仿真

1. 仿真环境参数设置

传感区域大小：1000m×1000m。
节点通信范围：100m。
节点总个数：100 个、200 个、300 个、400 个。
移动锚节点个数：1 个、2 个、3 个、4 个。
节点部署方式：随机分布。
节点运动方式：移动锚节点可以移动，其余节点静止不动。
通信模型不规则度：0、0.005、0.01、0.015。
实验数据：所有数据均为 20 次实验后取的均值。
实验方法：控制变量法、对比实验法。

2. 节点数量对无线传感器网络的影响

在传感区域内布置一个移动锚节点，设置通信模型为理想模型（DOI 为 0），调整无线传感器网络中节点数分别为 100 个、200 个、300 个、400 个，并测试网络连通度，如表 5-1 所示。

表 5-1　节点数量与网络的平均连通度关系表

节点数量/个	网络的平均连通度
100	2.94
200	5.64
300	8.63
400	11.52

在这里，定义网络中处于通信范围内的节点为邻居节点。取 n 为任意节点的周围的邻居节点个数，N 为节点总数。可以把无线传感器网络的平均连通度定义为 σ

$$\sigma = \sum_{i=1}^{N} \frac{n_i}{N} \tag{5-4}$$

可见，随着无线传感器网络中节点数量的增加，无线传感器网络的平均连通度也随之增加。无线传感器网络的平均连通度，刻画的是在无线传感器网络中，各节点之间的连接关系强弱。理论上，在区域大小一定的传感器网络中，节点数量越多，意味着节点密度越大，节点之间的联系越"紧密"。通过上文的介绍可以知道，在骨干节点的选取与距离信息的优化过程中，无线传感器网络中各节点的联系越强，则最终定位的效果越好。假设移动锚节点的计算能力和能量是无限的，那么提高无线传感器网络中节点的数量就能使网络的定位效率变高。

为了验证这一设想，进行如下实验。

在区域内布置一个移动锚节点，设置通信模型 DOI 为 0.005，调整无线传感器网络中节点数量分别为 100 个、200 个、300 个、400 个，并测试算法定位误差，如表 5-2 所示。

表 5-2 节点数量与网络定位误差关系表

节点数量/个	定位误差	平均定位误差
100	22.4	0.224
200	36	0.180
300	50.1	0.167
400	64.4	0.161

在这里定义 x_i 为经过算法定位后待测节点的预测位置，$\hat{x}_i$ 为待测节点的实际位置，ε 为无线传感器网络定位误差，$\bar{\varepsilon}$ 为无线传感器网络平均误差，N 为节点总数。可以定义无线传感器网络的误差公式为

$$\varepsilon = \sum_{i=1}^{N} \sqrt{(\hat{x}_i - x_i)^2 + (\hat{y}_i - y_i)^2}$$
$$\bar{\varepsilon} = \varepsilon / N$$
(5-5)

由实验结果可知，在无线传感器网络中，节点数量从 100 个变化到 400 个的过程中，累积的总误差在不断增大，而描述无线传感器网络定位效率的平均定位误差不断减小。由此可以认为，在无线传感器网络定位问题中，如果无线传感器网络的区域大小不变，随着网络中节点数量的增加，无线传感器网络平均连通度随之增加，各节点之间的邻居关系增强。在骨干网络搭建的环节，骨干节点将平均分布于整个感测区域，从而使移动锚节点进行距离优化与定位的阶段误差大幅减小，提高了整个无线传感器网络的定位效率。

3．不规则度对定位算法误差的影响

针对无线传感器网络中的移动锚节点路径规划与定位问题，在实践中，往往需要结合实际环境下的无线信号传播模型进行仿真。一味进行理想环境下的仿真实验，无法体现实验的客观性。下面选取无线信号不规则度 DOI 为 0.005、0.01、0.015 三种情况来验证定位算法对不同环境下的无线信号传播模型的兼容性。

在传感区域内布置 300 个节点和 1 个移动锚节点。调整通信模型不规则度分别为 0.005、0.01、0.015，并测试算法定位误差，如表 5-3 所示。

表 5-3 节点数量与网络的平均连通度关系表

不规则度	定位误差	平均定位误差
0.005	48	0.160
0.01	118.5	0.395
0.015	320	1.067

由实验结果可知，在无线传感器网络结构相同的情况下，随着无线信号传播模型不规则度的增加，无线传感器网络的平均定位误差不断增大，可见，无线信号的传播模型的不规则度 DOI 对基于 RSSI 测距的定位方法有很大的影响。

4．不同移动锚节点数量对路径的影响

在传感区域内布置 300 个节点，设置通信模型为理想模型（DOI 为 0）。调整移动锚节点

数量分别为 1 个、2 个、3 个、4 个，并比较不同移动锚节点数量情况下的路径长度。图 5-18 所示为多个锚节点移动路径。

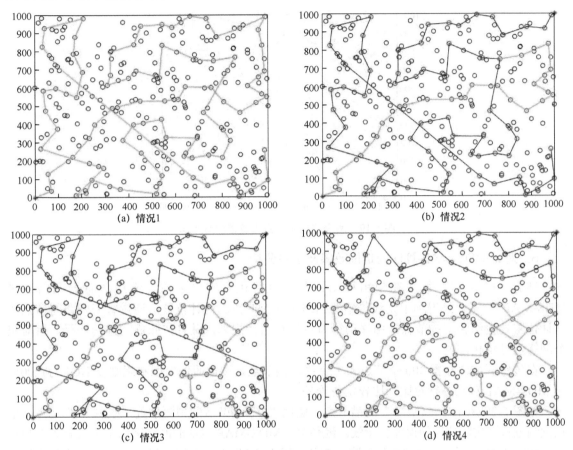

图 5-18 多个锚节点移动路径

经过计算，在无线传感器网络结构相同的情况下，增加移动锚节点数量，仅能使无线传感器网络在定位时缩短移动锚节点所花费的时间，但是不会显著缩短所有锚节点遍历整个无线传感器网络所需要的路程。

如表 5-4 所示，针对多个移动锚节点的情况，在所有移动锚节点移动路径不重复时，无法通过放置多个锚节点来提高无线传感器网络的定位效率。

表 5-4 移动锚数量与网络定位误差关系表

移动锚节点数量/个	网络平均定位误差
1	0.161
2	0.165
3	0.159
4	0.163

在不考虑设置多个移动传感器的成本消耗，以及节点间多次通信所带来的通信消耗时，可以使多个不同的锚节点分别遍历整个网络，再对多个锚节点分别得到的距离信息求平均值，

使一个节点被多个移动锚节点优化。这样可以显著提高网络的定位效率，经过 MATLAB 仿真，当两个移动锚节点重复对网络进行优化和定位时（见图 5-19），网络平均定位误差仅有 0.103。

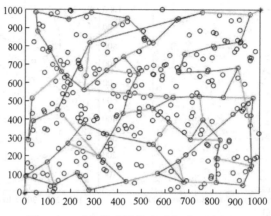

图 5-19　两个移动锚节点重复遍历路径图

5. 对比 MDS-MAP 算法的定位效果及误差分析

结合上文可知，算法在使用移动锚节点进行优化定位之前，无线传感器网络通过 MDS-MAP 算法已经得到了无线传感器网络中各个节点的估计位置。通过骨干网络将节点的估计位置传输给移动锚节点，由移动锚节点进行路径规划，并且按照规划好的路径，可对整个网络进行优化定位。

在传感区域内布置 300 个节点和 1 个移动锚节点，设置通信模型不规则度 DOI 为 0.005。与 MDS-MAP 算法进行对比，比较定位误差。

如图 5-20 所示，红色"*"为锚节点，蓝色"O"为节点的预测位置，蓝色"-"为连接节点预测位置与实际位置的误差指示线。经仿真，MDS-MAP 算法的网络平均定位误差为 1.397。

如图 5-21 所示，红色"O"为骨干节点，蓝色"O"为节点的预测位置，蓝色"-"为连接节点预测位置与实际位置的误差指示线。经仿真，优化定位算法的网络平均定位误差为 0.171。

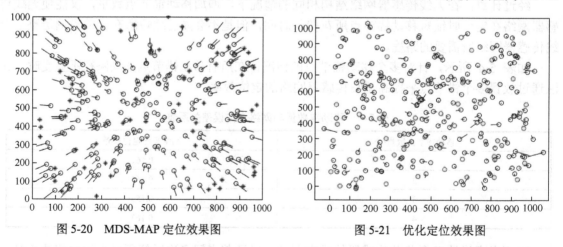

图 5-20　MDS-MAP 定位效果图　　　　图 5-21　优化定位效果图

由此可见，经过移动锚节点的距离优化与定位，整个无线传感器网络的定位效率得到了很大的提高。由图 5-20 与图 5-21 可以看出，两种定位算法定位出的整个网络的误差分布十分有规律。在 MDS-MAP 算法中，越靠近无线传感器网络区域中间位置的点，定位误差越小，越靠近边界的点，定位误差越大，这是由 MDS-MAP 算法的定位原理的特性所决定的。在网络中间的待测节点得到的信息多，所以误差小；靠近区域边缘的待测节点得到的信息少，所以误差大。

6. 对比 SCAN 的锚节点移动策略分析

在各种移动锚节点的路径规划方案中，SCAN 扫描法是使用比较广泛的一种方法。在 SCAN 扫描法中，移动锚节点通过直线扫描遍历的方式，使整个网络中的所有节点得到足够的距离信息进行定位。尽管 SCAN 扫描法的路径过于冗余，但其定位效果最好。

前文提到的无线传感器网络关键骨干位置探寻方法，就是针对 SCAN 扫描法路径冗余的不足，通过探寻无线传感器网络中的关键位置，来缩短移动锚节点的移动路径的。期望能以较短的路径，达到较好的定位效果，在传感区域内布置 300 个节点和 1 个移动锚节点，设置通信模型为理想模型（DOI 为 0），与 SCAN 扫描法比较路径规划方案性能。

图 5-22（a）所示为 SCAN 扫描法路径，图 5-22（b）所示为贪婪算法路径，在路径长度方面：贪婪算法显然优于 SCAN 扫描法。本节算法移动锚节点路径总长为 4191m，SCAN 扫描法移动锚节点路径总长为 12000m。在无线传感器网络的定位效率方面：SCAN 扫描法平均定位误差为 0.127，本节算法平均定位误差为 0.165，两者相差不大。

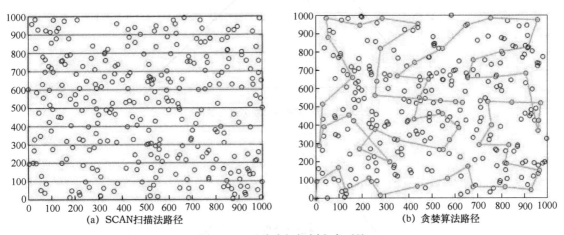

图 5-22 两种路径规划方案对比

5.5 基于距离约束的移动锚节点网络定位技术研究

锚节点根据规划路径完成了与网络中其他节点的通信及位置广播，进而协助未知节点实现位置估计，下面对基于移动锚节点的网络定位方法进行介绍。为解决在锚节点移动过程中由于通信半径限制而产生的第二类距离估计误差问题，将对 Cayley-Menger 矩阵进行优化，即通过移动锚节点的引入对已有的静态网络距离约束进行二次优化，再结合定位算法提出了一种多跳的分布式定位算法，并对该算法的具体流程和性能进行介绍和分析。

5.5.1 基于 Cayley-Menger 的优化数学模型

在静态无线传感器网络中,我们介绍了 Cayley-Menger 矩阵及行列式在几何领域中的应用,借助其良好的特性可以对多个点与点之间的欧几里得距离进行限制,因此,Cayley-Menger 矩阵及行列式也可以应用在移动锚节点网络中对节点之间的距离进行优化。

Cayley-Menger 矩阵及行列式可以解决静态网络节点中的距离估计误差问题,如图 5-23 所示为静态网络节点分布示意图,$a_i(i=2,3,4)$ 代表锚节点,r_0 为待定位节点,根据定理 3-3 可以对 r_0 与 a_i 之间的距离进行约束,优化距离信息。在这种情况下,如果锚节点与待定位节点的距离较远,那么得到的初始距离信息误差则较大,即便进行几何约束限制,使优化后的距离对应一个真实的位置,但初始误差较大会导致优化效果不理想。若在 r_0 的邻居节点中存在一个锚节点,如图 5-24 中的节点 n_1,由于距离较近,故两者间的距离可以较为精确地测得,若通过 n_1 节点的参考位置信息对节点间的距离再一次进行约束,那么可较好地提高距离优化质量,最终提高定位精度。下面将分析这种情况下的几何关系约束及优化模型,并通过算例对优化结果进行验证比对。

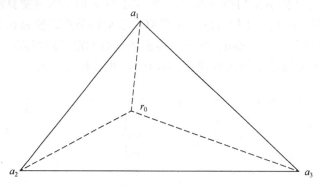

图 5-23 静态网络节点分布示意图

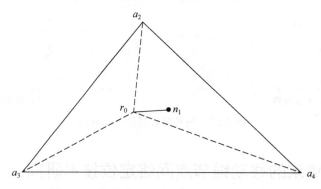

图 5-24 锚节点可移动网络节点分布示意图

如图 5-25 所示,$d_{ij} = d(a_i, a_j)$($i \neq j$,$i,j = 2,3,4$)表示锚节点之间的距离,$d_{0i} = d(r_0, a_i)$($i = 2,3,4$)表示 r_0 和锚节点 a_i 之间的真实距离,$\overline{d_{0i}}$ 表示 r_0 和 a_i 之间的原始距离估计值。d_{01} 为待定位节点 r_0 与它的邻居锚节点 n_1 之间的距离。$d_{1i} = d(n_1, a_i)$ 表示邻居锚节点 n_1 与远距离锚节点 a_i 之间的距离。锚节点之间距离的精确值可通过计算得出,由于 r_0 与 n_1 距离较近,故 d_{01} 可以被较为精确地测得。图 5-25 中的实线代表可以获得的精确距离,虚线为需要优化的原始非精确距离。定义误差 ε_i 如下:

$$\varepsilon_i = d_{0i}^2 - \overline{d_{0i}^2} \quad (i=2,3,4) \tag{5-6}$$

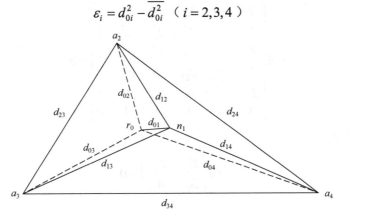

图 5-25 节点间距离关系示意图

定理 3-3 介绍了 $\{r_0, a_2, a_3, a_4\}$ 这一组节点下的关于 ε_2、ε_3、ε_4 的二次等式约束。为了描述并证明在 $\{r_0, n_1, a_2, a_3, a_4\}$ 这组节点下 $\varepsilon_i(i=2,3,4)$ 所满足的线性约束，下面给出定理 5-1 及其证明。

定理 5-1：对于图 5-25 中表示的 r_0、n_1、a_2、a_3、a_4 这 5 个节点间的距离关系及式（5-6）定义的误差 ε_i，若 a_2、a_3、a_4 不共线且 ε_2、ε_3、ε_4 满足定理 3-3 定义的二次等式约束，则对 $\varepsilon_i(i=2,3,4)$ 存在一个线性约束如下：

$$\alpha \varepsilon_2 + \beta \varepsilon_3 + \gamma \varepsilon_4 + \delta = 0 \tag{5-7}$$

式中，

$$\begin{aligned}\alpha = &\, d_{34}^2(d_{23}^2+d_{24}^2-d_{34}^2)-2d_{34}^2 d_{12}^2 + d_{13}^2(d_{23}^2-d_{24}^2+d_{34}^2)+\\&\, d_{14}^2(d_{23}^2-d_{24}^2+d_{34}^2)\end{aligned} \tag{5-8}$$

$$\begin{aligned}\beta = &\, d_{24}^2(d_{23}^2-d_{24}^2+d_{34}^2)-2d_{24}^2 d_{13}^2 + d_{12}^2(d_{24}^2-d_{23}^2+d_{34}^2)+\\&\, d_{14}^2(d_{23}^2+d_{24}^2-d_{34}^2)\end{aligned} \tag{5-9}$$

$$\begin{aligned}\gamma = &\, d_{23}^2(d_{24}^2-d_{23}^2+d_{34}^2)-2d_{23}^2 d_{14}^2 + d_{12}^2(d_{23}^2-d_{24}^2+d_{34}^2)+\\&\, d_{13}^2(d_{23}^2+d_{24}^2-d_{34}^2)\end{aligned} \tag{5-10}$$

$$\begin{aligned}\delta = &\, \overline{d}_{02}^2 [d_{34}^2(d_{23}^2+d_{24}^2-d_{34}^2)-2d_{34}^2 d_{12}^2 + d_{12}^2(d_{24}^2-d_{23}^2+d_{34}^2)+\\&\, d_{14}^2(d_{23}^2-d_{24}^2+d_{34}^2)]+\\&\, \overline{d}_{03}^2[d_{24}^2(d_{23}^2-d_{24}^2+d_{34}^2)-2d_{24}^2 d_{13}^2 + d_{12}^2(d_{24}^2-d_{23}^2+d_{34}^2)+\\&\, d_{14}^2(d_{23}^2+d_{24}^2-d_{34}^2)]+\\&\, \overline{d}_{04}^2[d_{23}^2(d_{24}^2-d_{23}^2+d_{34}^2)-2d_{23}^2 d_{14}^2 + d_{12}^2(d_{23}^2-d_{24}^2+d_{34}^2)+\\&\, d_{13}^2(d_{23}^2+d_{24}^2-d_{34}^2)]+\\&\, d_{23}^2 d_{14}^2(d_{24}^2-d_{23}^2+d_{34}^2)+d_{24}^2 d_{13}^2(d_{23}^2-d_{24}^2+d_{34}^2)+\\&\, d_{34}^2 d_{12}^2(d_{23}^2+d_{24}^2-d_{34}^2)-2d_{23}^2 d_{24}^2 d_{34}^2+\\&\, d_{01}^2(d_{23}^4+d_{24}^4+d_{34}^4-2d_{23}^2 d_{24}^2 - 2d_{23}^2 d_{34}^2 - 2d_{24}^2 d_{34}^2)\end{aligned} \tag{5-11}$$

证明：根据定理 3-1 可知，$\boldsymbol{D}(r_0, n_1, a_2, a_3, a_4)=0$，即

$$\det\begin{bmatrix} 0 & d_{01}^2 & d_{02}^2 & d_{03}^2 & d_{04}^2 & 1 \\ d_{01}^2 & 0 & d_{12}^2 & d_{13}^2 & d_{14}^2 & 1 \\ d_{02}^2 & d_{12}^2 & 0 & d_{23}^2 & d_{24}^2 & 1 \\ d_{03}^2 & d_{13}^2 & d_{23}^2 & 0 & d_{34}^2 & 1 \\ d_{04}^2 & d_{14}^2 & d_{24}^2 & d_{34}^2 & 0 & 1 \\ 1 & 1 & 1 & 1 & 1 & 0 \end{bmatrix} = 0 \qquad (5\text{-}12)$$

将矩阵分块可得

$$\det\begin{bmatrix} \boldsymbol{B}_{11} & \boldsymbol{B}_{12} \\ \boldsymbol{B}_{12}^{\mathrm{T}} & \boldsymbol{B}_{22} \end{bmatrix} = 0 \qquad (5\text{-}13)$$

式中，

$$\boldsymbol{B}_{11} = \begin{bmatrix} 0 & d_{01}^2 \\ d_{01}^2 & 0 \end{bmatrix} \quad \boldsymbol{B}_{12} = \begin{bmatrix} d_{02}^2 & d_{03}^2 & d_{04}^2 & 1 \\ d_{12}^2 & d_{13}^2 & d_{14}^2 & 1 \end{bmatrix} \quad \boldsymbol{B}_{22} = \begin{bmatrix} 0 & d_{23}^2 & d_{24}^2 & 1 \\ d_{23}^2 & 0 & d_{34}^2 & 1 \\ d_{24}^2 & d_{34}^2 & 0 & 1 \\ 1 & 1 & 1 & 0 \end{bmatrix} \qquad (5\text{-}14)$$

若 a_2、a_3、a_4 不共线，根据定理 3-3，则 $\boldsymbol{B}_{22} = \boldsymbol{D}(a_2, a_3, a_4) \neq 0$，即 $\boldsymbol{B}_{22}$ 矩阵为可逆矩阵。通过式（5-13）可得如下等式：

$$\det(\boldsymbol{B}_{11} - \boldsymbol{B}_{12}\boldsymbol{B}_{22}^{-1}\boldsymbol{B}_{12}^{\mathrm{T}}) \times \det \boldsymbol{B}_{22} = 0 \qquad (5\text{-}15)$$

即

$$\det\left\{\begin{bmatrix} 0 & d_{01}^2 \\ d_{01}^2 & 0 \end{bmatrix} - \begin{bmatrix} d_{02}^2 & d_{03}^2 & d_{04}^2 & 1 \\ d_{12}^2 & d_{13}^2 & d_{14}^2 & 1 \end{bmatrix} \boldsymbol{B}_{22}^{-1} \begin{bmatrix} d_{02}^2 & d_{12}^2 \\ d_{03}^2 & d_{13}^2 \\ d_{04}^2 & d_{14}^2 \\ 1 & 1 \end{bmatrix}\right\} = 0 \qquad (5\text{-}16)$$

因 ε_2、ε_3、ε_4 满足定理 3-3 所定义的二次约束，由其证明过程可知

$$\begin{bmatrix} d_{02}^2 & d_{03}^2 & d_{04}^2 & 1 \end{bmatrix} \boldsymbol{B}_{22}^{-1} \begin{bmatrix} d_{02}^2 \\ d_{03}^2 \\ d_{04}^2 \\ 1 \end{bmatrix} = 0 \qquad (5\text{-}17)$$

则由式（5-16）可推得

$$\begin{bmatrix} d_{02}^2 & d_{03}^2 & d_{04}^2 & 1 \end{bmatrix} \boldsymbol{B}_{22}^{-1} \begin{bmatrix} d_{12}^2 \\ d_{13}^2 \\ d_{14}^2 \\ 1 \end{bmatrix} = d_{01}^2 \qquad (5\text{-}18)$$

根据式（5-6）定义的 ε_i，可得

$$\begin{bmatrix} \bar{d}_{02}^2 + \varepsilon_2 & \bar{d}_{03}^2 + \varepsilon_3 & \bar{d}_{04}^2 + \varepsilon_4 & 1 \end{bmatrix} \boldsymbol{B}_{22}^{-1} \begin{bmatrix} d_{12}^2 \\ d_{13}^2 \\ d_{14}^2 \\ 1 \end{bmatrix} = d_{01}^2 \qquad (5\text{-}19)$$

在式（5-19）两端同时乘以 $\det(\boldsymbol{B}_{22}^{-1})$，推导可得

$$\begin{bmatrix} \overline{d}_{02}^2 + \varepsilon_2 & \overline{d}_{03}^2 + \varepsilon_3 & \overline{d}_{04}^2 + \varepsilon_4 & 1 \end{bmatrix} \boldsymbol{B}_{22}^* \begin{bmatrix} d_{12}^2 \\ d_{13}^2 \\ d_{14}^2 \\ 1 \end{bmatrix} = d_{01}^2 \times \det(\boldsymbol{B}_{22}) \qquad (5\text{-}20)$$

式中，

$$\boldsymbol{B}_{22}^* = \begin{bmatrix} 2d_{34}^2 & d_{23}^2 - d_{24}^2 - d_{34}^2 & d_{24}^2 - d_{23}^2 - d_{34}^2 & d_{34}^2(d_{34}^2 - d_{23}^2 - d_{24}^2) \\ d_{23}^2 - d_{24}^2 - d_{34}^2 & 2d_{24}^2 & d_{34}^2 - d_{23}^2 - d_{24}^2 & d_{24}^2(d_{24}^2 - d_{23}^2 - d_{34}^2) \\ d_{24}^2 - d_{23}^2 - d_{34}^2 & d_{34}^2 - d_{23}^2 - d_{24}^2 & 2d_{23}^2 & d_{23}^2(d_{23}^2 - d_{24}^2 - d_{34}^2) \\ d_{34}^2(d_{34}^2 - d_{23}^2 - d_{24}^2) & d_{24}^2(d_{24}^2 - d_{23}^2 - d_{34}^2) & d_{23}^2(d_{23}^2 - d_{24}^2 - d_{34}^2) & 2d_{23}^2 d_{24}^2 d_{34}^2 \end{bmatrix}$$

(5-21)

推导式（5-20）可得式（5-7），证毕。

为了根据几何约束对距离进行优化，将定理 3-3 所定义的二次约束记为 $f_1(\varepsilon_2, \varepsilon_3, \varepsilon_4)$，根据定理 5-1，待定位节点的一个邻居锚节点可以对节点之间的距离估计误差进行线性约束，记为 $f_2(\varepsilon_2, \varepsilon_3, \varepsilon_4)$，两者一同对距离估计误差产生作用。在得到这两个约束条件之后，定义如下目标函数：

$$J = \varepsilon_2^2 + \varepsilon_3^2 + \varepsilon_4^2 \qquad (5\text{-}22)$$

利用拉格朗日乘数法求得满足约束条件的该目标函数最小值。定义拉格朗日函数如下：

$$H(\varepsilon_2, \varepsilon_3, \varepsilon_4) = \sum_{i=2}^{4} \varepsilon_i^2 + \lambda_1 f_1(\varepsilon_2, \varepsilon_3, \varepsilon_4) + \lambda_2 f_2(\varepsilon_2, \varepsilon_3, \varepsilon_4) \qquad (5\text{-}23)$$

式中，λ_1、λ_2 为拉格朗日乘数。

通过对 H 分别求 ε_2、ε_3、ε_4、λ_1、λ_2 的偏导，并令其等于 0，则可对 ε_2、ε_3、ε_4 进行求解。下面用一个算例来分析上文所提出的约束条件及距离优化方法，并利用极大似然估计法进行定位。

本算例将分析图 5-24 中表示的 1 个待定位节点、1 个邻居锚节点及 3 个普通锚节点的距离优化过程。其中，锚节点坐标 a_2、a_3、a_4 分别为(10,10)、(90,10)和(50,90)，它们之间的真实距离可对其坐标通过计算获得。待定位节点和锚节点之间带测距误差的距离信息分别为 $\overline{d}_{02} = 56.3$、$\overline{d}_{03} = 65.7$、$\overline{d}_{04} = 41.6$。邻居锚节点 n_1 的坐标为(50,50)，根据坐标计算可得 $d_{12} = 56.6$、$d_{13} = 56.6$、$d_{14} = 40$。待定位节点与邻居锚节点之间的距离 $d_{01} = 5$。可得两个约束条件如下：

$$\begin{cases} 0 = f_1(\varepsilon_2, \varepsilon_3, \varepsilon_4) \\ \quad = (-2.5\varepsilon_2^2 - 2.5\varepsilon_3^2 - 2\varepsilon_4^2 + 3\varepsilon_2\varepsilon_3 + 2\varepsilon_2\varepsilon_4 + 2\varepsilon_3\varepsilon_4 + \\ \quad \quad 16597\varepsilon_2 + 7341\varepsilon_3 + 27262\varepsilon_4 + 14159000) \times (25600)^{-1} \\ 0 = f_2(\varepsilon_2, \varepsilon_3, \varepsilon_4) \\ \quad = 0.25\varepsilon_2 + 0.25\varepsilon_3 + 0.5\varepsilon_4 + 310.6 \end{cases} \qquad (5\text{-}24)$$

在这两个约束条件共同作用下，根据式（5-22）确定该问题的目标函数，则优化问题可

被描述为

$$\min \varepsilon_2^2 + \varepsilon_3^2 + \varepsilon_4^2$$
$$\text{s.t.} \quad f_1(\varepsilon_2, \varepsilon_3, \varepsilon_4) = 0 \quad (5\text{-}25)$$
$$f_2(\varepsilon_2, \varepsilon_3, \varepsilon_4) = 0$$

根据式（5-23）定义的拉格朗日函数，分别对 ε_2、ε_3、ε_4、λ_1、λ_2 求偏导，令偏导函数为 0，可得

$$\begin{cases} \dfrac{\partial H}{\partial \varepsilon_2} = 2\varepsilon_2 + 0.25\lambda_2 + \lambda_1\left(\dfrac{3\varepsilon_3}{25600} - \dfrac{\varepsilon_2}{5120} + \dfrac{\varepsilon_4}{12800} + 0.65\right) = 0 \\ \dfrac{\partial H}{\partial \varepsilon_3} = 2\varepsilon_3 + 0.25\lambda_2 + \lambda_1\left(\dfrac{3\varepsilon_2}{25600} - \dfrac{\varepsilon_3}{5120} + \dfrac{\varepsilon_4}{12800} + 0.28\right) = 0 \\ \dfrac{\partial H}{\partial \varepsilon_4} = 2\varepsilon_4 + 0.5\lambda_2 + \lambda_1\left(\dfrac{\varepsilon_2}{12800} + \dfrac{\varepsilon_3}{12800} - \dfrac{\varepsilon_4}{6400} + 1.06\right) = 0 \\ \dfrac{\partial H}{\partial \lambda_1} = f_1(\varepsilon_2, \varepsilon_3, \varepsilon_4) = 0 \\ \dfrac{\partial H}{\partial \lambda_2} = f_2(\varepsilon_2, \varepsilon_3, \varepsilon_4) = 0 \end{cases} \quad (5\text{-}26)$$

对方程组（5-26）求解，可得

$$\begin{cases} \varepsilon_2 = -67.39 \\ \varepsilon_3 = -545.76 \\ \varepsilon_4 = -314.59 \end{cases} \quad (5\text{-}27)$$

由式（5-6），可得

$$\begin{cases} \hat{d}_{02} = \sqrt{\overline{d}_{02}^2 + \varepsilon_2} = 55.6 \\ \hat{d}_{03} = \sqrt{\overline{d}_{03}^2 + \varepsilon_3} = 61.4 \\ \hat{d}_{04} = \sqrt{\overline{d}_{04}^2 + \varepsilon_4} = 37.6 \end{cases} \quad (5\text{-}28)$$

式（5-28）得到了利用邻居锚节点进行约束的距离优化结果。该结果对原始带误差的估计值进行了调整。

图 5-26 所示为该算例中待定位与锚节点间距离估计比较。其中，"△"代表锚节点，序号分别为 2、3、4。0 号为待定位节点，图 5-26 中的圆弧是以估计的待定位节点与锚节点之间的距离为半径所画的。图 5-26（a）所示为存在原始估计误差的情况，可以看出以锚节点为圆心的 3 个圆并不相交，而图 5-26（b）所示为利用邻居锚节点约束之后的距离优化效果，可见 3 个圆相交，符合几何约束。从图 5-26 中还可以看出，利用邻居锚节点可以对节点之间的距离估计进行一定的优化，这是因为邻居锚节点与待定位节点距离较近，且其位置信息已知，与待定位节点之间的距离可通过测距技术直接测得，所以，可以更好地对待定位节点的位置进行限制，也就是说，待定位节点与其余普通锚节点的距离在优化之后将更加接近真实值。

在将待定位节点与锚节点之间的距离进行优化后，可利用极大似然估计法对待定位节点

进行位置估计。令 $r(x,y)$ 表示待定位节点坐标，$a(x_i,y_i)(i=2,3,4)$ 表示 3 个锚节点坐标，则待定位节点坐标估计如下：

$$\widehat{X} = (A^T A)^{-1} A^T B \tag{5-29}$$

式中，

$$A = \begin{bmatrix} 2(x_2 - x_4) & 2(y_2 - y_4) \\ 2(x_3 - x_4) & 2(y_3 - y_4) \end{bmatrix} \quad X = \begin{bmatrix} x \\ y \end{bmatrix}$$

$$B = \begin{bmatrix} x_2^2 - x_4^2 + y_2^2 - y_4^2 + \hat{d}_{04}^2 - \hat{d}_{02}^2 \\ x_3^2 - x_4^2 + y_3^2 - y_4^2 + \hat{d}_{04}^2 - \hat{d}_{03}^2 \end{bmatrix} \tag{5-30}$$

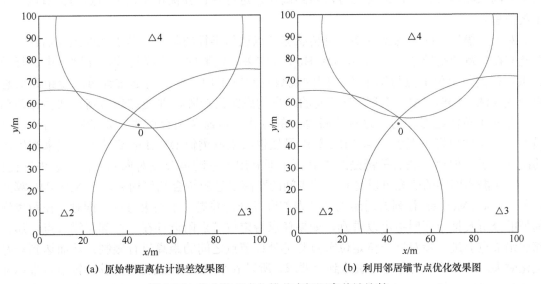

图 5-26　待定位节点与锚节点间距离估计比较

如图 5-27 所示，"·"表示节点实际位置，"*"表示节点定位位置，连线代表定位误差。

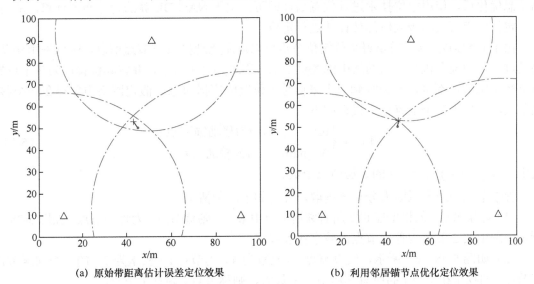

图 5-27　距离估计优化后定位效果比较

经计算，优化前定位误差为 0.673m，经优化后定位误差为 0.552m，定位精度有所提升。由图 5-27（b）可以看出，利用几何约束后的定位结果符合真实距离关系的位置坐标，即 3 个以距离为半径的圆的交点。

5.5.2 基于距离约束的锚节点可移动定位算法

利用邻居锚节点进行几何约束的优化模型充分发挥了锚节点可移动的优势，在此基础上，我们提出一种基于邻居锚节点约束的分布式定位（Neighbor Anchor Constraint Distributed Localization，NAC-DL）算法。该算法将移动锚节点与基于 Cayley-Menger 行列式的节点间距离关系约束相结合，通过最优化方法对距离误差进行估计并优化待定位节点与锚节点之间的距离信息。

对于规模较大的传感器网络，受传感器节点通信半径的限制，节点间的距离估计方式一般建立在多跳的基础之上，例如，DV-Hop 算法采用距离向量交换协议，在网络中进行两次泛洪，得到待定位节点与锚节点之间的跳数及网络平均跳距，再通过计算求得距离信息；集中式算法 MDS-MAP 将所有节点间的距离构成距离矩阵，并通过最短路径法估计距离。节点分布不可能绝对均匀，这种多跳叠加的方式不可避免地会产生一定的距离估计误差，最终导致定位效果不理想。NAC-DL 算法虽然也将采取类似 DV-Hop 算法的方式来产生原始的距离信息，但该算法的关键是距离修正，即利用可移动锚节点对原始距离信息进行优化。

由对静态网络的研究可以得知，节点间的距离信息应符合几何约束，故 NAC-DL 算法引入了 Cayley-Menger 行列式对距离估计误差进行分析并提出了约束方程。同时，在距离优化模型的分析及推导证明中可以看到，如果任意待定位节点附近存在一个邻居锚节点，那么该邻居锚节点会进一步对这个待定位节点与远处锚节点之间的距离进行限制，从而达到较好的优化效果。由于锚节点密度无法达到该要求，所以 NAC-DL 算法将引入移动锚节点来弥补这一缺陷。设定网络中的部分锚节点可移动，通过一定的路径规划使得每个待定位节点可以收到一个近距离的锚节点信号，用于辅助完成距离修正过程。在待定位节点与锚节点之间的距离信息优化后，使用定位技术进行位置估计即可。由于 NAC-DL 算法为分布式计算，故对每个待定位节点可采用极大似然估计法进行定位。

由于 NAC-DL 算法需要每个待定位节点可以近距离地接收锚节点信息，所以采用移动策略通过一定的选取机制找出网络中的关键节点，称之为骨干节点，并将其位置作为骨干位置。任意待定位节点都可以至少收到一个来自骨干位置的广播信息。假定网络中仅存在一个移动锚节点，首先为每个节点设定权重如下：

$$W(i) = \begin{cases} \text{Inf}, & i\text{为移动锚节点} \\ N\_\text{num}(i), & i\text{为普通节点} \end{cases} \tag{5-31}$$

式中，$N\_\text{num}(i)$ 为节点 i 的邻居节点个数。

骨干节点的选取原则为分布式选取，分为如下两种情况。

（1）如果节点 i 的权重在它的所有邻居节点中最大，则称节点 i 为骨干节点。如图 5-28（a）所示，图中实心节点为骨干节点，数字代表权重。

（2）如图 5-28（b）所示，假设节点 j（权重为 4）为节点 i（权重为 9）的一个邻居节点，若节点 i 的权重在节点 j 的所有邻居节点中最大，则称节点 i 为骨干节点。

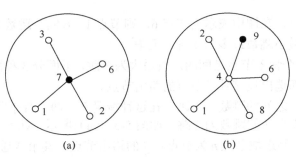

图 5-28 两种骨干节点选取原则

如图 5-29 所示,"△"表示移动锚节点,"☆"表示网络中选出的骨干节点。从骨干节点的选取原则可知,任意节点都能够至少与一个骨干节点通信,如果可以在骨干节点选择阶段对节点的通信半径进行限制,则可保证待定位节点的通信半径内至少存在一个骨干位置,如果移动锚节点可以移动到所有骨干位置,则可以满足 NAC-DL 算法的要求。由于 NAC-DL 算法会首先得到待定位节点与锚节点的初始距离信息,故骨干节点可以根据该信息计算出骨干位置,虽然使用未经优化的距离计算出的骨干位置并不是真正骨干节点的位置,但是可以在移动锚节点运动到各个骨干位置时,通过适当增加发射功率来保证待定位节点可以收到来自骨干位置的信息。

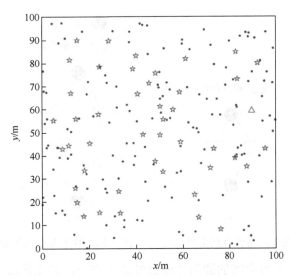

图 5-29 网络中选出的骨干节点

每个骨干节点在计算出自己的骨干位置之后,需要传输到移动锚节点处,为其做路径规划打下基础。下面介绍如何传递骨干位置信息。

定理 5-2:对于图 5-30 中的骨干节点选取原则,两个骨干节点之间的最小跳数最多不超过 3 跳。

证明:假设两个骨干节点间的最小跳数为 4 跳,如图 5-30 所示,1、5 节点为骨干节点,两者间的跳数为 4 跳。那么,按照骨干节点选取原则,对于普通节点 3 来说,在它的所有邻居节点中必然存在一个权重

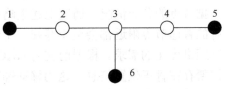

图 5-30 节点连通示意图

最大的节点为骨干节点，在图中表示为节点6，则节点1、6间的跳数为3跳，与假设矛盾，故两个骨干节点间的最小跳数最多为3跳，证毕。

根据定理5-2，两个骨干节点之间的跳数最大为3跳，下面分3种情况讨论骨干位置信息传递路径的搭建，从而选出连接骨干节点的路由节点。

（1）两个骨干节点之间的跳数为1跳。在这种情况下，两个骨干节点可直接通信。

（2）两个骨干节点之间的跳数为2跳。如图5-31（a）所示，在两个骨干节点i、j中存在另外一个骨干节点n，则选取节点n为节点i、j的路由节点，其余普通节点舍弃，不予考虑。若不存在其他骨干节点，如图5-31（b）所示，则比较所有能同时一跳连接节点i、j的普通节点的权重，并选取权重最大的为路由节点。在图5-31（b）中设定$W(n)>W(m)$，则选取节点n为节点i、j的路由节点，图中的斜线表示舍弃该节点。

（3）两个骨干节点间的跳数为3跳。如图5-32所示，两个骨干节点i、j至少需要3跳来进行连接，如在连接路径中已经存在一个路由节点n_1，则将该路径中的n_2节点选为另一个路由节点，其余路径全部舍弃，不予考虑。如图5-32（b）所示，如果两个骨干节点间的所有路径中都不含路由节点，则首先对所有路径中两个节点的权重进行求和，然后选择权重和最大的一对节点作为两个路由节点。图5-32（b）中设定的$W(n_1)+W(n_2)>W(m_1)+W(m_2)$，故选取普通节点$n_1$、$n_2$为路由节点。

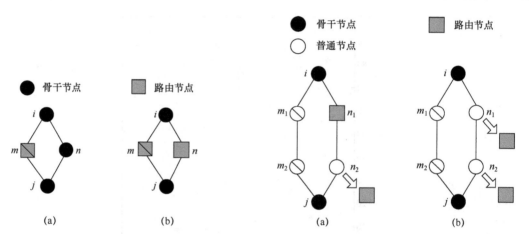

图5-31　骨干节点间跳数为2时路由节点选取方式　　图5-32　骨干节点间跳数为3时路由节点选取方式

至此，任意两个骨干节点间的通信链路已经建立完毕，并在区域中组成骨干网络。根据式（5-31），由于设定移动锚节点的权重为无穷大，所以，移动锚节点一定会被选为骨干节点，故其余骨干节点可以将自己计算得出的骨干位置信息沿着骨干网络传输至移动锚节点，移动锚节点将根据这些位置信息利用贪婪算法计算自己的移动路径。

在图5-33中，"△"表示移动锚节点，"◇"表示网络中骨干节点计算出的骨干位置信息。根据节点的分布情况，通过上述策略可得到对应的骨干位置信息，从图5-33中可以看到，所有的普通节点附近都会至少存在一个骨干位置，从而满足NAC-DL算法对移动锚节点用于辅助距离优化的需求。根据前文对NAC-DL算法思路的介绍，图中普通节点分布稀疏的地区不需要存在骨干位置信息，这为移动锚节点提高移动效率打下了基础。

基于距离约束的锚节点可移动定位算法的定位过程主要分以下4个阶段。

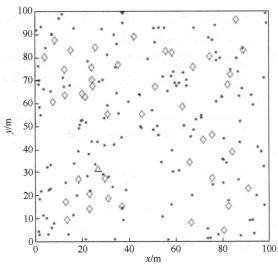

图 5-33 骨干位置信息

1. 初始距离信息估计阶段

在本阶段，每个待定位节点将通过两次泛洪过程估计自己与锚节点之间的距离。在第一次泛洪过程中，锚节点首先开始广播信息，所有节点接收这些锚节点信息并记录与每个锚节点之间的跳数信息。如果节点是第一次接收某个锚节点的信息，则转发该信息，直至所有节点都可以得到与任意锚节点之间的跳数。在本次泛洪过程中，若锚节点收到其他锚节点的跳数信息，则可根据两个锚节点的坐标计算网络平均跳距。在第二次泛洪过程中，锚节点将计算出来的平均跳距发送至网络中的待定位节点，待定位节点利用在第一次泛洪过程中得到的跳数信息乘以平均跳距来估算它与每个锚节点之间的距离。

2. 移动锚节点路径规划阶段

由于 NAC-DL 算法需要待定位节点附近存在邻居锚节点，用于距离优化，故在得到初始距离信息之后需进行移动锚节点的路径规划，来为距离优化阶段做准备。根据对锚节点移动策略的分析，首先对骨干网络进行搭建，步骤如下。

（1）根据式（5-31）得到每个节点的权重，并将权重值发送至邻居节点，根据骨干节点的第一个选取原则，若某节点在其所有邻居节点中权重最大，则选其为骨干节点。

（2）所有节点将得到的邻居节点权重信息再次发送给邻居节点，根据骨干节点的第二个选取原则，可继续对骨干节点进行选取，直至所有骨干节点选取完毕。

（3）由定理 5-2 可知，两个骨干节点之间的跳数最大为 3，可分 3 种情况来选取路由节点。

在骨干网络搭建成功之后，骨干节点首先根据前一阶段得到的与锚节点之间的初始距离信息采用极大似然估计法计算出骨干位置；然后将骨干位置通过骨干网络传送至移动锚节点；最后移动锚节点根据得到的骨干位置信息进行路径规划。

本阶段所提出的骨干节点生成法则将保证每个待定位节点附近至少存在一个骨干位置。

3. 距离信息优化阶段

移动锚节点在通过计算得到路径规划之后，将沿路径进行移动，并在运动至各个骨干位置时向周围广播信息包。根据前文的分析,任意待定位节点都可以近距离接收该移动锚节点的信息,根据定理 5-1,结合 Cayley-Menger 行列式的几何应用可产生待定位节点与锚节点之间的距离估计误差的约束,最终利用最优理论求解距离估计误差的值,从而优化距离信息。对于锚节点个数大于 3 个的情况,可利用距离不精确的传感器网络本地化方式进行处理。利用移动锚节点进行距离优化的基本步骤如下。

利用移动锚节点进行距离优化的基本步骤

// 待定位节点个数为 n_r,锚节点个数为 n_a;
(1) 通过测距得到待定位节点 i 与移动锚节点之间的距离信息 $d_{01}(i)$;
(2) for $1 \leqslant i \leqslant n_r$
(3) 　　根据式(3-45)得到待定位节点与锚节点距离误差的一个二次约束 f_1;
(4) 　　根据式(5-2)得到待定位节点与锚节点距离误差的一个二次约束 f_2;
(5) 　　利用优化方法求得距离误差的估计值 $\hat{\varepsilon}$;
(6) 　　for $1 \leqslant i \leqslant n_a$
(7) 　　　　优化待定位节点 i 与锚节点 j 之间的距离信息 $d(i,j)$;
(8) 　　end for
(9) end for

4. 定位阶段

每个待定位节点在优化其自身与锚节点的距离之后,可利用极大似然估计法进行自定位,设 n 个锚节点的坐标分别为 $a(x_i,y_i)$ $(i=1,2,\cdots,n)$,待定位节点 (x,y) 与 n 个锚节点的距离分别为 $d_i(i=1,2,\cdots,n)$,(x,y) 坐标计算如下:

$$\begin{bmatrix} x \\ y \end{bmatrix} = (A^{\mathrm{T}}A)^{-1}A^{\mathrm{T}}B \tag{5-32}$$

式中,

$$A = \begin{bmatrix} 2(x_1-x_n) & 2(y_1-y_n) \\ \vdots & \vdots \\ 2(x_{n-1}-x_n) & 2(y_{n-1}-y_n) \end{bmatrix}$$

$$B = \begin{bmatrix} x_1^2-x_n^2+y_1^2-y_n^2+d_n^2-d_1^2 \\ \vdots \\ x_{n-1}^2-x_n^2+y_{n-1}^2-y_n^2+d_n^2-d_{n-1}^2 \end{bmatrix} \tag{5-33}$$

经过上述 4 个阶段,NAC-DL 算法完成了待定位节点与锚节点之间的距离优化,并最终实现了定位。虽然 NAC-DL 算法充分利用了移动锚节点的特性,但移动锚节点的作用产生在距离优化过程中,而非定位过程中。由于在初始距离估计阶段及定位阶段 NAC-DL 算法与传统的基于多跳的静态网络算法 DV-Hop 等类似,故可以进行分析比对。对算法性能来说,通信复杂度是衡量算法是否高效的指标之一,下面对 NAC-DL 算法的通信复杂度进行分析。

DV-Hop 算法的通信复杂度为 $O(2 \times n \times n_A)$,其中,n 为节点数量,n_A 为锚节点数量。NAC-DL 算法的通信复杂度分为 3 个部分:①初始距离估计阶段,其通信复杂度与 DV-Hop 算法相同,为 $O(2 \times n \times n_A)$;②移动锚节点路径规划阶段,骨干节点选取时的通信复杂度为

$O(2\times n)$,骨干位置信息通过泛洪方式传送到移动锚节点时通信复杂度为 $O(n\times n_B)$,其中,n_B 为骨干节点数量;③距离信息优化阶段。在该阶段移动锚节点将广播其位置信息,但它不需要与每个待定位节点都进行通信,只需要在骨干位置进行广播,通信复杂度与节点数量 n 无关,与网络规模参数 a 相关。因此,NAC-DL 算法的整体通信复杂度为 $O[n\times(2n_A+n_B+2)+a]$,与 DV-Hop 算法的复杂度数量级相同。下面将通过仿真与 DV-Hop 算法等传统定位算法比较,来说明利用移动锚节点进行距离优化对定位效果产生的影响。

5.5.3 仿真模型及分析

对 NAC-DL 算法性能的仿真分析,主要集中在该算法的距离优化效果及定位精度两个方面,并与 DV-Hop 算法、Robust Positioning 算法及距离不精确的传感器网络本地化算法进行比较。

1. 仿真模型设定

选取仿真区域大小为 100m×100m,节点将以两种模式部署在网络中:随机部署模式和网格部署模式。

(1)在随机部署模式中,节点将随机分布于监测区域内。在这种情况下,网络拓扑结构很可能是不规则的。

(2)在网格部署模式中,先将网络划分为网格结构,传感器节点将小幅度地偏出网格中的交点。在这种情况下,节点将更加均匀地覆盖整个监测区域,避免大多数节点聚集在一处导致网络拓扑不均匀。

网络模型及其他参数设定如下。

(1)所有待定位节点静止不动。

(2)节点数量(连通度)从 124 个到 628 个变化。

(3)网络中存在一个可移动锚节点。

实验数据均为 50 次仿真实验的平均值,节点定位误差定义如下:

$$e=\frac{1}{n}\sum_{i=1}^{n}\|x_i-\overline{x_i}\| \qquad (5\text{-}34)$$

式中,n 表示节点数量,x_i 为节点 i 的实际位置,$\overline{x_i}$ 为节点 i 的估计位置。

2. 距离估计优化效果

由于 NAC-DL 算法的主要部分为利用移动锚节点对节点之间的距离信息进行优化,故首先对该算法的距离优化效果进行一系列仿真。在仿真中采用随机部署模式和网格部署模式,通信半径根据网络连通度的要求设定为 9~12m。在此基础之上,动态改变网络中的节点数量(连通度),对 NAC-DL 算法、DV-Hop 算法的距离估计效果进行仿真比较。

如表 5-5 所示,在网格部署模式下,两种算法的距离估计误差都小于随机部署模式下的误差,这是由于网格部署使节点分布更均匀,待定位节点与锚节点之间的跳数信息及网络平均跳距更为准确。另外,随着节点数量(连通度)的增加,两种算法的定位误差均有所减小。DV-Hop 算法在网络连通度低时距离估计误差较大,而 NAC-DL 算法在不同连通度下都有较小的误差。

表 5-5　平均距离估计误差比较

节点数量 （连通度）	平均距离估计误差/m			
	随机部署模式		网络部署模式	
	DV-Hop	NAC-DL	DV-Hop	NAC-DL
124（4.8）	12.32	6.13	6.15	4.51
147（5.8）	8.28	4.70	4.01	2.38
203（7.5）	5.43	3.71	3.92	2.17
403（11.1）	3.39	2.35	2.99	1.55
628（14.2）	3.06	2.04	2.72	1.35

在对算法的距离估计误差进行仿真后，为了分析测距估计误差对定位效果的影响，我们对 NAC-DL 算法的定位误差也做了仿真。图 5-34 所示为 NAC-DL 算法在不同节点数量（连通度）下的测距误差及对应的定位误差，为了统一误差单位，方便比较，图中的定位误差为式（5-34）定义的误差与通信半径的乘积。从图 5-34（a）中可以看出，随着连通度的增加，NAC-DL 算法的测距误差及定位误差均有降低。从图 5-34（b）中可以看出，NAC-DL 算法的定位误差在测距误差减小到一定程度（2m）时会产生大幅度的下降。

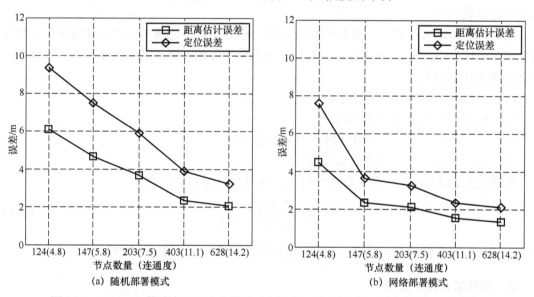

(a) 随机部署模式　　　　　　　　　　(b) 网络部署模式

图 5-34　NAC-DL 算法在不同节点数量（连通度）下的测距误差及对应的定位误差

3. 定位效果及误差分析

在探索 NAC-DL 算法的距离优化效果及对定位误差的影响后，下面通过一组仿真分析比较 NAC-DL 算法、DV-Hop 算法、Robust Positioning 算法及距离不精确的传感器网络本地化算法的定位精度。

图 5-35 所示为不同节点部署模式下的 NAC-DL 算法与 DV-Hop 算法的定位效果比较。其中"△"表示锚节点，"·"表示节点的实际位置，"*"表示节点的定位位置，连线代表定位误差。在这组仿真中，设定节点数量（连通度）为 403 个（11.1），节点通信半径为 10m，锚节点数量为 3 个，可移动锚节点数量为 1 个。

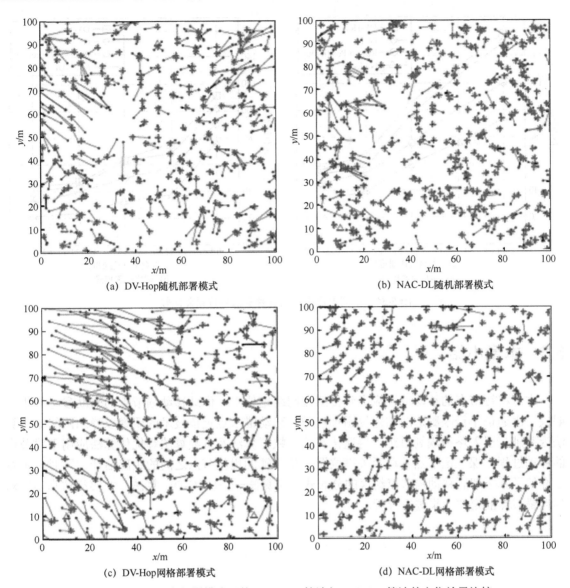

图 5-35 不同节点部署模式下的 NAC-DL 算法与 DV-Hop 算法的定位效果比较

根据式（5-34）定义的定位误差，如图 5-35（a）、图 5-35（c）所示，DV-Hop 算法的定位误差在随机部署模式下约为 66%，在网格部署模式下降到 46%。如图 5-35（b）、图 5-35（d）所示，NAC-DL 算法在两种节点分布模式下的定位误差分别约为 38%和 23%，其定位精度比 DV-Hop 算法有较大的提高。从图 5-35（d）中可以看出，在网格部署模式下，NAC-DL 算法经过移动锚节点的距离优化之后，其定位效果更为优良。总的来说，NAC-DL 算法的定位精度比 DV-Hop 算法提高了大约 40%。

将距离不精确的传感器网络本地化算法中的距离优化方式记为 Geometric Constraint Method（GCM）。图 5-36 所示为不同连通度下的各种算法定位误差比较。可以看出，NAC-DL 算法在不同网络连通度下都有较好的定位效果，其定位误差比其他算法均有一定程度的减小。如图 5-36（b）所示，NAC-DL 算法在网络连通度大于 10 时，可以得到较高的定位精度。

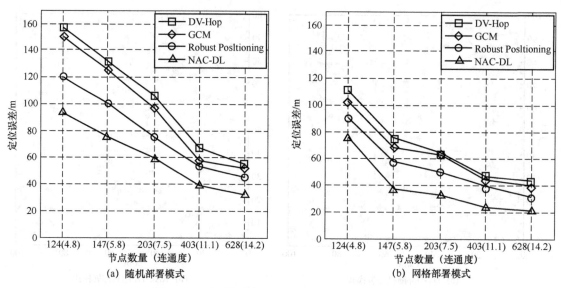

图 5-36 不同连通度下的各种算法定位误差比较

5.6 本章小结

本章将锚节点的移动特性应用到传感器网络定位中,借助移动锚节点的辅助参考作用,解决了由通信半径限制造成的定位困难问题。移动锚节点定位技术的研究以静态网络定位算法为基础,引入路径规划思想,将遗传算法、蚁群算法及贪婪算法等优化算法应用于锚节点的移动过程,保证锚节点移动至关键位置,从而辅助优化节点之间的距离估计。同时,本章还介绍了基于邻居移动锚节点约束的分布式定位算法——NAC-DL 算法,并实施仿真实验对移动锚节点的定位效果进行分析。

第6章 空洞地形下的无线传感器网络定位

6.1 引言

由于无线传感器网络中传感器节点价格低廉、能量有限，且网络节点的分布具有随机性，因此容易产生网络的异构性，降低定位精度。无线传感器网络分布中的空洞地形是异构网络的一种特殊形式，由于节点失效或地形限制，所以传感器网络的分布区域可能存在不同类型的地形空洞。相比一般监测区域，空洞区域内可工作的传感器节点数量极少或无可工作的传感器节点，导致同构定位算法无法实施，因此，需要针对异构网络中的空洞地形进行研究。

造成无线传感器网络空洞地形的原因有很多，下面列举了几种可能造成空洞地形的原因，并设定了空洞地形下无线传感器网络定位方法的应用情形。

1. 地理地形

传感器网络往往部署在复杂、恶劣的环境中，如果监测区域内部存在部分区域不适合部署传感器节点，如河流、湖泊、火山、沼泽等，这些区域将因为地理地形原因缺少传感器节点而形成空洞网络。

2. 失效节点

在传感器网络运行过程中，不同位置的节点能量消耗不同，某些区域的传感器节点由于承担的工作较重，能量消耗较快，从而失效，不能工作，这些区域由于失效节点产生空洞的可能性极大。

3. 环境变化

在传感器网络运行过程中，传感器节点可能受到环境变化的影响，例如，水下部署的传感器节点受到洋流的影响，位置发生改变；某些灾害（如地震、台风等）造成部分区域的传感器节点无法使用，从而形成空洞。

4. 人为破坏

在使用传感器网络进行安全防盗和战场监测环境的应用中，监测区域内的传感器节点极易遭到人为有针对性的破坏，从而降低传感器网络的监测性能。人为的干扰破坏也会导致空洞的产生。

5. 睡眠调度

传感器网络为了最大限度地提升节点的有效工作时间，往往采用睡眠调度的方式来节能。

如果某个区域内的全部节点进入睡眠状态，就会造成该区域空洞的产生。节点调度产生的空洞往往是暂时的，在节点重新进入工作状态后，空洞将会消失，但是在节点休眠状态下，睡眠调度产生的空洞容易导致监测性能的降低，因此，需要考虑睡眠调度过程中节点的定位问题。

6. 随机部署

传感器网络的部署可以采用固定部署和随机部署两种方式。在固定部署条件下，可以有效避免空洞产生，但是在随机部署条件下，节点部署存在随机性和盲目性，在节点部署密度过低的区域，可能存在节点密度稀疏而导致空洞的情形。

以上情形均可导致无线传感器网络空洞问题的产生，对于大规模传感器网络而言，节点之间的距离往往借助连通信息进行估计，若网络分布区域中存在空洞，则会导致跨空洞的节点距离估计极其不准确，无线传感器网络的定位精度骤然下降，则传感信息的可信度下降、可用性降低。

针对空洞地形下无线传感器网络的定位问题，本章从空洞边界探寻、距离估计优化、锚节点移动辅助定位、启发式多维定标算法、移动式多维定标算法几个方面对异构网络的定位算法进行介绍，着重解决空洞地形导致的距离估计偏差问题，降低空洞地形对定位过程的影响，并对以上算法的定位性能进行对比。

6.2 空洞边界探寻算法

为了实现空洞地形下的无线传感器网络定位，需要先识别空洞的位置及形状，进而对节点间的距离估计进行优化。因此，本节先介绍空洞地形下的边界探寻算法，探讨如何仅利用节点的连通性信息确定空洞的边界节点，并从算法原理和实施过程两个方面进行详细介绍。

6.2.1 算法原理

空洞边界探寻算法仅通过连通性信息即可获得传感器节点分布区域内空洞的边界，该过程不需要节点的位置信息、角度信息和距离信息，同时对节点的通信范围是否遵循单位圆盘模型或准单位圆盘图模型不做要求，因此，在无线传感器网络的工程应用中具有很强的适应性。

空洞边界探寻算法的基本思想是利用最短路径树的特殊结构检测空洞的存在、大致形状及位于边界上的传感器节点，从而消除网络中空洞导致的节点间跳数、距离的估计偏差。空洞边界探寻算法可以从连续极限的角度理解，即最短路径树从空间某点开始发散，经过节点在可分布区域"自然流动"后，绕过空洞，在起始点的另一侧相遇，形成"最短路径图"。因此，空洞边界探寻算法借助了最短路径树的"自然流动性"，当网络分布区域中的空洞干扰了最短路径树的"自然流动"时，空洞边界得以确定。简单来说，在以一个节点为根的最短路径树中，每个空洞都被最短路径树中的路径"围绕"，将沿着同一根节点出发的不同路径进行延伸，识别每条最短路径树的末端节点，将末端节点位于相同终止区域且相互接触的节点集合视为"Cut"节点。"Cut"节点是最短路径树在空洞的另一侧距离根节点最远的节点,可以在每对相邻节点处独立地被识别,因此,当网络中有多个空洞时,即最短路径树有多个分支时,则可以删除"Cut"分支上的所有节点,仅保留其中一个"Cut"节点对,从而将多个空洞连通成多个闭环,之后将删除的节点放回,给出正确的边界。

算法的主要步骤如下。

（1）命令任意节点 S 泛洪网络,网络中的所有其他节点记录自身到节点 S 的最小跳数,构建以 S 为根节点的最短路径树,在通常情况下,根节点 S 为无线传感器网络外边界上的节点。

（2）识别"Cut"节点时需要辨别不同分支的同类型最短路径绕过空洞后的区域,如图 6-1 所示。"Cut"分支的节点距离根节点较远,并且它们到根节点的路径完全分开,如果"Cut"节点的多个分支对应于多个空洞,则删除"Cut"分支上的节点,合并空洞,直到传感器网络中仅剩一个复合空洞为止。

（3）确定包围复合空洞的粗粒度内边界 R_{in}。

（4）命令根节点 S 再次泛洪网络,网络中的每个节点记录自身与根节点 S 的最小跳数。

（5）检测"极值节点",若网络中的节点距离粗粒度内边界的最小跳数为局部最大值,则该节点为"极值节点"。

（6）通过连接上述"极值节点",优化粗粒度内边界,得到细粒度内边界。

（7）将已移除的分支节点还原,恢复空洞的内部边界。

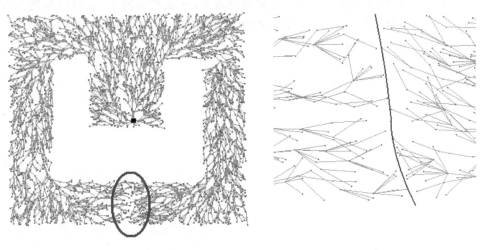

(a) 最短路径树　　　　　　　　　　(b) 最短路径树汇合位置示意图

图 6-1　网络最短路径树构建

6.2.2　实施过程

前文提出了空洞边界探寻算法,叙述了最短路径树的概念,并利用最短路径树识别传感器网络空洞,下面针对空洞边界探寻算法进行详细叙述。

1. 建立最小路径树

算法的第一步是从任意根节点 S 泛洪网络。一般而言,选择具有最小 ID 的节点作为根节点 S。首先,为每个传感器节点 p 设置一个具有随机剩余时间的计时器。当节点 p 的计时器到达 0 时，节点 p 将开始网络泛洪并建立一个最短路径树 $T(p)$，如图 6-1（a）所示。节点 p 发送的数据包含 p 的 ID，当节点 p 的初始计时器具有最小值时，p 首先进行网络泛洪，并抑制其他树的构造。当 $T(p)$ 的边界遇到节点 q 时，有如下两种情况：

（1）如果节点 q 不属于任何其他的树，则节点 q 被包含在树 $T(p)$ 中且节点 q 将广播数据包。

（2）如果节点已经被包含在其他的树 $T(p)$ 中，那么就会对路径树 $T(p)$ 和 $T(p')$ 的开始时间进行比较。只有当路径树 $T(p)$ 的开始时间先于 $T(p')$ 时，来自节点 p 的信息才会被广播。

最终，网络中只存在唯一的最短路径树，来自具有最小初始计时器的节点的数据包将覆盖整个网络，网络中的每个节点都记录了从该根节点开始的最小跳数。T 用来表示所构造的最短路径树。当网络大小未知时，网络泛洪步骤可以很好地近似网络直径。通过三角不等式，网络的直径最大为 $2d$，其中，d 是根节点 S 与 T 中最深节点之间的距离。d 可设置为发现的空洞的最小尺寸阈值。

2. 在最短路径树中查找"Cut"节点对

无线传感器网络中关于空洞的信息包含在最短路径树中。路径树 T 的分支沿着空洞的两侧继续"流动"，并在空洞的一侧相遇。检测最短路径在何处相遇，将这些节点标记为"Cut"节点。例如，图 6-2 中的红色节点为"Cut"节点，"Cut"节点对是一些相邻的节点。"Cut"节点对的形式包括"Cut"分支和"Cut"顶点。其中，"Cut"顶点是指 3 个或更多剪切分支汇聚在一起的点。图 6-3 所示为具有 3 个空洞的网络树。在这种情况下，可以检测到 3 组"Cut"节点对（3 个"Cut"分支）。通常，如果无线传感器网络具有 k 个内部空洞和 m 个"Cut"顶点，则网络中有 $k+m$ 个"Cut"分支。

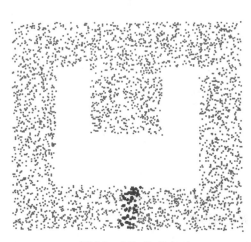
图 6-2 "Cut"节点对

图 6-3 具有 3 个空洞的网络树

有了节点对的定义之后就可以定量讨论什么样的节点对是"Cut"节点对。首先，定义 $\text{LCA}(p,q)$（Least Common Ancestor）为最短路径树中距 p 和 q 节点最远的公共节点。

"Cut"节点对中的两个参数 δ_1 和 δ_2 指定了要检测的空洞的最小尺寸。通常选择它们为无线传感器网络直径的参数。当 p、q 为相邻的两节点时，如果 $\text{LCA}(p,q)$ 的距离大于距离 δ_1，则继续检查从这两个相邻节点到其 LCA 的两条最短路径是否满足最短路径树 T 中从 p 节点到 y 节点与 T 中从 q 节点到 y 节点之间的最大跳数大于阈值 δ_2。满足这两个条件的节点会将自己标记为"Cut"节点对，如图 6-4 所示。

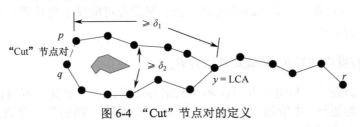

图 6-4 "Cut"节点对的定义

当网络中存在多个空洞时，通常采用移除"Cut"分支上的节点的方法来人为地合并这些空洞，直至剩下一个复合空洞。真实的空洞边界可以在后续步骤中恢复。通过删除路径树中的大部分"Cut"分支，只保留距离根节点最远的一个"Cut"分支。内部空洞连通到自身或连通到外部边界，这样，多空洞方案变成了单空洞方案。因此，下文将重点放在单空洞方案上。

3. 检测粗粒度内边界 R_{in}

在检测到"Cut"节点的情况下，由图 6-4 可知 p 和 q 到 $LCA(p,q)$ 的两条不经过任何"Cut"节点的最短路径连通就可以得到一个包围空洞的内边界。此边界不一定是最短的边界，但可以利用贪婪算法优化边界，使其尽可能紧密。对于周期中 k 跳内的任意两个节点，检查这两个节点之间是否存在较短的路径，如果存在，就使用较短的路径替换边界中的原始段并缩短总长度。例如，对于边界上每 3 个相邻节点（x、y、z）进行两跳收缩检查，以确认（x、z）是否为边界。如果是，就可以排除 y 来收缩边界。对于只有一个凸形空洞的传感器场，粗粒度内边界实际上是真实的内部边界，如图 6-5 所示。如果传感器网络中存在凹形空洞，如图 6-6 所示，粗粒度内边界 R_{in} 是包含该凹形空洞的最短边界的。图 6-7 所示为多空洞示例。

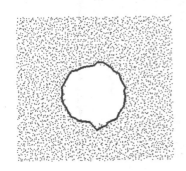

图 6-5 单一凸形空洞

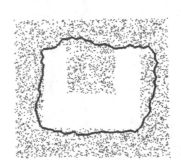

图 6-6 网络中空洞粗粒度内边界

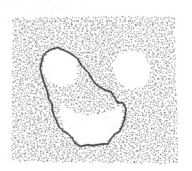

图 6-7 多空洞示例

4. 确定网络极值点

当网络中存在凹形空洞时，粗粒度内边界 R_{in} 不紧密。因此，本阶段将利用极值点优化粗粒度内边界，它们是距离粗粒度内边界的最小跳数为局部最大值的节点。这些极值点可以用于优化已有边界曲线 R_{in}，从而得到真实的网络内、外边界。首先，处于网络粗粒度内边界上的节点开始全网泛洪，网络中其余节点记录到 R_{in} 的最小跳数。然后，每个节点根据自己及邻居节点的信息判断自己是否为极值点。直观来看，由于极值点距离内边界的最小跳数为局部最大值，所以它们应为网络外边界上的节点。

在标识出网络极值点后，需分析其位置关系并将其连接成一条连续的网络边界。如果网络中的空洞为凸形空洞，那么所确定的极值点均属于外边界。但是如果网络中存在的是凹形空洞，如图 6-8（a）所示，那么这些选取出来的极值点可能属于外边界，也可能为内边界上凹形空洞脊背上的节点。

5. 优化粗粒度内边界 R_{in} 并确定外边界 R_{out}

对于凹形空洞而言，极值点既可能属于网络外边界，又可能属于网络内边界。为了确定并优化已经得到的边界，本阶段首先将内边界 R_{in} 及距离其一跳的邻居节点从网络中移除，网络则被分成若干个连通的部分 C_i；其次，对 C_i 中所有距离边界 R_{in} 两跳的节点进行局部泛洪，即沿 R_{in} 的路径（或边界）P_j 具有相应的最大索引和最小索引。现在优化该路径 P_j，以使其通过此连通部分中的极值节点，以及具有最大和最小索引的 P_j 上的两个节点。最后，通过相邻节点之间的最短路径将其连接在一起，从而完成 C_i 中极值路径的构建。

在完成上述过程后，每个部分内的极值点连成的路线将存在两种情况。在第一种情况下，如果该极值点构成的路径已经是一条封闭的曲线，那么就可得到网络中的外边界；如果该极值路径并未构成封闭曲线，则需将其连入内边界 R_{in} 中构成封闭曲线。对于这种情况，可以从 R_{in} 上任意一点开始遍历 R_{in}，当在极值路径 P_j 上存在一个两跳内的相邻节点时，在 P_j 上分支，最终返回并形成一个边界。然后，从不在第一个边界上的节点再次遍历 R_{out}，并尽可能地沿路径分支，这将产生另一个边界。至此，这两个封闭曲线分别对应网络的外边界和内边界，如图 6-8（b）所示。另外，并不是所有的边界节点都会被识别为极值点。因此，该优化过程可以反复进行，通过寻找更多的极值点，使得网络内、外边界达到所需的精度。

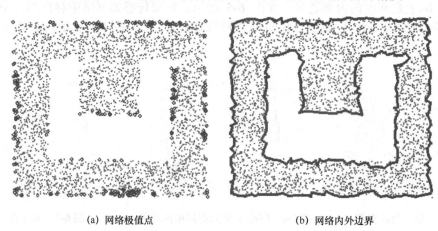

(a) 网络极值点　　　　　　　　(b) 网络内外边界

图 6-8　网络中极值点及网络边界

6. 确认内边界

前文讨论的是网络中仅含一个空洞的情况，当网络中有多个空洞时，还需确定各个空洞的内边界。如图 6-9（a）所示，在多个空洞下无法得到准确的边界信息。本阶段首先将之前移除的"Cut"分支恢复，然后在每个"Cut"分支中寻找节点对 (p,q)，节点 p 和节点 q 间的最短路径构成的边 pq，可以将得到的优化内边界分割成两条封闭曲线，且这两条曲线共用边 pq。最后通过优化过程逐步缩减每条封闭曲线，使其紧紧包围网络内部空洞。图 6-9（b）所示为多个空洞下最终确认得到的网络内边界。

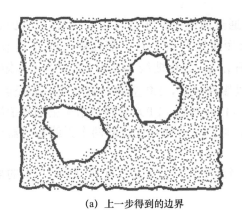
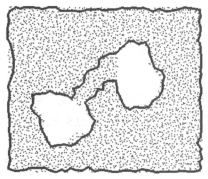

(a) 上一步得到的边界　　　　(b) 多个空洞下最终确认得到的网络内边界

图 6-9　多个空洞内边界的确定

6.3　空洞地形特征的距离估计优化算法

针对空洞地形下的距离优化，本章将提出点路径（PP）空洞、线路径（LP）空洞和混合路径（PLP）空洞的相关概念及其数学表达式，并基于以上 3 种空洞类型，对节点之间的距离优化问题，以准确的数学计算与推导为核心，设计基于邻居节点辅助空洞距离优化（NNA-HDO）算法。

6.3.1　空洞特征分类

传统传感器网络对距离的计算主要是基于节点跳数信息的，但当网络中存在空洞时，节点间距离计算将会产生极大的误差，因此，当对含有空洞的网络进行节点距离估计时，需要对空洞进行具体的分类，针对复杂地形下不同类型的空洞，给出不同的距离优化方法。

1. 点路径（PP）空洞

空洞是一个相对概念，对某节点对而言，以图 6-10 为例，空洞 H 上存在一个节点 O，连接节点 A 和 B，通过 O 节点连接的路径 $|AO|+|OB|$ 是节点 A 到节点 B 的唯一最短路径 $P_{\min}(A,B)$，那么该空洞 H 是节点 A、B 所形成的一个 PP 空洞，记作 H_{AOB}，O 是最短路径节点，PP 空洞对应的最短路径节点只有一个。

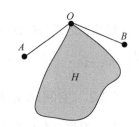

图 6-10　点路径（PP）空洞

定义：点路径（Point Path，PP）空洞是指在空洞复杂地形网络中，空洞上存在一个节点，通过该节点连接的两个无线传感器节点之间能确定唯一最短路径，称该节点为最短路径节点。

数学表达式 $H_{AOB} \xrightarrow{D} P_{\min}(A,B)$ 表示点路径空洞 H_{AOB} 下节点 A 到节点 B 的最短路径 $P_{\min}(A,B)$。

2. 线路径（LP）空洞

对某节点对而言，如图 6-11 所示，空洞 H 上存在一段由中间节点 M 和 N 构成的曲线 MN，

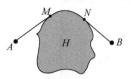

图 6-11 线路径(LP)空洞

连接节点 A 和 B，通过曲线 MN 连接的路径 $|AM|+|NB|$ 是节点 A 到节点 B 的唯一最短路径 $P_{\min}(A,B)$，那么称空洞 H 是节点 A、B 的 LP 空洞，记作 H_{AMNB}，并称曲线 MN 为 LP 空洞的最短路径边，端点 M 和 N 称为最短路径点，LP 空洞对应的最短路径点有两个。

定义：线路径(Line Path，LP)空洞是指在空洞复杂地形网络中，空洞上存在一段由中间节点构成的曲线，通过该段曲线连接的两个无线传感器节点之间能确定唯一最短路径。

数学表达式 $H_{AOB} \xrightarrow{D} P_{\min}(A,B)$ 表示线路径空洞 H_{AMNB} 上节点 A 到节点 B 的最短路径 $P_{\min}(A,B)$。

3. 混合路径(PLP)空洞

对某节点对而言，如图 6-12 所示，节点 A 和 B 之间至少存在两个不同类型的空洞，设空洞总数为 m，最短路径点数为 n。其中，有 PP 空洞 $H_{1(AP_1P_2)}$ 和 $H_{m(P_{n-1}P_nB)}$，以及 LP 空洞 $H_{2(P_2P_3P_4)}$、$H_{m-1(P_{n-3}P_{n-2}P_{n-1}P_n)}$。空洞集合 $\{H_1,H_2,\cdots,H_{m-1},H_m\}$ 可以确定由节点 A 到节点 B 的唯一最短路径 $|AP_1|+|P_1P_2|+\cdots+|P_{n-2}P_{n-1}|+|P_nB|$，那么称 $\{H_1,H_2,\cdots,H_{m-1},H_m\}$ 是节点 A、B 的 PLP 空洞，记作 $\{H_1,H_2,\cdots,H_{m-1},H_m\}_{AP_1P_2\cdots P_nB}$。

定义：混合路径(Point-Line Path，PLP)空洞是指在空洞复杂地形网络中，两个节点间至少存在两个的不同类型(点路径空洞和线路径空洞)的空洞集合，该空洞集合可以确定二者之间唯一最短路径。

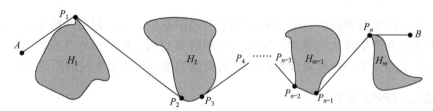

图 6-12 混合路径(PLP)空洞

数学表达式 $\{H_1,H_2,\cdots,H_{m-1},H_m\}_{AP_1P_2\cdots P_nB} \xrightarrow{D} P_{\min}(A,B)$ 表示 PLP 空洞 $\{H_1,H_2,\cdots,H_{m-1},H_m\}_{AP_1P_2\cdots P_nB}$ 上节点 A 到节点 B 的最短路径 $P_{\min}(A,B)$。

6.3.2 空洞距离优化算法

前文根据复杂地形下空洞的不同特征对空洞进行了分类，在此基础上提出了基于邻居节点辅助空洞距离优化(Neighbor Node Assisted Hole Distance Optimization，NNA-HDO)算法，该算法以准确的数学计算与推导为核心，给出不同空洞类型下节点间距离的计算公式。

1. PP 空洞节点距离优化

对于节点 A、B 形成的 PP 空洞 (H_{AOB})，如图 6-13(a)所示，其中，H 为传感器网络中存在的空洞，A、B 为传感器网络中的两个节点，d_{AB} 是节点 A 和 B 之间的直线距离。为了获得节点 A、B 之间的距离，一般是先获得节点 A、B 之间的跳数信息，再根据传感器网络中的跳距信息来判断，显然节点 A、B 之间的距离会出现较大误差。为了精确计算距离 d_{AB}，可以利用 LP 空洞下的 NNA-HDO 算法。

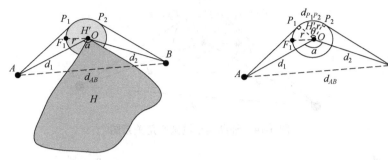

(a) 最短路径与辅助圆空洞距离关系图　　　　(b) 辅助圆空洞距离关系

图 6-13　PP 空洞节点距离优化

如图 6-13（b）所示，已知 A、B 为需要测距的两个节点，空洞 H 是节点 A、B 的线路径空洞（H_{AOB}），O 是最短路径节点。NNA-HDO 算法的基本步骤如下。

（1）通过 RSSI 测距技术，确定与节点 A、B 相关的节点间距离信息。假设 $|AO|=d_1$，$|OB|=d_2$。

（2）选取辅助邻居节点 F_1。辅助邻居节点的选取应同时遵循 3 个原则：优先原则、由近及远原则和通信无空洞阻隔原则。即选择与最短路径节点 O 优先建立通信的节点；选择距离最短路径节点 O 最近（信号最强）的节点；选择与最短路径节点 O 通信无空洞阻隔的节点。

（3）计算邻居节点辅助圆空洞 H' 的半径 r。通过 RSSI 测距技术，利用最短路径节点和辅助邻居节点确定邻居节点辅助圆空洞半径，即 $r=|OF_1|$。

（4）确定节点 A、B 对基于 $(H+H')_{AP_1P_2B}$ 空洞的最短路径，即 $H_{AP_1P_2B} \xrightarrow{D} P_{\min}(A,B)$。

（5）计算辅助圆的圆心角 α。

如图 6-14 所示，通过 MAA-HBL 算法确定辅助圆空洞 H' 上任意节点的坐标，设 $P_1(x_1,y_1)$、$P_2(x_2,y_2)$，在 $\triangle P_1OP_2$ 中，由余弦定理可知

$$\theta = \arccos\left(1 - \frac{d_{P_1P_2}^2}{2r^2}\right) \tag{6-1}$$

式中，$d_{P_1P_2}=\sqrt{(x_2-x_1)^2+(y_2-y_1)^2}$。由此可以得出

$$\alpha = 2\pi - \arccos\left(1 - \frac{d_{P_1P_2}^2}{2r^2}\right) - \arccos\frac{r}{d_1} - \arccos\frac{r}{d_2} \tag{6-2}$$

（6）计算节点 A、B 间距离 d_{AB}。

如图 6-14 所示，在 $\triangle AOB$ 中，根据几何关系可知

$$\begin{cases}|AB|^2 = |AO|^2 + |OB|^2 - 2|AO||OB|\cos\angle AOB \\ |d_{AB}|^2 = |d_1|^2 + |d_2|^2 - 2|d_1||d_2|\cos\alpha\end{cases} \tag{6-3}$$

2．LP 空洞节点距离优化

如图 6-15 所示，空洞 H 是传感器网络节点 A、B 间的 LP 空洞 H_{AMNB}。而 A、B 节点之间又存在 M、N 两个节点，已知 A、B 为需要测距的两个节点，d_{AB} 是节点 A 和 B 之间的欧几里

得距离。分析 LP 空洞下的 NNA-HDO 算法,计算节点间距离 d_{AB}。

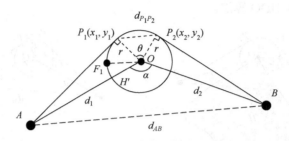

图 6-14　辅助圆空洞圆心角关系图

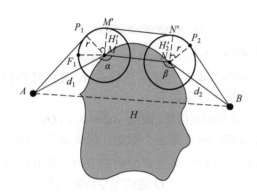

(a) 最短路径与辅助圆空洞距离关系

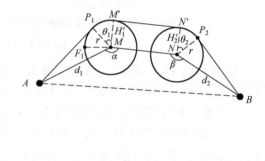

(b) 辅助圆空洞距离关系

图 6-15　LP 空洞节点距离优化

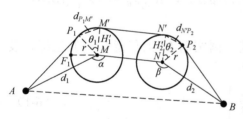

图 6-16　辅助圆空洞圆心角关系图

NNA-HDO 的算法的基本步骤如下。

(1) 如图 6-16 所示,通过 RSSI 测距技术,确定与节点 A、B 相关的节点间距离信息。假设 $|AM|=d_1$,$|NB|=d_2$。

(2) 选取辅助邻居节点 F_1。

(3) 确定邻居节点辅助圆空洞 H_1' 和 H_2' 的半径 r。通过 RSSI 测距技术,利用最短路径节点和辅助邻居节点确定邻居节点辅助圆空洞半径,即 $r=|OF_1|$。

(4) 确定 $(H_1'+H_2'+H)_{AP_1P_2B} \xrightarrow{D} P_{\min}(A,B)$,即节点 A 与节点 B 经由 $(H_1'+H_2'+H)_{AP_1P_2B}$ 空洞的最短路径。其中,$(H_1'+H_2'+H)_{AP_1P_2B}$ 表示 H_1'、H_2' 和 H 组成的整体是节点对 A、B 的 LP 空洞。

(5) 计算切线长度 $d_{MN'}$ 和辅助圆的圆心角 α、β。

通过 MAA-HBL 算法可以确定辅助圆空洞 H_1'、H_2' 上任意节点的坐标,设 $P_1(x_1,y_1)$、$P_2(x_2,y_2)$、$M'(x_3,y_3)$、$N'(x_4,y_4)$,由距离公式可知

$$d_{P_1P_2}=\sqrt{(x_2-x_1)^2+(y_2-y_1)^2} \tag{6-4}$$

在 $\triangle P_1OP_2$ 中,由余弦定理可知

第 6 章 空洞地形下的无线传感器网络定位

$$\begin{cases} \theta_1 = \arccos\left(1 - \dfrac{d_{P_1 M'}^2}{2r^2}\right) \\ \theta_2 = \arccos\left(1 - \dfrac{d_{N' P_2}^2}{2r^2}\right) \end{cases} \tag{6-5}$$

其中，$d_{P_1 M'} = \sqrt{(x_3 - x_1)^2 + (y_3 - y_1)^2}$，$d_{N' P_2} = \sqrt{(x_4 - x_2)^2 + (y_4 - y_2)^2}$。由此可以得出

$$\begin{cases} \alpha = \dfrac{3}{2}\pi - \arccos\left(1 - \dfrac{d_{P_1 M'}^2}{2r^2}\right) - \arccos\dfrac{r}{d_1} \\ \beta = \dfrac{3}{2}\pi - \arccos\left(1 - \dfrac{d_{N' P_2}^2}{2r^2}\right) - \arccos\dfrac{r}{d_2} \end{cases} \tag{6-6}$$

（6）计算节点 A、B 间的距离 d_{AB}。

如图 6-17 所示，作辅助线 AN，在 $\triangle AMN$ 中，设 $|MN| = l = d_{M'N'}$，可得

$$\begin{cases} d_{AN} = \sqrt{d_1^2 + l^2 - 2dl\cos\alpha} \\ \gamma = \arccos\dfrac{l^2 + d_{AN}^2 - d_1^2}{2ld_{AN}} \end{cases} \tag{6-7}$$

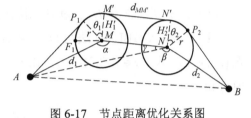

图 6-17 节点距离优化关系图

由此可得

$$|d_{AB}| = \sqrt{|d_{AN}|^2 + |d_2|^2 - 2|d_{AN}||d_2|\cos(\beta - \gamma)} \tag{6-8}$$

3. PLP 空洞节点距离优化

当待测距的两个节点之间存在多个空洞时，如图 6-18（a）所示，节点 A、B 之间存在 H_1、H_2 两个空洞，其中 H_1 空洞为 PP 型空洞，H_2 空洞为 LP 型空洞，节点 A、B 被 PLP 空洞阻隔（$\{H_1, H_2\}_{A P_1 P_2 B}$）。记 d_{AB} 是节点 A 和 B 之间的欧几里得距离，针对 PLP 空洞节点的距离优化，为了降低计算复杂度，利用空间向量知识，通过对向量 $\overrightarrow{AB}$ 求模，得到 d_{AB}。

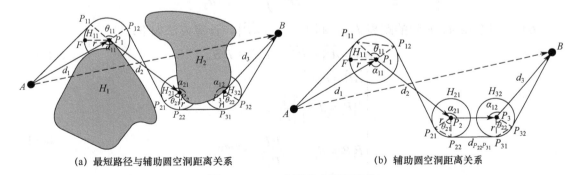

(a) 最短路径与辅助圆空洞距离关系　　　　(b) 辅助圆空洞距离关系

图 6-18 PLP 空洞节点距离优化

下面以图 6-18（b）为例分析在 PLP 空洞下利用 NNA-HDO 算法优化节点间距离 d_{AB} 的步骤。

（1）通过 RSSI 测距技术，确定与节点 A、B 相关的节点间距离信息，假设 $|\overrightarrow{AP_1}| = d_1$，

$|\overrightarrow{P_1P_2}|=d_2$，$|\overrightarrow{P_3B}|=d_3$。

（2）选取辅助邻居节点 F。

（3）计算邻居节点辅助圆空洞 H_{11}、H_{21} 和 H_{22} 的半径 r。

通过 RSSI 测距技术，分别利用 PP 空洞和 LP 空洞的最短路径节点和辅助邻居节点确定邻居节点辅助圆空洞半径，即 $r=|OF|$。

（4）确定 $\left\{(H_1+H_{11})_{AP_1P_2P_{21}} \xrightarrow{D} P_{\min}(A,P_{21})\right\} + \left\{(H_2+H_{21}+H_{22})_{P_{12}P_{21}P_{32}B} \xrightarrow{D} P_{\min}(P_{12},B)\right\} - |P_{12}P_{21}|$，即节点 A 与节点 B 经由 $(H_1+H_{11})_{AP_1P_2P_{21}}$ 空洞和 $(H_2+H_{21}+H_{22})_{P_{12}P_{21}P_{32}B}$ 空洞的最短路径。

其中，$(H_1+H_{11})_{AP_1P_2P_{21}}$ 表示空洞 H_1 和 H_{11} 组成的整体是节点 A、P_{21} 的 LP 空洞；$(H_2+H_{21}+H_{22})_{P_{12}P_{21}P_{32}B}$ 表示空洞 H_2、H_{21}、H_{22} 组成的整体是节点 P_{12}、B 的 LP 空洞。

（5）计算切线长度 $d_{P_{22}P_{31}}$ 和辅助圆的圆心角 α_1、α_2 和 α_3。

通过 MAA-HBL 算法可以确定辅助圆空洞和 H_{11}、H_{21} 和 H_{22} 任意节点的坐标，设 $P_{ij}(x_{ij},y_{ij})$，其中 $i\in\{1,2,3\}$，$j=\{1,2\}$。在 $\triangle P_{11}P_1P_{12}$、$\triangle P_{21}P_2P_{22}$ 和 $\triangle P_{31}P_3P_{32}$ 中，由余弦定理可知

$$\theta_{ij}=\arccos\left(1-\frac{d_{P_{i1}P_{i2}}^2}{2r^2}\right),\quad \begin{cases} i\in\{1,2,3\}, j=1 & \text{PP空洞} \\ i\in\{1,2,3\}, j=\{1,2\} & \text{LP空洞} \end{cases} \quad (6\text{-}9)$$

式中，$d_{P_{i1}P_{i2}}=\sqrt{(x_{i2}-x_{i1})^2+(y_{i2}-y_{i1})^2}$。由此可以得出

$$\begin{cases} \alpha_{11}=2\pi-\arccos\left(1-\dfrac{d_{P_{11}P_{12}}^2}{2r^2}\right)-\arccos\dfrac{2r}{d_2}-\arccos\dfrac{r}{d_1} \\ \alpha_{21}=\dfrac{3}{2}\pi-\arccos\left(1-\dfrac{d_{P_{21}P_{22}}^2}{2r_{31}^2P_{32}}\right)-\arccos\dfrac{2r}{d_2} \\ \alpha_{22}=\dfrac{3}{2}\pi-\arccos\left(1-\dfrac{d_{P_{31}P_{32}}^2}{2r^2}\right)-\arccos\dfrac{r}{d_3} \end{cases} \quad (6\text{-}10)$$

（6）计算节点 A、B 间的距离 d_{AB}。利用 $d_{AB}=|\overrightarrow{AB}|$，计算方法如下：

$$\overrightarrow{AB}=\overrightarrow{AP_1}+\overrightarrow{P_1P_2}+\overrightarrow{P_2P_3}+\overrightarrow{P_3B} \quad (6\text{-}11)$$

$$\begin{cases} \overrightarrow{AP_1}=d_1\cdot \vec{i} \\ \overrightarrow{P_1P_2}=d_2\cdot \dfrac{\overrightarrow{AP_1}}{\left|\overrightarrow{AP_1}\right|}\cdot \vec{i}^{\,\pi-\alpha_{11}} \\ \overrightarrow{P_2P_3}=d_{P_{22}P_{31}}\cdot \dfrac{\overrightarrow{P_1P_2}}{\left|\overrightarrow{P_1P_2}\right|}\cdot \vec{i}^{\,\pi-\alpha_{21}} \\ \overrightarrow{P_3B}=d_3\cdot \dfrac{\overrightarrow{P_2P_3}}{\left|\overrightarrow{P_2P_3}\right|}\cdot \vec{i}^{\,\pi-\alpha_{22}} \end{cases} \quad (6\text{-}12)$$

式中，$\vec{i}$ 是单位向量；$\vec{i}^{\,\pi-\alpha_{11}}$ 是方向偏转向量，表示沿顺时针方向与单位向量 $\vec{i}$ 当前方向所成角度为 $\pi-\alpha_{11}$ 的方向向量。

对于含有多个 PP 空洞和 LP 空洞的 PLP 空洞复杂情形，只需要对其进行分割处理，利用以上 3 种情形下的距离优化算法进行组合运算，便可以实现 PLP 空洞复杂情形下对应节点的距离优化。

6.4 网络空洞下锚节点移动辅助定位技术

为解决由网络内部存在空洞造成的节点定位误差，引入锚节点移动技术，在对静态网络研究的基础之上，提出一种锚节点移动辅助分布式定位（Mobile Anchor Assist Distributed Localization，MAA-DL）算法。MAA-DL 算法的关键是利用空洞边界探寻算法及以边界节点为桥梁来虚拟消除空洞。下面将详细介绍在 MAA-DL 算法中如何进行移动锚节点路径规划，以及如何通过跳数信息进行距离估计等。

6.4.1 锚节点移动辅助定位算法

为了更为深入地体现 MAA-DL 算法的意义，下面首先对 DV-Hop 算法的距离估计模式进行分析。

DV-Hop 算法是静态传感器网络中的一种经典算法。它的关键是利用距离向量交换协议获得待定位节点到所有锚节点的跳数，然后根据计算出来的平均跳距信息得到节点之间的距离估计值。在网络节点分布较为均匀的情况下，DV-Hop 可以较为准确地获得跳数信息及网络平均跳距，如图 6-19（a）所示，虚线表示实际的距离，实线表示跳数信息及多跳路径。但在图 6-19（b）中可以看到，在网络中存在空洞的情况下，跨空洞节点之间的跳数是不能准确反映节点之间的真实距离的，这种误差将导致 DV-Hop 算法的定位精度急剧下降。

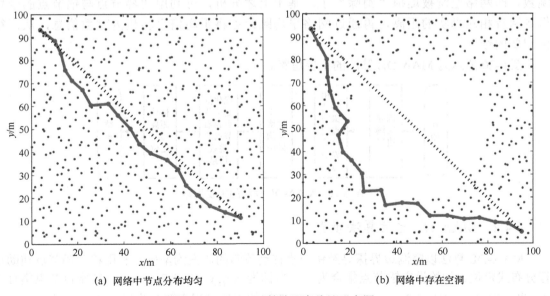

(a) 网络中节点分布均匀　　　　　　(b) 网络中存在空洞

图 6-19　DV-Hop 算法距离估计示意图

为了解决上述问题，一种最直接的思路是将锚节点移动至网络中的空洞内部，从而尽量对空洞进行弥补，将网络的不规则拓扑结构相对规则化。然而，若空洞太大，少量锚节点是无法完全弥补由空洞造成的网络拓扑空缺的。另外，大多数空洞的形成是因为地形限制（湖泊、山脉等），锚节点是无法移动到空洞内部的。

MAA-DL算法致力于消除网络空洞对距离估计造成的负面影响，主要从以下两个方面解决在多跳模式下空洞带来的问题。

1. 网络平均跳距估计问题

在 DV-Hop 算法中，网络平均跳距是由两个锚节点之间的距离除以它们之间的跳数求得的。若两个锚节点跨空洞，则它们之间的跳数本身就已经不准确了，所以跳距也随之产生了误差。若想避免这个问题，则需要保证两个锚节点不跨越空洞，只有这样，它们的跳数才会相对准确地反映出真实距离。因此，MAA-DL 算法需要先对网络中的空洞进行分析，其主要任务是找到空洞的边界节点，再利用移动锚节点运动至空洞边界周围并广播信息包，对附近节点进行初步定位，则空洞边界节点的坐标可估计。在所有的空洞边界节点中一定可以找到一个与锚节点在同侧的边界节点，它们之间并不跨越空洞，可利用它们之间的距离及跳数信息对网络平均跳距进行估计。

2. 待定位节点到锚节点的跳数估计问题

由于空洞的存在，如果待定位节点与锚节点分别在空洞的两端，则两者之间的跳数信息会不准确，要比不存在空洞的情况下有所增加。出现这种情况的实质是因为空洞边界节点到另一侧的锚节点的跳数不准确。如果每个空洞边界节点到各个锚节点的跳数能准确地反映两者之间的真实距离，则由空洞边界节点开始按照一定规则广播到各个锚节点的跳数信息，利用距离向量交换协议，就可以得到待定位节点与各个锚节点之间的"真实"跳数，即网络空洞被虚拟"消除"了。基于上述分析，可利用边界节点与锚节点的坐标得到两者相对真实的距离，再通过网络平均跳距可将距离信息转化为跳数信息，从而得到想要的结果。

图 6-20 所示为 MAA-DL 算法的主要思路。

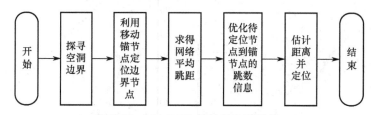

图 6-20 MAA-DL 算法的主要思路

6.4.2 MAA-DL 定位算法步骤

MAA-DL 算法以空洞边界探寻及锚节点移动策略的研究为基础，利用移动锚节点辅助进行分布式定位。初始设定锚节点集合为 A，坐标为 $a(x_i, y_i)(i=1,2,\cdots,n_a)$，待定位节点集合为 R，坐标为 $r(x_i, y_i)(i=1,2,\cdots,n_r)$。MAA-DL 算法的定位过程主要分为以下 4 个阶段。

1. 空洞边界节点标定阶段

本阶段主要利用移动锚节点对空洞边界节点进行初始位置估计，这些边界节点将在后续阶段用于优化跨空洞节点之间的跳数信息。首先，利用空洞边界探寻算法对空洞边界节点进行标识，记为集合 L。每个移动锚节点根据边界节点的信息做路径规划，沿空洞边界移动并以 r_f 为通信半径广播位置信息。那么，当边界节点接收到该位置信息后，将估计自身的位置坐标为

$$l(x_i, y_i) = (x_{\mathrm{ma}} + r_f \cos\theta, y_{\mathrm{ma}} + r_f \cos\theta) \tag{6-13}$$

式中，$(x_{\mathrm{ma}}, y_{\mathrm{ma}})$ 为移动锚节点的坐标，θ 为 $0 \sim 2\pi$ 的随机数。

2. 初始跳数信息估计阶段

在对所有空洞边界节点进行位置估计后，MAA-DL 算法通过一次泛洪对待定位节点到各个锚节点的初始跳数进行估计。由锚节点开始广播信息包，所有待定位节点根据距离向量交换协议得到自己与各个锚节点之间的跳数，记为 $\mathrm{Hop}C(R_i, A_j)(i=1,2,\cdots,n_r,\ j=1,2,\cdots,n_a)$。在本阶段，每个节点对相同的锚节点信息只转发一次。

在本阶段除了得到初始跳数信息，还将对网络平均跳距进行估计。如图 6-21（a）所示，由于空洞的存在，两个锚节点 A、B 之间的跳数信息不能准确地反映它们的真实距离。而在图 6-21（b）中，空洞边界上的节点与同侧的锚节点之间是不跨越空洞的，所以，MAA-DL 算法利用锚节点和距离它最近的空洞边界节点来估计网络平均跳距。

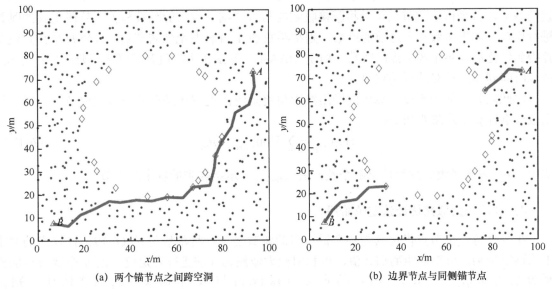

(a) 两个锚节点之间跨空洞　　　　　　　　(b) 边界节点与同侧锚节点

图 6-21　MAA-DL 网络跳距计算方式

根据式（6-13）计算出边界节点坐标，每个边界节点与锚节点之间的距离为

$$D(L_i, A_j) = \sqrt{[a_i(1) - l_j(1)]^2 + [a_i(2) - l_j(2)]^2} \tag{6-14}$$

每个空洞边界节点都会根据得到的与各个锚节点的跳数信息估计出一个网络跳距，如下：

$$\mathrm{Hop}_{D(L_i)} = \min_{\mathrm{Hop}(L,A,n)} \left[\frac{D(L_i, A_j)}{\mathrm{Hop}_{C(L_i, A_j)}} \right] \quad (6\text{-}15)$$

式中，$\mathrm{Hop}_{C(L_i, A_j)}$ 表示边界节点 L_i 与锚节点 A_j 之间的跳数。

这些网络跳距将在下一个阶段广播至每个待定位节点，并通过计算得到网络平均跳距。

3. 跳数信息优化阶段

本阶段是 MAA-DL 算法最关键的阶段，也是通过全网泛洪来进行跳数信息优化的阶段。每个空洞边界节点先根据坐标及式（6-15）计算出的网络跳距重新优化自身到各个锚节点的跳数，即

$$\mathrm{Hop}_{C_{\mathrm{ref}}(L_i, A_j)} = \frac{D(L_i, A_j)}{\mathrm{Hop}_{D(L_i)}} \quad (6\text{-}16)$$

式（6-16）通过计算得出的是每个边界节点与锚节点之间的虚拟跳数，实质上是得到了假设网络中没有空洞的情况下两者之间的跳数信息。式（6-16）中采用了上一阶段中较为精确的网络跳距进行计算，保证了虚拟跳数信息的准确性。

在虚拟跳数计算完成后，由所有的空洞边界节点开始广播与各个锚节点的虚拟跳数信息，为了使用距离向量交换协议，每个边界点节点将根据与各个锚节点的跳数值延时广播相应锚节点的信息。例如，边界节点 L_i 与锚节点 A_j 之间的跳数经式（6-16）计算后为 5 跳，则 L_i 将延时 5 个时间单位再开始向邻居节点广播与 A_j 的跳数信息。延时广播是采用距离向量交换协议的基础，各个待定位节点可以将新接收到的与每个锚节点间的跳数与上一阶段得到的跳数进行比较，如果跳数小于之前的跳数，则将跳数加 1 并转发至邻居节点，最终每个待定位节点得到优化后与各个锚节点的跳数。由于 MAA-DL 算法在本阶段开始时采用延时广播方式，所以时间同步对该算法至关重要。

与此同时，前一阶段计算出的网络跳距也将随泛洪过程传送至各个待定位节点。每个待定位节点计算平均跳距如下：

$$\mathrm{Hop}_{D_{\mathrm{avg}}} = \sum_i \mathrm{Hop}_{D(\mathrm{rec}_i)} / n_{\mathrm{rec}} \quad (6\text{-}17)$$

式中，n_{rec} 表示接收到跳距信息的个数，$\mathrm{Hop}_{D(\mathrm{rec}_i)}$ 表示接收到的各个跳距值。

4. 利用极大似然估计法定位阶段

在每个待定位节点优化其与各个锚节点的跳数之后，将跳数与式（6-17）计算出的网络平均跳距相乘，可得到距离估计值，再利用极大似然估计法进行自定位。设 n 个锚节点的坐标分别为 $a(x_i, y_i)(i=1,2,\cdots,n)$，待定位节点 (x,y) 与 n 个锚节点的距离估计分别为 $\hat{d}_i(i=1,2,\cdots,n)$，$(x,y)$ 坐标的计算如下：

$$\begin{bmatrix} x \\ y \end{bmatrix} = \left(A^{\mathrm{T}} A\right)^{-1} A^{\mathrm{T}} B \quad (6\text{-}18)$$

式中

$$A = \begin{bmatrix} 2(x_1 - x_n) & 2(y_1 - y_n) \\ \vdots & \vdots \\ 2(x_{n-1} - x_n) & 2(y_{n-1} - y_n) \end{bmatrix}$$

$$B = \begin{bmatrix} x_1^2 - x_n^2 + y_1^2 - y_n^2 + \hat{d}_n^2 - \hat{d}_1^2 \\ \vdots \\ x_{n-1}^2 - x_n^2 + y_{n-1}^2 - y_n^2 + \hat{d}_n^2 - \hat{d}_{n-1}^2 \end{bmatrix}$$

(6-19)

移动锚节点辅助定位基本步骤

// 待定位节点个数为 n_r，锚节点个数为 n_a，空洞边界节点个数为 n_l；
(1) 通过距离向量交换协议得到初始待定位节点与锚节点之间的跳数 $\text{Hop}_{C(i,j)}$；
(2) 探寻空洞边界节点，利用移动锚节点对边界节点进行定位；
(3) **for** $1 \leqslant i \leqslant n_i$
(4)   利用式(6-18)计算出网络跳距；
(5)   利用式(6-16)计算出优化后到锚节点的跳数；
(6) **end for**
(7) 由空洞边界节点开始进行第二次全网泛洪，根据跳数延时广播对应的锚节点信息；
(8) **for** $1 \leqslant i \leqslant n_i$
(9)   **for** $1 \leqslant i \leqslant n_i$
(10)   **if** 新的跳数小于 $\text{Hop}_{C(i,j)}$
(11)   优化跳数信息并转发；
(12)   **end if**
(13)   **end for**
(14) **end for**
(15) **for** $1 \leqslant i \leqslant n_i$
(16)   每个待定位节点利用优化后的跳数及网络平均跳距计算距离；
(17)   根据式(6-18)采用极大似然估计法自定位；
(18) **end for**

前文详细介绍了分布式定位算法的步骤，利用移动锚节点对空洞边界节点进行初步定位之后，也可采用集中式的算法，记为 Mobile Anchor Assisted- Centralized Localization（MAA-CL）算法。MAA-CL 算法能更为直观且高效地解决由空洞带来的距离估计误差问题。若在 MAA-CL 算法中采用多维定标技术，则在得到初始节点之间的距离矩阵后，由于边界节点的坐标已知，故可将所有边界节点之间的距离重新设为通过坐标计算后得到的距离，这样处理之后再利用最短路径法通过集中式计算估计任意两节点之间的距离，最后利用 MDS 算法得到较为理想的效果。

6.4.3 MAA-DL 算法性能分析

本节将在通信复杂度及定位误差两方面对 MAA-DL 算法的性能进行分析。

1. 通信复杂度分析

在 MAA-DL 算法中，主要考虑初始跳数估计及跳数优化阶段的通信消耗。在初始跳数估计阶段，从锚节点开始进行全网泛洪，根据距离向量交换协议，每个节点对同样的锚节点信息只转发一次，这一阶段的通信复杂度为 $O(n \times n_A)$，其中 n 为节点数量，n_a 为锚节点数量。在跳数优化阶段，根据 MAA-DL 算法，只有待定位节点与锚节点跨空洞时需要重新优化跳数并转发锚节点信息，并不是所有节点都需要转发，则本阶段通信复杂度最大为 $O(n \times n_a)$。与此同时，由于每个节点都需要转发网络跳距信息，故本阶段通信复杂度最小为 n。因此，MAA-DL 算法的通信复杂度的范围为 $O(n \times n_a+1) \sim O(2 \times n \times n_a)$。对经典 DV-Hop 算法而言，其通信复杂度为 $O(2 \times n \times n_a)$，所以，MAA-DL 算法与 DV-Hop 算法的通信复杂度处于同数量级，但是其定位精度比 DV-Hop 算法有较大提高。

2. 定位误差分析

在 MAA-DL 算法中，主要利用空洞边界节点的特殊性来减小待定位节点与锚节点的距离估计误差，从而达到提高定位精度的目的。对 DV-Hop 算法而言，网络平均跳距是利用两个锚节点的坐标及它们之间的跳数信息获得的，如果两个锚节点跨越空洞，则计算出来的网络平均跳距必然不准确。在 MAA-DL 算法的初始跳数估计阶段，在空洞边界节点的坐标已知的基础之上，利用边界节点和同侧的锚节点来进行网络平均跳距的估计，避免了跨越空洞的情况，所以，这种情况下得到的网络跳距可以较为真实地反映实际情况。

在跳数信息优化阶段，边界节点通过计算得到与各个锚节点之间的距离，采用逆向思维，通过距离值和前阶段得到的较为准确的网络平均跳距反推跳数信息，再经过延时广播泛洪，并与距离向量交换协议相结合，就可以优化所有待定位节点与各个锚节点之间的跳数，得到所谓的虚拟跳数。这样处理之后，即使待定位节点与锚节点的位置关系跨越空洞，但是通过空洞边界节点所起到的桥梁作用，也可较为准确地获得两者之间的跳数信息。与此同时，在本阶段，待定位节点可能收到多个由空洞边界节点传送来的网络跳距信息，根据式（6-17）求平均值可得到更为准确的平均跳距，保证距离估计的准确性。

下面对含空洞网络的节点间距离估计误差及定位情况进行仿真。通过改变网络中的连通度、空洞大小等重要参数，将 MAA-DL 算法与经典算法进行比较。在利用锚节点可移动性进行辅助定位的基础上，分析 MAA-DL 算法针对奇异网络的特性。

3. 仿真模型设定

选取仿真区域大小为 100m×100m。在本次仿真中，为了更加专注地分析 MAA-DL 算法在含空洞网络下的特性，将传感器节点以网格模式部署在网络中。在这种模式下，首先将网络划分成网格结构，节点将随机地小幅度偏出网格中的交点，这样，节点将更加均匀地覆盖除空洞区域外的整个监测区域，避免大多数节点聚集在一处导致的网络拓扑不均匀，为节点间利用多跳方式估计距离提供了较好的环境。

除此之外，为了更好地验证 MAA-DL 算法在不同奇异网络下的定位效果，仿真将对凸形空洞和凹形空洞两种情况进行分析并比较定位效果。最后将对集中式算法 MAA-CL 的效果进行简要分析。

网络模型及参数设定如下。
（1）所有待定位节点静止不动。
（2）网络中存在多个可移动锚节点。

(3) 节点通信半径为 8m。
(4) 节点数量（连通度）从 292 个（6.2）到 1145 个（19.1）变化。
(5) 锚节点数量变化范围为 3~16 个。

本节中的数据均为 50 次仿真实验的平均值，网络平均距离估计误差定位为

$$e_{\text{dist}} = \frac{1}{n_r \times n_a} \sum_{i=1}^{n_r} \sum_{j=1}^{n_a} \left| d_{ij} - \hat{d}_{ij} \right| \tag{6-20}$$

式中，n_r 为待定位节点数量，n_a 为锚节点数量，d_{ij}、$\hat{d}_{ij}$ 分别为待定位节点与锚节点之间的真实距离和估计距离。

节点定位误差定义如下：

$$e_{\text{loc}} = \frac{1}{n} \sum_{i=1}^{n} \left\| x_i - \overline{x}_i \right\| \tag{6-21}$$

式中，n 表示节点数量，x_i 为节点 i 的实际位置，$\overline{x}_i$ 为节点 i 的估计位置。

4. 距离估计优化效果

MAA-DL 算法的关键是利用移动锚节点标记并定位空洞边界节点，再以这些边界节点为桥梁来减小由空洞引发的待定位节点与锚节点之间的跳数估计误差，实际上解决了节点之间的距离估计问题，而距离估计误差又直接影响着最终的定位效果。因此，首先通过一组仿真对 MAA-DL 算法的距离估计优化效果进行分析，并与传统 DV-Hop 算法进行比较。

如图 6-22（a）所示，受空洞的影响，DV-Hop 算法估计出待定位节点 A 与锚节点 B 之间的跳数为 21 跳，其路径围绕空洞。对于 MAA-DL 算法，跳数估计由两部分构成，如图 6-22（b）所示，首先根据锚节点 B 与空洞边界节点的坐标直接估计两者之间的虚拟跳数为 11.3 跳，其余部分从边界节点开始广播信息至待定位节点为 5 跳，共计 16.3 跳。从以上数据分析可以看出，MAA-DL 算法估计的跳数信息更能反映两个节点之间的真实情况，与计算出来的网络平均跳距相乘之后，可更为准确地估计两者之间的距离信息。

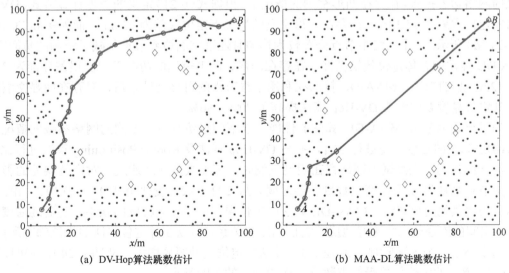

(a) DV-Hop算法跳数估计　　　　(b) MAA-DL算法跳数估计

图 6-22　DV-Hop 与 MAA-DL 算法跳数估计

表 6-1 所示为锚节点数量为 8 个，网络内部圆形空洞半径为 30m 的情况下，DV-Hop 算法及 MAA-DL 算法的网络平均距离估计误差。从表 6-1 中可以看出，随着节点数量（连通度）的增加，待定位节点利用连通信息可以更好地估计与锚节点之间的距离，两个算法的误差均有所下降。但是，由于网络空洞的存在，MAA-DL 算法的误差在不同规模的网络中都要小于 DV-Hop 算法。尤其是当网络连通度较高时，MAA-DL 算法针对奇异网络的距离优化效果非常明显。

表 6-1 待定位节点与锚节点的平均距离估计误差

节点数量（连通度）	平均距离估计误差/m	
	DV-Hop 算法	MAA-DL 算法
292（6.2）	6.39	3.12
449（9.8）	5.29	2.35
573（13.2）	4.69	2.12
898（15.8）	4.35	2.08
1145（19.1）	3.78	1.8

5. 定位效果及误差分析

上文仿真分析了 MAA-DL 算法的距离估计优化效果，下面将在网络含有凹形、凸形空洞的环境中对 MAA-DL 算法的定位情况进行仿真，并与经典算法比较定位误差的大小。

本节对 MAA-DL 算法的定位效果进行仿真并与 DV-Hop 算法比较。图 6-23 所示为两种算法在不同空洞类型下的定位效果，其中凸形空洞的半径为 30m。图中"△"表示锚节点，"·"表示节点实际位置，"*"表示节点定位位置，连线代表定位误差。在这组仿真中，设定网络连通度为 9.8，锚节点数量为 8 个。

通过图 6-23（a）、图 6-23（b）可以看出，由于网络中存在明显空洞，DV-Hop 算法的定位误差极大，空洞造成了待定位节点过大地估计自己与锚节点之间的距离，所以整体的定位结果向网络边界扩张。在存在凸形空洞的情况下，根据式（6-21）定义的误差计算方式，DV-Hop 算法的定位误差为 15.13m，在存在凹形空洞的情况下定位误差为 22.6m。而如图 6-23（b）、图 6-23（d）所示，由于网络中节点分布较为均匀且通过空洞边界节点削减了空洞的负面影响，MAA-DL 算法的整体定位效果良好，在存在凸形、凹形空洞的情况下定位误差分别为 2.54m 和 3.12m。总的来说，MAA-DL 算法在利用了锚节点的可移动性之后，对存在明显空洞的网络，其定位精度要比经典 DV-Hop 算法提高了 70%～80%。

为了更好地分析 MAA-DL 算法的性能，以下两组仿真将在不同的网络参数的情况下对 MAA-DL 算法的定位误差进行分析，并与 DV-Hop 算法及 Robust Positioning 算法进行比较。

第一组仿真首先测试当网络存在明显空洞时，节点数量（连通度）对定位误差的影响。设定锚节点数量为 8 个，节点数量（连通度）从 292（6.2）变化至 1145（19.1）。如图 6-24 所示，相比其他定位算法，MAA-DL 算法的定位误差有了较大程度的减小。随着连通度的增加，节点间的连通信息能更好地反映它们的距离关系，所以 3 种定位算法的性能都有所提升。当连通度小于某个关键值时（10 左右），算法的定位误差明显增大。从图 6-24 中还可以看出 MAA-DL 算法的定位效果受节点数量（连通度）的影响最小。

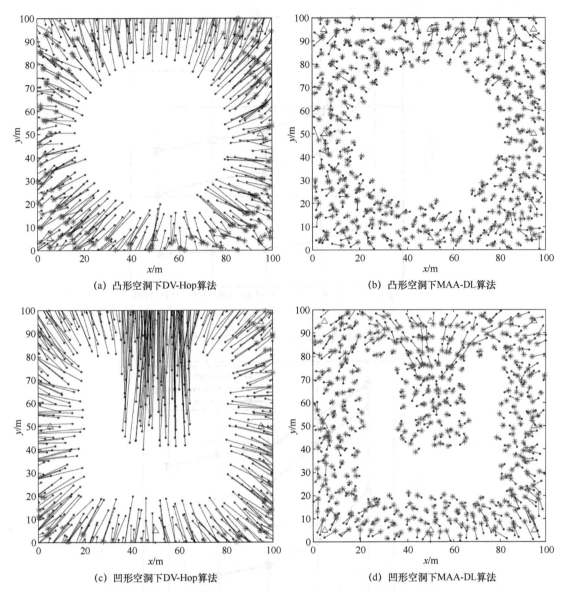

图 6-23 DV-Hop 算法与 MAA-DL 算法在不同空洞类型下的定位效果

第二组仿真测试锚节点数量对定位算法的影响。设定节点数量（连通度）为 449 个（9.8），锚节点数量由最小需要的 3 个变化至 16 个，如图 6-25 所示，随着锚节点数量的增加，待定位节点获得的参考位置信息更加丰富，定位算法的精度普遍提升。当锚节点数量大于 8 个时，定位效果提升的幅度不明显。由图 6-25 可知，MAA-DL 算法与经典算法对锚节点数量的变化同样敏感，当锚节点数量很多时，定位误差较小。

6．空洞大小影响

由于本节引入了移动锚节点来解决含空洞网络的定位问题，所以，对不同规模的空洞进行仿真分析有着重要意义。为了更好地说明空洞大小对定位效果的影响，设定网络中存在一个圆形空洞（凸形空洞），本节将改变该空洞的半径大小来分析 MAA-DL 算法的优势。

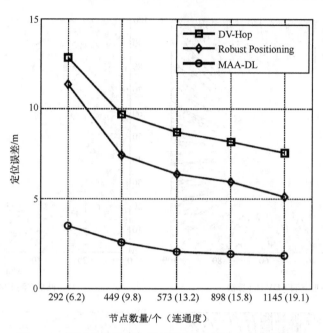

图 6-24　不同节点数量（连通度）下算法定位误差比较

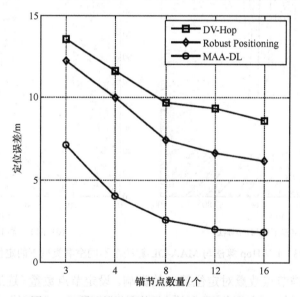

图 6-25　不同锚节点数量下算法定位误差比较

图 6-26 所示为空洞半径为 15m 时 DV-Hop 算法与 MAA-DL 算法的定位效果比较。由于空洞较小，从图中能够看出 MAA-DL 算法的定位精度虽然有所提高，但是提高效果不明显。将图 6-26 与图 6-23（a）、图 6-23（b）对比可以看出，网络中空洞的规模越大，MAA-DL 算法的优化效果越好。

表 6-2 所示为空洞大小对定位算法性能的影响。

在下一组仿真中，设定网络连通度为 9.8，锚节点数量为 8 个，网络内部存在圆形空洞，其半径由 20m 变化至 40m。由表 6-2 可以看出，当空洞的半径为 20m 时，空洞对节点之间的距离估计影响不大，DV-Hop 算法也能达到较高的定位精度。然而，随着空洞半径的增加，

DV-Hop 算法的性能急剧下降。尤其当网络存在较大的空洞（半径为 40m）时，DV-Hop 算法的定位误差达到了 19.29m，而 MAA-DL 算法的距离估计误差及定位误差都较小，这表明 MAA-DL 算法在网络含有明显空洞时具有较大优势。另外，对本章所提出的 MAA-DL 算法，由于在跳数优化阶段的处理相当于虚拟消除了空洞，所以，其距离估计误差及定位误差并不随着空洞规模的增大而增加，说明 MAA-DL 算法对这种含空洞的奇异网络具有普遍适用性。

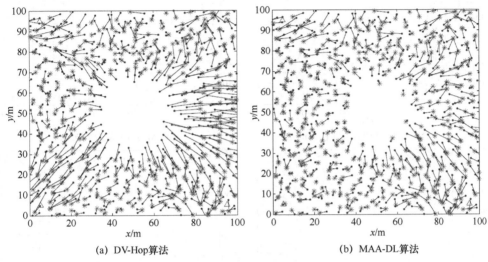

图 6-26　空洞半径为 15m 时 DV-Hop 与 MAA-DL 算法的定位效果比较

表 6-2　空洞大小对定位算法性能的影响

空洞半径大小/m	算法性能			
	距离估计误差/m		定位误差/m	
	DV-Hop 算法	MAA-DL 算法	DV-Hop 算法	MAA-DL 算法
20	3.39	2.75	4.99	2.32
25	3.92	2.61	7.12	2.75
30	5.29	2.35	9.72	2.57
35	7.87	2.51	15.77	2.58
40	8.67	2.82	19.29	2.86

7．集中式算法比较

空洞地形下距离优化技术是移动锚节点对空洞边界节点进行标记定位后，利用边界节点的坐标信息减弱空洞带来的负面影响的。该技术同样可以与多维定标技术相结合应用在集中式算法中。

图 6-27 展示了采用集中式计算，在不同的空洞规模下比较 MAA-CL 算法与 MDS-MAP 算法的定位效果。其中"△"表示锚节点，"·"表示节点的实际位置，"*"表示节点的定位位置，连线代表定位误差。从图 6-27 中可以看出，当空洞较小时，MDS-MAP 算法的定位结果尚可，但该结果已经有整体向外扩张的趋势。随着空洞规模的增大，MDS-MAP 算法的定位精度急剧下降。MAA-CL 算法适用于任意大小的空洞，定位效果良好。由于采用集中式计算，所以 MAA-CL 算法的定位精度很高，网络平均定位误差为 1～1.5m，明显小于分布式算法。

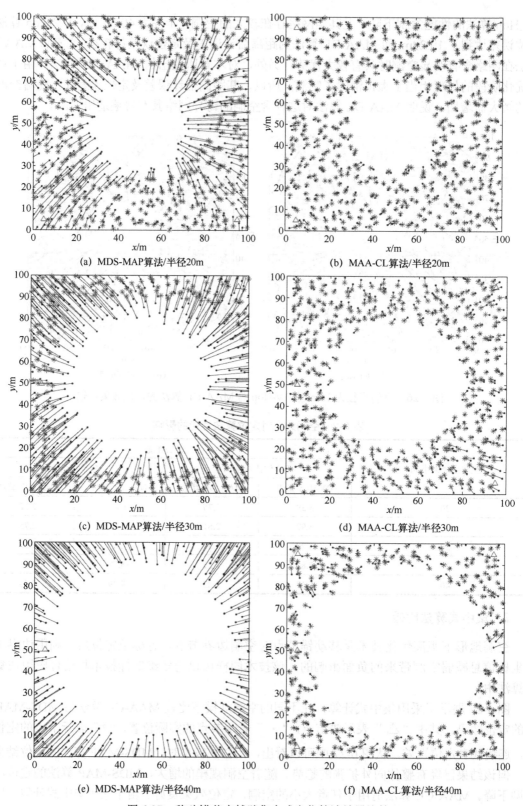

图 6-27 移动锚节点辅助集中式定位算法效果比较

6.5 基于多维定标的辅助圆形空洞节点定位

对空洞复杂地形特征下的节点定位问题的研究,需要先构建通信距离函数并利用极值思想,根据这一思想设计移动锚节点辅助空洞边界节点定位算法(MAA-HBL),结合 NNA-HDO 算法并利用 MDS 技术,我们提出了适用于空洞复杂地形特征的基于多维定标的辅助圆形空洞节点定位算法(Assisted-Circular Hole Localization Algorithm based on Multi-Dimensional Scaling,MDS-ACHL)。

6.5.1 辅助圆形空洞节点定位算法

MDS 技术源于精神物理学和心理测量学的数据分析,常用于信息可视化处理及探索性数据分析,现已被广泛应用于多个领域。在传感器网络定位问题中,运用 MDS 技术实际上是通过节点之间的距离矩阵计算出相对位置信息的一种算法,针对空洞复杂地形特征无线传感器网络定位问题,提出 MDS-ACHL 算法。该算法的基本思想是通过对空洞边界的探寻,确定边界节点的坐标,进而对节点所处位置的空洞类型进行分类讨论,优化节点间的距离,然后通过 MDS 技术实现节点定位。MDS-ACHL 算法的详细实现流程如图 6-28 所示。

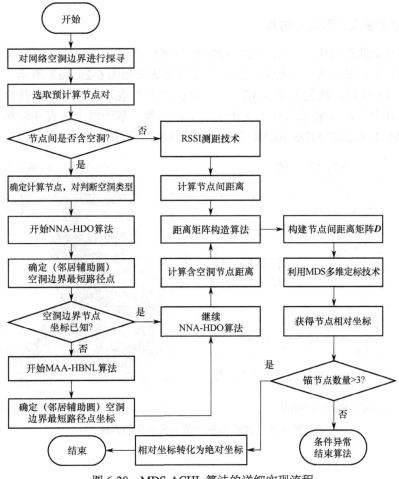

图 6-28 MDS-ACHL 算法的详细实现流程

6.5.2 MDS-ACHL算法步骤

MDS-ACHL算法的基本步骤如下。

（1）分析空洞复杂地形特征区域网络，完成空洞数量确定和边界探寻。

（2）分析待定位节点与网络空洞之间的位置关系。无通信阻隔的正常节点间利用RSSI等测距技术正常测距；有空洞阻隔的节点，应先确定相应空洞类型，调用NNA-HDO算法计算节点之间的距离。

（3）利用节点间距离及最短路径信息，构建所有节点间的距离矩阵。

（4）利用MDS技术，处理步骤（3）得到的距离矩阵，获得待定位节点的相对坐标信息。

（5）当锚节点数量大于3个时，根据锚节点提供的坐标信息，将相对坐标转换成绝对坐标，完成节点定位。

6.5.3 MDS-ACHL算法性能分析

本节主要从C形空洞复杂地形特征定位仿真、圆形空洞复杂地形特征定位仿真、凹形空洞复杂地形特征定位仿真和复杂地形定位算法几个方面分析MDS-ACHL算法性能。仿真中用到的r为区域设置单位长度，下文中所有仿真$r=1$。

1. C形空洞复杂地形定位仿真

C形空洞复杂地形的实验，选取$20r \times 20r$区域进行仿真，布撒节点总数为240个，其中锚节点数量为8个，节点通信半径为$3.2r$。节点分布情况如图6-29（a）所示；节点间连通关系如图6-29（b）所示，红色△表示锚节点，红色"·"表示未知节点，蓝色连线表示节点间通信链路，其中，x、y表示坐标值关于半径r的倍数。基于以上仿真环境和实验参数，分别利用MDS-MAP算法和MDS-ACHL算法完成对该网络未知节点的定位。

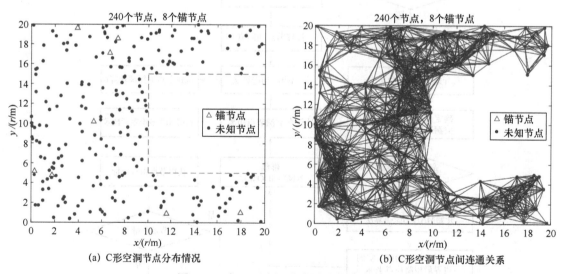

(a) C形空洞节点分布情况　　　　　　(b) C形空洞节点间连通关系

图6-29　含C形空洞节点分定位仿真图

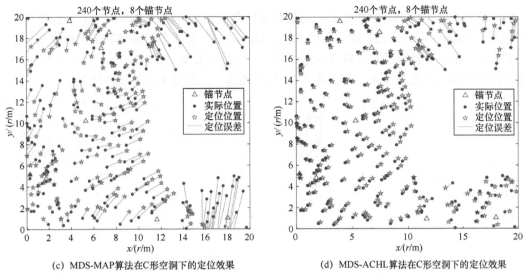

(c) MDS-MAP算法在C形空洞下的定位效果　　　(d) MDS-ACHL算法在C形空洞下的定位效果

图 6-29　含 C 形空洞节点分定位仿真图（续）

仿真结果显示，MDS-MAP 算法平均相对定位误差为 $1.624r$，MDS-ACHL 算法平均相对定位误差为 $0.562r$。由图 6-29（c）也可以看出，MDS-MAP 算法在 C 形空洞下定位存在较大的误差，尤其是在对 C 形区域边界节点定位时，定位误差明显；图 6-29（d）是 MDS-ACHL 算法在 C 形空洞下的定位效果，相比图 6-29（c）而言，定位效果提升比较明显。

2．圆形空洞复杂地形定位仿真

圆形空洞复杂地形的实验，选取 $20r×20r$ 区域进行仿真，布撒节点总数为 300 个，其中锚节点数量为 10 个，节点通信半径为 $4.5r$。节点分布情况如图 6-30（a）所示；节点间连通关系如图 6-30（b）所示，红色△表示锚节点，红色"•"表示未知节点，蓝色连线表示节点间通信链路。基于以上仿真环境和实验参数，分别利用 MDS-MAP 算法和 MDS-ACHL 算法完成对该区域内未知节点的定位。

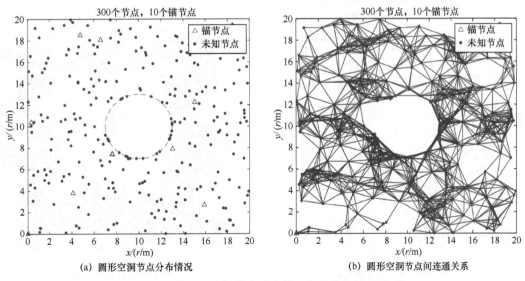

(a) 圆形空洞节点分布情况　　　　　　　　(b) 圆形空洞节点间连通关系

图 6-30　含圆形空洞节点分布情况与节点间连通关系

仿真结果显示，MDS-MAP 算法平均相对定位误差为 $0.254r$，MDS-ACHL 算法平均相对定位误差为 $0.126r$。由 6-31（a）同样可以看出，MDS-MAP 算法在圆形空洞下定位存在较大的定位误差，尤其是在对圆形区域边界节点定位时，定位误差明显。图 6-31（b）所示为 MDS-ACHL 算法在圆形空洞下的定位效果，相比图 6-31（a）而言，定位效果提升比较明显。

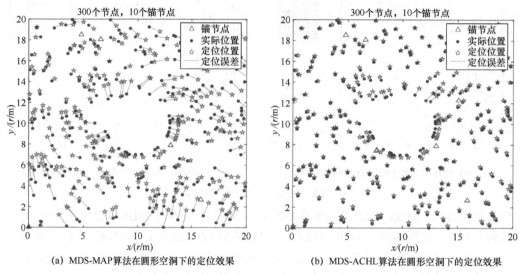

图 6-31 含圆形空洞网络算法定位效果

3. 凹形空洞复杂地形定位仿真

凹形空洞复杂地形的实验，选取 $35r\times35r$ 区域进行仿真，布撒节点总数为 500 个，其中锚节点数量为 8 个，节点通信半径为 $4.5r$。节点分布情况如图 6-32（a）所示；节点间连通关系如图 6-32（b）所示，红色△表示锚节点，红色"·"表示未知节点，蓝色连线表示节点间通信链路。基于以上仿真环境和实验参数，分别利用 MDS-MAP 算法和 MDS-ACHL 算法完成对该网络区域内未知节点的定位。

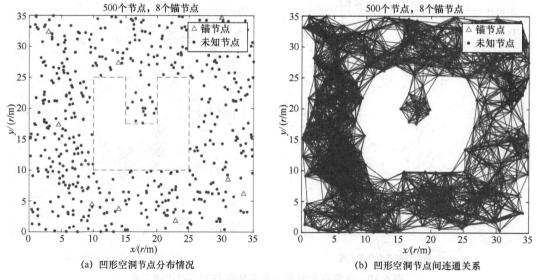

图 6-32 含凹形空洞节点分布情况与节点间连通关系

仿真结果显示，MDS-MAP 算法平均相对定位误差为 0.423r，MDS-ACHL 算法平均相对定位误差为 0.153r。结合图 6-33（a）可以看出，MDS-MAP 算法在凹形空洞下定位存在较大的误差，尤其是在对凹形区域边界节点定位时，定位误差明显。图 6-33（b）所示为 MDS-ACHL 算法在凹形空洞下的定位效果，相比图 6-33（a）而言，定位效果提升比较明显。

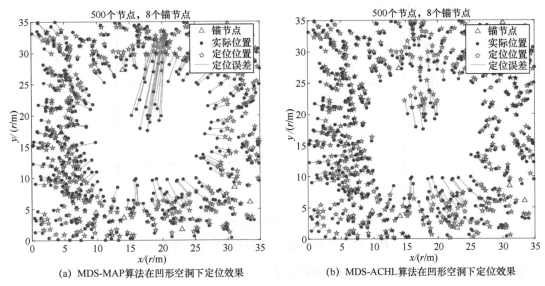

(a) MDS-MAP算法在凹形空洞下定位效果　　(b) MDS-ACHL算法在凹形空洞下定位效果

图 6-33　含凹形空洞网络算法定位效果

4. 空洞二维定位算法综合性能仿真

1）锚节点数量与定位误差之间的关系

仿真选取 $35r \times 35r$ 区域，随机布撒节点 500 个，节点通信半径为 4.5r，依次增加网络中锚节点的数量，数量从 5 个增加到 30 个，数量间隔为 5。分别验证 MDS-MAP 算法和 MDS-ACHL 算法在不同锚节点数量下的定位性能。表 6-3 所示为 MDS-MAP 算法各次平均相对定位绝对误差。

表 6-3　MDS-MAP 算法各次平均相对定位绝对误差（r）

空洞类型	1	2	3	4	5	平均值
C 形空洞	1.7463	1.9229	1.6555	1.6324	1.8014	1.752
圆形空洞	0.1533	0.1530	0.1779	0.1939	0.1758	0.171
凹形空洞	0.4226	0.5161	0.6714	0.4042	0.6118	0.525

如图 6-34 所示，仿真结果表明，对于同一种空洞复杂网络，当锚节点数量从 5 个增加到 30 个时，MDS-ACHL 算法平均相对定位误差逐渐减小，定位效果受网络中锚节点数量变化的影响。这是因为锚节点是网络中唯一知道已知位置的节点，MDS-ACHL 算法在定位阶段利用 MDS 技术，在完成定位时，需要满足锚节点数量大于 3 个，只有借助锚节点已知位置信息，MDS-ACHL 算法才能实现对未知节点的定位。可见，锚节点数量对算法定位至关重要。

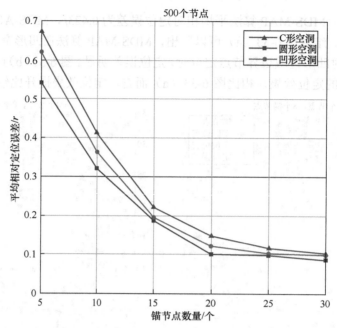

图 6-34 锚节点数目与算法定位误差的关系

2）网络连通度与算法定位误差之间的关系

在网络连通度与算法定位误差关系仿真中，通过改变无线传感器网络中节点的通信半径，从 $2.5r$ 到 $5r$，得到对应的节点通信半径与网络连通度关系如表 6-4 所示。分别仿真简单地形随机网络、复杂地形含 C 形空洞网络、复杂地形含圆形空洞网络和复杂地形含凹形空洞网络，得到网络连通度与算法定位误差关系曲线如图 6-35 所示。

表 6-4 节点通信半径与网络连通度关系（r）

空洞类型	1	2	3	4	4.5	5
无空洞	15.5	19.8	26.5	35.6	45.3	59.5
C 形空洞	12.9	17.6	22.9	29.1	35.1	45.5
圆形空洞	12.8	17.7	24.2	28.7	37.5	52.6
凹形空洞	8.2	11.8	15.5	21.3	32.4	45.2

仿真结果表明，在相同空洞条件无线传感器网络中，随着网络连通度的增加，算法定位误差减小；同一网络在相同连通度下，MDS-ACHL 算法定位误差均小于 MDS-MAP 算法定位误差。这是因为网络连通度直接反映了无线传感器网络中可以与待定位节点建立通信的平均节点数量，有助于其构建节点间的距离矩阵，进而参与算法定位计算，提高定位精度；MDS-ACHL 算法考虑到复杂地形网络含空洞情形，并做了相应节点间距离优化，所以算法定位误差较小。

3）MDS-MAP 算法和 MDS-ACHL 算法定位误差比较

定位精度是定位算法性能分析的首要指标，因此，在本节将从定位精度出发来分析 MDS-MAP 算法和 MDS-ACHL 算法的性能。

第6章 空洞地形下的无线传感器网络定位

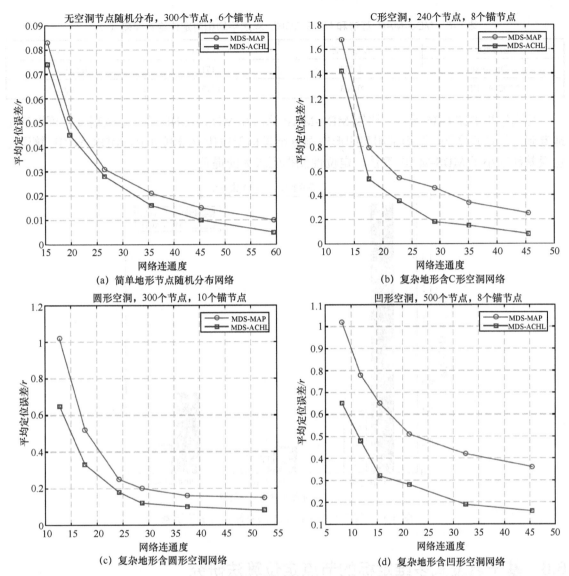

图 6-35 网络连通度与定位误差关系曲线

仿真选取 $35r \times 35r$ 区域，随机布撒节点 500 个，其中锚节点数量为 15 个，节点通信半径为 $4.5r$，分别利用 MDS-MAP 算法和 MDS-ACHL 算法完成对未知节点的定位。为提高算法测试准确性，实验过程分别在 C 形空洞、圆形空洞和凹形空洞 3 种不同类型空洞下对两种定位算法重复测试 5 次，记录各次平均相对定位误差，如表 6-5 所示。取平均值作为算法在当前空洞下的平均相对定位误差，如表 6-6 所示。

表 6-5 MDS-ACHL 算法各次平均相对定位绝对误差（r）

空洞类型	1	2	3	4	5	平均值
C 形空洞	0.4030	0.3862	0.4125	0.4223	0.3921	0.403
圆形空洞	0.1052	0.1124	0.1221	0.0988	0.1210	0.112
凹形空洞	0.1428	0.1356	0.1425	0.1354	0.1457	0.190

表6-6 MDS-MAP 算法和 MDS-ACHL 算法平均相对定位绝对误差（r）

空洞类型	C 形空洞	圆形空洞	凹形空洞
MDS-MAP	1.752	0.171	0.525
MDS-ACHL	0.403	0.112	0.190

仿真结果如图 6-36 所示。比较 MDS-MAP 算法和 MDS-ACHL 算法定位精度，可以清楚地看到，在 C 形空洞、圆形空洞和凹形空洞复杂异构无线传感器网络中，MDS-ACHL 算法定位误差都远小于 MDS-MAP 算法，定位性能得到较大的提升。

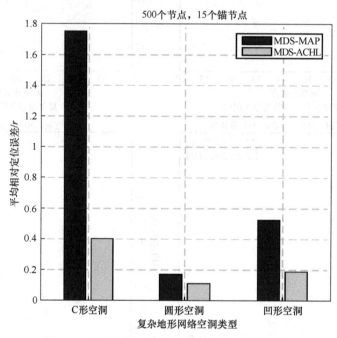

图 6-36 复杂网络空洞类型与算法相对定位误差

6.6 基于启发式多维定标的节点定位算法研究

对含空洞的不规则网络拓扑结构，通过引入虚拟点以优化节点间的距离，应用多维定标技术，提出基于启发式多维定标的节点定位（Heuristic MDS，HMDS）算法。HMDS 算法的基本思路如下：首先，在空洞外探寻虚拟点，根据本节提出的判断原则，计算未知节点间的欧几里得距离；其次，用未知节点间的欧几里得距离代替最短路径，更新欧几里得距离矩阵；最后，对更新的欧几里得距离矩阵应用 MDS 技术，并且通过 3 个及 3 个以上锚节点计算未知节点坐标。

6.6.1 启发式节点定位算法原理

MDS 技术是一种非常准确的降维技术，如果将准确的未知节点间距离矩阵作为输入，MDS 算法将构造没有误差的网络地图。未知节点间距离矩阵是由未知节点间距离构成的，在含空洞的网络中，Dijkstra 最短路径算法可用于计算无法直接通信的节点间距离，然而，这样的近似算法将产生定位误差。当节点通过多跳进行通信时，累计误差将逐步增大。当节点处于有障碍的多跳通信环境中时，误差会更大。

图 6-37 所示为利用 Dijkstra 最短路径算法计算未知节点间的距离。图 6-37（a）显示未知节点 s 和 t 距离较远，它们之间的最短路径为 $P_{st} = |sa| + |ab| + |bc| + |ct|$，大于两点间的欧几里得距离。在图 6-37（b）中，未知节点 s 和 t 距离较近，但不能直接通信。这是因为障碍物使两个节点之间产生了非视距。在这种环境下，Dijkstra 最短路径算法完全不适用。为了减小非视距节点定位误差，提出了基于 HMDS 算法计算含空洞的不规则网络中的未知节点间距离，构造距离矩阵，并计算未知节点的坐标。

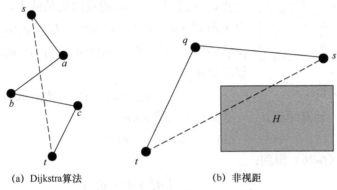

(a) Dijkstra算法　　　　　(b) 非视距

图 6-37　利用 Dijkstra 最短路径算法计算未知节点间的距离

如图 6-37（b）所示，由于空洞 H 的存在，未知节点 s 和 t 间的最短路径被切断。而距离矩阵需要已知网络中每两个未知节点间的欧几里得距离，因此，需要求出未知节点 s 和 t 间的欧几里得距离。如果在空洞 H 外已知另一点 q，应用 Dijkstra 理论，未知节点 s 和 t 间的最短路径为 $P_{st} = |sq| + |qt|$，而最短路径远大于两个未知节点间的欧几里得距离。为了得到准确的未知节点间距离，令未知节点 s 和 t 与网络中的空洞 H 相交于点 o，如图 6-38 所示，点 o 是空洞 H 边界上的点，并将未知节点 s 和 t 间的最短路径 P_{st} 割成 so 和 ot 两段。假设 $|so| = d_1$，$|ot| = d_2$，未知节点 s 和 t 间的欧几里得距离可以表示为

$$d_{st} = \sqrt{d_1^2 + d_2^2 - 2|d_1||d_2| \cdot \cos \angle sot} \quad (6-22)$$

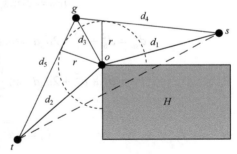

图 6-38　寻找虚拟点 g

为了计算 so 和 ot 间的夹角，以 o 点为圆心、r 为半径作一个虚拟圆，r 的大小一般根据经验获得。以 o 点向外寻找一个虚拟点 g，g 是 sg 和 gt 的交点，并且 sg 和 gt 都与虚拟圆相切。此时，未知节点 s 和 t 间的最短路径变为 $P_{st} = |sg| + |gt|$，假设 $|og| = d_3$、$|sg| = d_4$、$|gt| = d_5$，则由几何关系可得

$$\angle sot = 2\pi - \angle sog - \angle got = 2\pi - \arccos \frac{d_1^2 + d_3^2 - d_4^2}{2d_1 d_3} - \arccos \frac{d_2^2 + d_3^2 - d_5^2}{2d_2 d_3} \quad (6-23)$$

当网络中存在非视距问题时，利用上述方法计算得到的未知节点 s 和 t 间的欧几里得距离，比利用 Dijkstra 最短路径算法计算的最短路径更加准确。

上述分析可以解决距离 d_1 和 d_2 小于节点通信半径的非视距问题，然而，节点经常不均匀地分布在大规模网络中，如果 so 和 ot 的距离大于节点通信半径，利用虚拟点 w' 计算距离 d_{st} 是不准确的，如图 6-39 所示，因为未知节点 s 是虚拟点 w' 通信半径以外的节点，距离 d_{sw} 无法直接计算。需要寻找新的方法解决 so 和 ot 的距离大于节点通信半径的非视距问题。

当 so 和 ot 的距离大于节点通信半径时，为了计算准确的距离 d_{st}，需要寻找一个新的虚拟点 w，w 是 s_2o 和 sw' 的交点，并且 g' 点在 so 的反向延长线上，此外，假设未知节点 s 是弧 s_1s_2 的中点，$|ow|=d_6$、$|s_1w|=|s_2w|=|sw|=d_7$、$|os_1|=d_8$、$|og'|=d_9$、$|ot|=d_{10}$、$|g't|=d_{11}$。应用余弦定理计算距离 d_{so}：

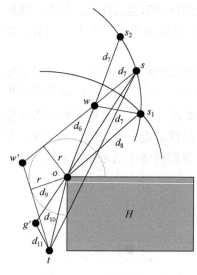

图 6-39 寻找虚拟点 w

$$d_{so}^2 = d_6^2 + d_7^2 - 2d_6d_7 \cos \angle ows \qquad (6\text{-}24)$$

由式（6-24）可知，计算距离 d_{so}^2，需要已知角度 $\angle ows$：

$$\angle ows = \angle ows_1 + \angle s_1ws \qquad (6\text{-}25)$$

而 $\angle ows_1$ 能通过式（6-26）得到：

$$\angle ows_1 = \arccos\left(\frac{d_6^2 + d_7^2 - d_8^2}{2d_6d_7}\right) \qquad (6\text{-}26)$$

因为 $\angle s_1ws = \angle sws_2$，得到式（6-27）：

$$\angle s_1ws = \frac{1}{2}\angle s_1ws_2 = \frac{1}{2}(\pi - \angle ows_1) \qquad (6\text{-}27)$$

$$\angle ows = \angle ows_1 + \frac{1}{2}(\pi - \angle ows_1) = \frac{\pi}{2} + \frac{1}{2}\angle ows_1 \qquad (6\text{-}28)$$

$$\begin{aligned}d_{so}^2 &= d_6^2 + d_7^2 - 2d_6d_7\cos\angle ows = d_6^2 + d_7^2 - 2d_6d_7\cos\left(\frac{\pi}{2} + \frac{1}{2}\angle ows_1\right) \\ &= d_6^2 + d_7^2 + 2d_6d_7\sin\frac{1}{2}\angle ows_1\end{aligned} \qquad (6\text{-}29)$$

$$\angle sot = \pi - \angle g'ot$$

$$d_{st} = \sqrt{d_{so}^2 + d_{ot}^2 - 2|d_{so}||d_{ot}|\cos\angle sot} \qquad (6\text{-}30)$$

当且仅当

$$\angle sot = \pi - \arccos\left(\frac{d_9^2 + d_{10}^2 - d_{11}^2}{2d_9d_{10}}\right) \qquad (6\text{-}31)$$

通过应用上述公式，可以准确计算距离 d_{st}。如果距离 d_{ot} 也大于节点通信半径，那么上述方法同样可以计算距离 d_{ot}。在已知未知节点间的欧几里得距离后，可以通过构造未知节点间欧几里得距离矩阵，并采用多维定标技术估计未知节点的相对坐标。

6.6.2 HMDS 算法步骤

HMDS 算法主要讨论如何利用节点之间的几何关系计算未知节点之间的距离，主要包括以下 5 个步骤。

（1）探寻网络中空洞的边界点并标记，利用空洞边界探寻算法完成探寻工作，假设网络中空洞的边界点是已知的。

（2）使用 Dijkstra 最短路径算法计算未知节点间的最短路径，构造未知节点间距离矩阵。

（3）在空洞外探寻虚拟点，在未知节点间距离矩阵构建完成后，对网络中未知节点间距离，按照如下原则对距离矩阵进行优化。

① 如果未知节点间距离没有标记节点，表明未知节点间的通信没有穿过空洞，利用 Dijkstra 最短路径算法计算未知节点间欧几里得距离。

② 如果未知节点间距离有标记节点，表明节点间的通信穿过空洞。寻找一个虚拟点，并且重新计算未知节点间的欧几里得距离。如果虚拟点和未知节点的通信范围小于节点通信半径，利用式（6-22）和式（6-23）计算未知节点间欧几里得距离。如果虚拟点和未知节点的通信范围大于节点通信半径，利用式（6-24）至式（6-31）计算未知节点间欧几里得距离。

（4）利用未知节点间欧几里得距离代替标记节点的最短路径，更新欧几里得距离矩阵。

（5）对欧几里得距离矩阵应用 MDS 技术，计算网络中未知节点的相对坐标。当网络中有 3 个及 3 个以上锚节点时，将未知节点的相对坐标转化为绝对坐标。

6.6.3 HMDS 算法性能分析

对节点定位算法性能来说，通信复杂度和计算复杂度是衡量定位算法是否高效的重要指标，下面对 HMDS 算法的通信复杂度和计算复杂度进行分析，并与现有定位算法进行比较。

HMDS 算法可以利用 3 个锚节点在不规则网络中计算未知节点的坐标。假设每个锚节点具有相同的通信能力，为了计算未知节点的坐标，每个节点需要几轮泛洪，计算节点之间不同的最短路径，并计算未知节点与锚节点间欧几里得距离。假设 N 表示节点个数，L 表示空洞个数，HMDS 算法的通信复杂度为 $O(N^2)$，计算复杂度为 $O(NL)$。

表 6-7 对比了 DV-Hop 算法、MDS-MAP 算法、REP 算法、HMDS 算法的通信复杂度和计算复杂度。在不规则网络中，DV-Hop 算法利用三边测量法计算未知节点的坐标，每个节点泛洪后，计算相应跳数，DV-Hop 算法的通信复杂度是 $O(N^2)$。每个锚节点接收整个网络查询，并且进行反馈，DV-Hop 算法的计算复杂度是 $O(NL)$。MDS-MAP 算法的主要思想是奇异值分解，它的通信复杂度和计算复杂度分别是 $O(N\log N)$ 和 $O(N^3L)$。REP 算法的通信复杂度和计算复杂度分别是 $O(N^2)$ 和 $O(NL)$。

表 6-7 不同定位算法通信复杂度和计算复杂度对比

定位算法	通信复杂度	计算复杂度
DV-Hop	$O(N^2)$	$O(NL)$
MDS-MAP	$O(N\log N)$	$O(N^3L)$
REP	$O(N^2)$	$O(NL)$
HMDS	$O(N^2)$	$O(NL)$

由以上分析可知，HMDS 算法的通信复杂度比 MDS-MAP 算法的通信复杂度高，计算复杂度比 MDS-MAP 算法的低。HMDS 算法的通信复杂度和计算复杂度与 DV-Hop 算法和 REP

算法的一致。

1. 仿真模型设定

本节将通过一系列的仿真分析各种网络环境对 HMDS 算法定位精度的影响，为了验证 HMDS 算法能够应用在不同网络结构中，分别在不同网络结构中应用 HMDS 算法计算未知节点坐标，并与 DV-Hop 算法、MDS-MAP 算法、REP 算法进行定位误差比较。在仿真过程中，锚节点是随机分布的。仿真环境的主要参数如下：

（1）节点通信半径为 10m。
（2）节点个数从 600 个到 1200 个变化。
（3）锚节点个数从 3 个到 12 个变化。
（4）每个节点具有测距能力，测距误差为 0、5%、10%。
（5）仿真区域大小为 100m×100m，空洞类型为含一个 60m×60m 空洞的半 C 形网络、分别含一个 40m×40m、50m×50m、60m×60m、70m×70m 空洞的 O 形网络，两个 60m×20m 空洞的多 O 形网络和一个不规则空洞的凹形网络。

2. 定位效果及误差分析

为了分析不同网络拓扑结构对 MDS-MAP 算法和 HMDS 算法定位误差的影响，在仿真区域内部署节点 1200 个、锚节点 5 个、测距误差为 0，MDS-MAP 算法和 HMDS 算法在含一个 60m×60m 空洞的半 C 形网络和含一个 40m×40m 空洞的 O 形网络中的定位效果如图 6-40 所示。

粉色菱形表示节点的实际位置，蓝色圆点表示节点的定位位置，红色十字表示锚节点的位置，绿色线表示节点的定位误差。定位误差定义为未知节点的实际坐标与定位坐标之间的距离。图 6-40（a）和图 6-40（b）所示的半 C 形网络，MDS-MAP 算法最大定位误差是 20m，HMDS 算法最大定位误差是 9m。图 6-40（c）和图 6-40（d）所示的 O 形网络，MDS-MAP 算法最大定位误差是 18m，HMDS 算法最大定位误差是 7m。对 MDS-MAP 算法，无论是在半 C 形网络还是在 O 形网络中，因为穿空洞的节点间距离估计值要高于实际值，故节点定位误差较大。而在同样的网络结构中，HMDS 算法能够准确地计算节点间距离，使得误差明显减小。

为了分析不同网络拓扑结构对 HMDS 算法定位误差的影响，在仿真区域内部署节点 600 个、锚节点 5 个、测距误差为 0，HMDS 算法在含两个 60m×20m 空洞的多 O 形网络和含一个不规则空洞的凹形网络中的定位效果如图 6-41 和图 6-42 所示。定位误差定义为未知节点的实际坐标与定位坐标之间的距离。

在图 6-41 所示的多 O 形网络中，HMDS 算法最大定位误差是 10m。在图 6-42 所示的凹形网络中，HMDS 算法最大定位误差是 11m。从仿真可以看出，节点个数从 1200 个减少到 600 个，网络拓扑结构从半 C 形网络和 O 形网络变成更加复杂的多 O 形网络和凹形网络，HMDS 算法的定位误差并没有增大。这是因为 HMDS 算法能够更加准确地计算节点间欧几里得距离，其优化后的距离矩阵更加精确，且定位过程并不完全依靠节点的个数。由图 6-40～图 6-42 可知，HMDS 算法在 4 种不同的网络结构中均取得了良好的定位效果。

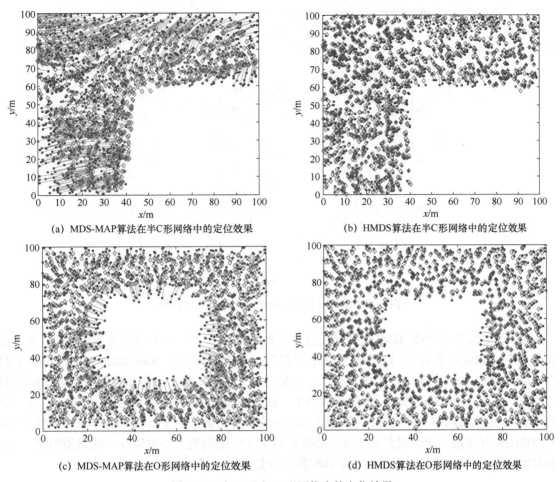

图 6-40 半 C 形和 O 形网络中的定位效果

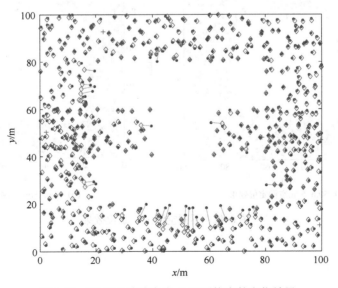

图 6-41 HMDS 算法在多 O 形网络中的定位效果

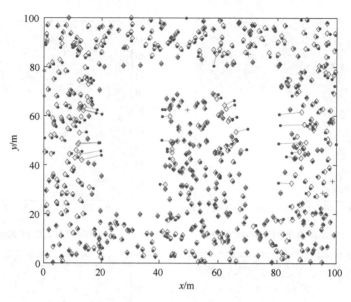

图 6-42 HMDS 算法在凹形网络中的定位效果

为了分析空洞大小对 HMDS 算法定位误差的影响,在仿真区域内部署节点 1200 个、锚节点 5 个、测距误差为 0,HMDS 算法分别在含一个 50m×50m、60m×60m、70m×70m 空洞的 O 形网络中定位效果如图 6-43 所示。定位误差定义为未知节点的实际坐标与定位坐标之间的距离,在含一个 50m×50m 的空洞网络中,HMDS 算法最大定位误差是 12m。在含一个 60m×60m 的空洞网络中,HMDS 算法最大定位误差是 11m。在含一个 70m×70m 的空洞网络中,HMDS 算法最大定位误差是 12m。由图 6-43 可知,空洞的大小对该算法的误差影响不大,HMDS 算法在不同空洞大小的网络中都取得了较好的定位效果。

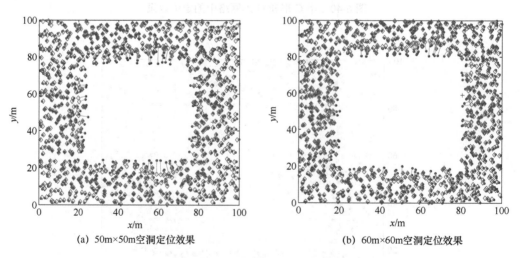

(a) 50m×50m空洞定位效果　　　　　　(b) 60m×60m空洞定位效果

图 6-43 不同空洞大小定位效果

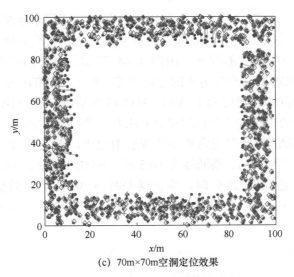

(c) 70m×70m空洞定位效果

图 6-43 不同空洞大小定位效果（续）

为了分析不同节点个数对 MDS-MAP 算法和 HMDS 算法定位精度的影响，在含一个 60m×60m 空洞的半 C 形网络中，锚节点个数为 5 个、测距误差为 0，每组实验运行 20 次，定位误差定义为未知节点的实际坐标与定位坐标之间的距离，取定位误差平均值，具体结果如表 6-8 所示，其中包括不同节点和连通度所对应不同算法的平均定位误差。由表 6-8 可知，随着节点个数和连通度的增加，MDS-MAP 算法和 HMDS 算法的平均定位误差都在减小，这是因为随着节点个数的增加，未途经空洞的未知节点间距离估计更加准确。在节点个数为 1200 个的情况下，HMDS 算法定位优势更为明显，其平均定位误差相比于 MDS-MAP 算法大约减小了 67%。可见，在不同节点个数的情况下，HMDS 算法平均定位误差比 MDS-MAP 算法都明显减小。

表 6-8 不同定位算法平均定位误差

节点个数/个	平均定位误差/m	
（连通度）	MDS-MAP 算法	HMDS 算法
800（10.7）	19	8
1000（14.5）	16	6
1200（18.9）	12	4

为了分析不同测距误差对 MDS-MAP 算法和 HMDS 算法定位误差的影响，在仿真区域内部署锚节点 5 个，测距误差分别为 0、5%、10%，MDS-MAP 算法和 HMDS 算法在含一个 60m×60m 空洞的半 C 形网络中定位效果比较如图 6-44 所示。HMDS 算法在连通度为 10.5 时，测距误差为 10%，比为 5%时所产生的定位误差增大 7.23%，比测距误差为 0 时所产生的定位误差增大 21.74%。HMDS 算法在连通度为 21.9 时，测距误差为 10%，比为 5%时所产生的定位误差增大 16.1%，比测距误差为 0 时所产生的定位误差增大 33.01%。MDS-MAP 算法在连通度为 10.5 时，测距误差为 10%，比为 5%时所产生的定位误差增大 7.58%，比测距误差为 0 时所产生的定位误差增大 53.38%。MDS-MAP 算法在连通度为 21.9 时，测距误差为 10%，比为 5%时所产生的定位误差增大 42.6%，比测距误差为 0 时所产生的定位误差增大 81.25%。

随着测距误差不断增大，MDS-MAP 算法和 HMDS 算法在不同连通度情况下的节点定位误差都有不同程度的增大，这是因为测距误差对两种算法产生较大的影响，使得未知节点间最短路径与欧几里得距离产生较大的误差。由图 6-44 可知，对于同样的测距误差和连通度，MDS-MAP 算法比 HMDS 算法产生更大的定位误差，可见，HMDS 算法可以提高节点定位的准确性。当测距误差为 0、连通度为 10.5 时，HMDS 算法比 MDS-MAP 算法节点定位误差减少 28.5%。当连通度为 21.9 时，定位误差减小 53.4%。当测距误差小 5%、连通度为 10.5 时，HMDS 算法比 MDS-MAP 算法节点定位误差减小 10.21%。当连通度为 21.9 时，定位误差减小 48.43%。当测距误差为 10%、连通度为 10.5 时，HMDS 算法比 MDS-MAP 算法节点定位误差减小 9.8%。当连通度为 21.9 时，定位误差减小 36.5%。尽管受测距误差的影响，与 MDS-MAP 算法相比，HMDS 算法可以更加准确地计算节点间欧几里得距离，从而使未知节点定位效果得以改进。

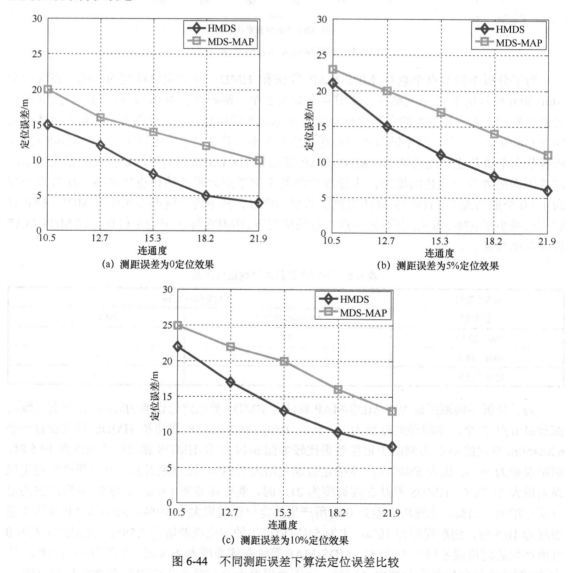

图 6-44 不同测距误差下算法定位误差比较

在含一个 60m×60m 空洞半 C 形网络中，节点个数为 1200 个，锚节点个数从 3 个到 12 个不断变化，测距误差为 0，分析 DV-Hop 算法、MDS-MAP 算法、REP 算法和 HMDS 算法的定位误差。如图 6-45 所示，随着锚节点个数的增加，4 种算法定位精度都有不同程度的提高。HMDS 算法的定位效果优于 REP 算法、MDS-MAP 算法和 DV-Hop 算法。当锚节点个数为 3 个时，HMDS 算法定位误差比 DV-Hop 算法减小 51.37%，比 MDS-MAP 算法减小 49.52%，比 REP 算法减小 39.29%。当锚节点个数为 12 个时，HMDS 算法定位误差比 DV-Hop 算法减小 82.68%，比 MDS-MAP 算法减小 76.31%，比 REP 算法减小 67.61%。这是因为 HMDS 算法在锚节点个数增多的情况下，穿越空洞的未知节点间距离估计与实际距离更加接近，优化后的欧几里得距离矩阵更加准确，节点定位误差逐渐减小。DV-Hop 算法和 MDS-MAP 算法对含空洞的网络适用性较差，它们的定位误差都比较大，尤其当锚节点个数为 3 个时，它们产生的定位误差较大。这是因为在该网络拓扑结构中，未知节点间的距离需要穿越空洞，从而导致未知节点间跳数增多，未知节点间距离估计误差也将增大。由于 MDS-MAP 算法采用集中式计算，而 DV-Hop 算法采用分布式计算，所以 MDS-MAP 算法比 DV-Hop 算法的定位精度略高。REP 算法需要网络中的大量锚节点来辅助定位，随着锚节点个数的增多，REP 算法定位误差明显减小，但当锚节点个数较少时，REP 算法会产生很大的定位误差。这是因为 REP 算法在含有空洞的网络中，穿越空洞的未知节点间距离估计与实际距离误差较大。此外，由图 6-45 也可以分析得出，随着锚节点个数的增多，4 种定位算法定位误差都在减小，这种趋势可以证明节点定位误差的大小和锚节点的个数有密切关系。

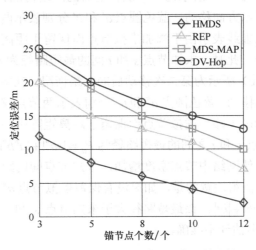

图 6-45　不同锚节点个数下定位误差比较

6.7　基于多维定标的移动节点定位算法研究

为解决由于网络内部含空洞而造成的节点定位误差较大的问题，我们引入节点移动技术，在对静态网络研究的基础之上，提出基于多维定标的移动节点定位算法（Mobile Node localization algorithm based on MDS，MDS-MN）。在实际应用中，节点的移动方式完全是不受控的，所以，MDS-MN 算法要求网络中未知节点均可以在感知区域内随机移动。

MDS-MN 算法将解决如何利用未知节点的移动性进行虚拟节点的添加和坐标变换中锚节点的选择等问题。

6.7.1 移动节点定位算法原理

传统的多维定标算法不适用于节点非均匀分布或网络中含空洞的情况，因为它只能利用节点间最短路径近似节点间的欧几里得距离来定位。MDS-MN 算法利用未知节点可移动这一特性，在网络中添加虚拟节点，从而解决相距较远的节点距离估计误差较大的问题。

对于静态传感器网络，网络的节点密度是固定不变的。而对于移动传感器网络，则可以利用节点的移动性，通过添加虚拟节点来提高网络的节点密度。当网络中某个未知节点发生移动时，保留该未知节点原有位置处的各种连通信息，即认定网络中未知节点移动前所在位置为一个虚拟节点。未知节点的每一次移动记为一轮循环或迭代一次，在每轮循环定位过程中，整个网络的节点密度和平均连通度都会增加，这将有助于计算未知节点间的欧几里得距离。值得注意的是，虚拟节点不是网络中的真实节点，其与真实节点间的连通边是为了计算未知节点间的欧几里得距离，与节点间实际的通信路径没有任何关系。

如图 6-46（a）所示，s、a、b、t 分别代表网络中真实存在的未知节点。未知节点 s 和 t 间由于空洞的影响，无法直接通信，利用 Dijkstra 最短路径算法计算未知节点 s 和 t 间的最短路径为 $P_{st} = |sa| + |ab| + |bt|$，$s$ 和 t 之间的最短路径与欧几里得距离误差较大。假设未知节点 a 和 b 发生随机移动，图 6-46（b）所示为第一次移动后的网络情况。在本次移动中未知节点 a 和 b 按照图中绿色箭头指示方向移动，蓝色圆点 a' 和 b' 分别表示两节点移动后在网络原位置处添加的虚拟节点，红色虚线表示由于添加虚拟节点而保留于距离矩阵中的虚拟边，网络节点个数由 4 个增加到 6 个。此时，未知节点 s 和 t 间的最短路径为 $P_{st} = |sa| + |ab| + |bt|$，近似其欧几里得距离。图 6-46（c）所示为第二次移动后的网络情况。在本次移动中，节点 a 和 b 按照图中绿色箭头指示方向移动，蓝色圆点 a'' 和 b'' 分别表示两节点移动后在原位置处添加的虚拟节点，红色虚线则表示由于添加虚拟节点而保留于距离矩阵中的虚拟边，网络节点个数增加到 8 个。此时，未知节点 s 和 t 之间的最短路径为 $P_{st} = |sa''| + |a''b''| + |b''t|$，近似其欧几里得距离。虚拟节点的存在可以使网络中节点密度增加，未知节点间的距离估计更加准确，从而有效提高节点的定位精度。值得注意的是，如果没有保留虚拟节点 a'' 和 b''，未知节点 s 和 t 间的最短路径为 $P_{st} = |sa| + |ab| + |bt|$，该最短路径大于未知节点 s 和 t 间的欧几里得距离，使得未知节点 s 和 t 之间的距离估计不准确。

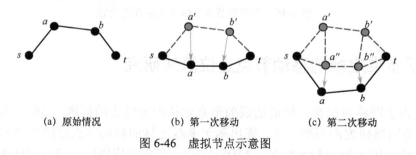

(a) 原始情况　　　(b) 第一次移动　　　(c) 第二次移动

图 6-46　虚拟节点示意图

利用未知节点的移动性在不规则的网络中添加虚拟节点有两个方面的意义：第一，未知节点的移动使得不规则的网络结构变好时，虚拟节点修复了不规则的网络结构，如图6-46(b)所示。第二，未知节点的移动使得不规则的网络结构变坏时，虚拟节点可以维持节点移动前较好的网络结构信息，如图6-46(c)所示。

6.7.2 坐标转换中锚节点的选择

MDS-MN算法是基于多维定标技术的定位算法，将节点的相对坐标转换成绝对坐标是其重要的步骤之一。在传统的MDS算法中，网络中所有锚节点均被应用到坐标转换过程中。大量实验结果证明，选择不同的锚节点对坐标转换的影响较大，当网络中锚节点间的位置关系近似直线时，坐标转换后节点定位将产生较大的误差。因此，选择合理的锚节点对节点位置进行坐标转换能够提高定位精度。

MDS-MN算法要从所有锚节点中选择最好的3个锚节点进行坐标变换，就要遵循合理性原则和相似性原则。合理性原则指的是为了确保锚节点不在一条直线上，所选的3个锚节点相对坐标构成的三角形和绝对坐标构成的三角形都近似等边三角形。相似性原则指的是为了确保锚节点的相对坐标和绝对坐标间的误差较小，锚节点相对坐标构成的三角形与其绝对坐标构成的三角形更相似。假设网络中有 n 个锚节点，检测所有锚节点可能构成的三角形，一共需要检测 C_n^3 个三角形。

引用偏差的概念计算各项指标，并判断锚节点构成的三角形是否满足合理性原则和相似性原则。已知锚节点的相对坐标和绝对坐标，首先计算3个锚节点相对坐标构成的三角形的3条边的边长 l'_1、l'_2 和 l'_3 和绝对坐标构成的三角形的3条边的边长 l_1、l_2 和 l_3，然后分别计算相对坐标构成的三角形和绝对坐标构成的三角形中3条边的平均值和偏差，相对坐标构成的三角形的3条边的平均值为

$$l'_{\text{avg}} = \frac{l'_1 + l'_2 + l'_3}{3} \tag{6-32}$$

绝对坐标构成的三角形的3条边的平均值为

$$l_{\text{avg}} = \frac{l_1 + l_2 + l_3}{3} \tag{6-33}$$

相对坐标构成的三角形的3条边的偏差为

$$V' = \frac{\sqrt{[(l'_1 - l'_{\text{avg}})^2 + (l'_2 - l'_{\text{avg}})^2 + (l'_3 - l'_{\text{avg}})^2]/3}}{l'_{\text{avg}}} \tag{6-34}$$

绝对坐标构成的三角形的3条边的偏差为

$$V = \frac{\sqrt{[(l_1 - l_{\text{avg}})^2 + (l_2 - l_{\text{avg}})^2 + (l_3 - l_{\text{avg}})^2]/3}}{l_{\text{avg}}} \tag{6-35}$$

最后，将两个三角形的偏差加权相加，得到3个锚节点的合理性指标值为

$$V_{\text{g}} = \frac{\sqrt{[(l_1 - l_{\text{avg}})^2 + (l_2 - l_{\text{avg}})^2 + (l_3 - l_{\text{avg}})^2]/3}}{l_{\text{avg}}} \tag{6-36}$$

从式(6-32)至式(6-36)可知，当3个锚节点相对坐标构成的三角形和绝对坐标构成的三角形越近似等边三角形时，合理性指标值 V_{g} 越小。根据相似性原则的定义，所有边的平均值为

$$L_{\text{avg}} = \frac{l_1 + l_2 + l_3 + l_1' + l_2' + l_3'}{6} \quad (6\text{-}37)$$

相似性指标值为

$$V_s = \frac{\sqrt{[(l_1' - l_1)^2 + (l_2' - l_2)^2 + (l_3' - l_3)^2]/3}}{L_{\text{avg}}} \quad (6\text{-}38)$$

由式（6-37）和式（6-38）可知，3个锚节点组成的三角形越大，所有边的平均值L_{avg}越大，相对坐标构成的三角形与绝对坐标构成的三角形相似程度越高，相似性指标值V_s的分子越小。因此，相似性指标值V_s是越小越好的。

式（6-39）给出了加权平均值V_{avg}，w_3和w_4为不同权重。作为锚节点选择的依据，此处的权重比例取1∶1。将该指标值最小的一组锚节点应用到坐标转换过程中。

$$V_{\text{avg}} = \frac{w_3 \cdot V_g + w_4 \cdot V_s}{w_3 + w_4} \quad (6\text{-}39)$$

6.7.3 MDS-MN算法步骤

MDS-MN算法的重点是利用增加的虚拟节点提高节点的定位精度，算法具体步骤描述如下。

（1）在初始时刻网络中节点随机布撒后，利用未知节点之间的距离信息构建距离矩阵，对距离矩阵应用多维定标技术，计算未知节点的相对坐标。

（2）根据第6.7.2节的研究内容选择3个锚节点，将未知节点的相对坐标转换成绝对坐标。

（3）未知节点移动过程中，在移动节点的原位置处添加虚拟节点，根据未知节点间的真实边和虚拟节点的虚拟边构建新距离矩阵。

（4）对新距离矩阵应用MDS算法，计算未知节点的新相对坐标。

（5）为了避免网络规模无限制扩大，设置平均连通度的阈值。

（6）当达到阈值时，返回步骤（2）继续执行算法。

6.7.4 MDS-MN算法性能分析

1. 仿真模型设定

本节将通过一系列仿真对MDS-MN算法的性能进行分析，主要集中在迭代次数、测距误差、空洞大小和移动节点比例对定位误差的影响上，并与DV-Hop算法和多边定位算法进行定位误差比较。在仿真过程中，网络中固定比例的节点可以在感知区域内随机移动，且在每次迭代过程中节点移动也是随机的。仿真环境的主要参数如下。

（1）节点通信半径为10m。

（2）节点个数为300个。

（3）锚节点个数从5个到20个变化。

（4）每个节点具有测距能力，测距误差分别为0、5%、10%。

（5）仿真区域大小为100m×100m，分别为含一个40m×40m、50m×50m、60m×60m空洞的O形网络。

2. 定位效果及误差分析

当节点个数为 300 个、测距误差为 0 时，节点初始分布如图 6-47（a）所示，蓝色圆点表示初始时刻实际节点的位置，区域中含一个 40m×40m 的空洞，在初始时刻，空洞内没有有效节点。图 6-47（b）所示为 MDS-MN 算法节点经过 3 次移动后的分布情况。在网络中部分节点的位置发生改变后，MDS-MN 算法就在其原有位置处添加虚拟节点，并保留原有相关连通信息。图中蓝色圆点表示网络中实际节点当前所在位置，粉色星形表示 3 次循环后添加的虚拟节点。由图 6-47 可知，添加虚拟节点不仅可以提高网络节点密度，还可以改善节点的分布情况，修复不规则网络，从而减小未知节点间的距离估计误差。

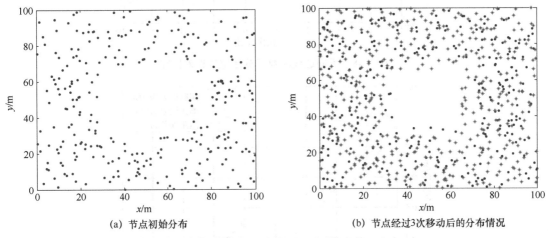

(a) 节点初始分布　　　　　　　　(b) 节点经过3次移动后的分布情况

图 6-47　虚拟节点添加效果

为了分析不同迭代次数对 MDS-MN 算法定位误差的影响，本次仿真在含一个 40m×40m 空洞的 O 形网络中进行，节点个数为 300 个、锚节点个数为 10 个、节点通信半径为 10m、测距误差为 0，每次迭代过程中有 50%的未知节点可以随机移动，如图 6-48 所示。随着迭代次数的增加，MDS-MN 算法的定位误差逐渐减小。这是因为随着迭代次数的增加，网络中虚拟节点的个数也在增加，网络节点密度变大，节点分布相对均匀，未知节点间最短路径更加近似其欧几里得距离，新的距离矩阵更加准确，使得节点定位精度提高。但是在某些迭代中，定位误差不降反升。这是因为网络中的节点是随机移动的，在某次迭代后网络结构可能更加复杂，上一次迭代后穿越空洞未知节点间的最短路径消失，使得未知节点间欧几里得距离误差增大。

为了分析测距误差对 MDS-MN 算法定位误差的影响，本次仿真与图 6-48 所示的仿真参数一致，当测距误差分别为 0、5%、10%时，算法定位误差如图 6-49 所示。随着测距误差的增大，MDS-MN 算法的定位误差也在增大。同样，测距误差一定，第四次和第六次迭代过程后，定位误差不降反升。这是因为节点的移动导致迭代后网络结构更加复杂，未知节点间最短路径与其欧几里得距离误差增大。由图 6-49 可知，当测距误差为 10%时，MDS-MN 算法定位误差从迭代 1 次到迭代 10 次减小了 43.23%。当测距误差为 5%时，减小了 56.63%。当测距误差为 0 时，减小了 67.53%。在测距误差为 0 时的节点定位误差的减小量明显大于有测距误差的情况，可见，测距误差的不同对定位误差产生较大的影响。

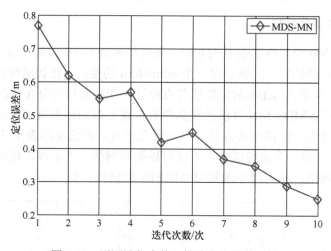

图 6-48　不同迭代次数下算法定位误差比较

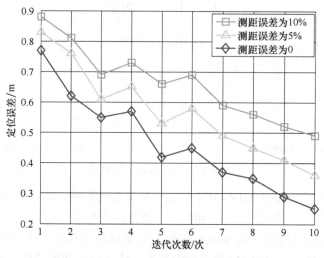

图 6-49　不同测距误差下算法定位误差比较

为了分析空洞大小对 MDS-MN 算法定位误差的影响，本次仿真与图 6-49 所示的仿真参数一致，分别含一个 40m×40m、50m×50m、60m×60m 空洞的 O 形网络的定位误差比较如图 6-50 所示。

随着网络中空洞逐渐增大，MDS-MN 算法的定位误差也不断增大。这是因为空洞越大，网络中更多的未知节点间最短路径需要穿更大的空洞，未知节点间距离估计误差更大，定位误差增大。随着迭代次数的增加，定位误差逐渐减小。这是因为迭代次数的增加，使得虚拟节点个数也在增加，并且节点处于移动状态，空洞的网络结构逐渐被修复，尤其对于空洞较大的网络结构，定位误差随着迭代次数的增加明显减小。例如，空洞大小为 60m×60m 的网络结构，定位误差从迭代 1 次到迭代 10 次减小了 67.05%。值得注意的是，对于某一次迭代，空洞大小的变化对定位误差影响不大。例如，在迭代 4 次后，空洞大小为 50m×50m 与空洞大小为 40m×40m 网络结构定位误差几乎一致。这是因为网络中节点具有移动性，每次迭代结束后，网络结构拓扑图发生变化，这一变化趋势并不可预测。如果网络结构变好，未知节点间最短路径与其欧几里得距离误差较小，节点定位精度就会变高；如果网络结构变坏，未知节点间最短路径与其欧几里得距离误差较大,节点定位精度就会变低。上述情况可以看作迭代 4 次后,空洞大小为 50m×50m 的网络结构变好,而空洞大小为 40m×40m 的网络结构变坏。

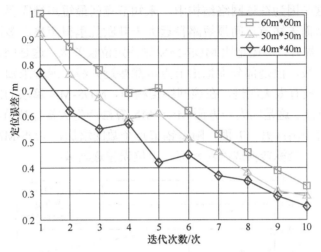

图 6-50　不同空洞大小下算法定位误差比较

为了分析移动节点比例对 MDS-MN 算法定位误差的影响,本次仿真与图 6-48 所示的仿真参数一致,移动节点比例为 20%、30%、40%、50%下算法定位误差比较如图 6-51 所示。网络中移动节点比例增大,MDS-MN 算法的节点定位误差减小。这是因为网络中可移动节点比例越大,迭代一次后添加的虚拟节点也就越多,含空洞的网络结构逐渐被修复,节点分布更均匀,未知节点间最短路径与其欧几里得距离误差较小,距离矩阵更加精确,定位效果更好。随着迭代次数的增加,4 种移动节点比例的定位误差逐渐接近,这是因为在经过数次迭代后,含空洞的网络结构逐渐被修复,网络中的节点逐渐变成均匀分布的,未知节点间最短路径近似其欧几里得距离,使得定位误差减小。

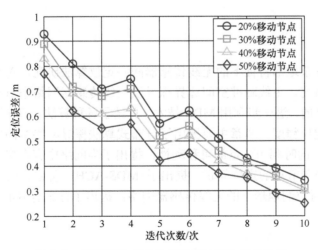

图 6-51　不同移动节点比例下算法定位误差比较

为了分析锚节点个数对 MDS-MN 算法定位误差的影响,本次仿真与图 6-48 所示的仿真参数一致,锚节点个数从 5 个到 20 个变化,迭代次数为 5 次,对 DV-Hop 算法、多边定位算法、MDS-MN 算法进行定位误差讨论，如图 6-52 所示。随着锚节点个数的增加，3 种算法定位精度都有不同程度的提高。DV-Hop 算法采用分布式计算，对含空洞的网络适用性较差，它的定位误差最大。这是因为在该网络结构中，未知节点间最短路径需要穿过空洞，未知节点间的跳数会增多，从而未知节点间最短路径远大于其欧几里得距离。多边定位算法定位精度比 DV-Hop 算法有所提升，但还是比 MDS-MN 算法定位误差大。这是因为尽管多边定位算法增加虚拟锚节点的个数，但是部分虚拟锚节点可能接近共线，或者未知节点与虚拟锚节点距离过远，对定位效果没有太大改进。在该网络结构中，MDS-MN 算法的定位误差小于多边定位算法和 DV-Hop 算法。这是因为一方面 MDS-MN 算法产生大量虚拟节点，未知节点间最短路径近似其欧几里得距离；另一方面，随着锚节点个数的增加，MDS-MN 算法可以选择最佳的 3 个锚节点，将相对坐标转换成绝对坐标，定位误差逐渐减小。

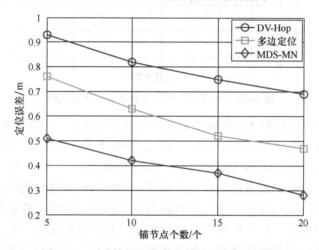

图 6-52　不同锚节点个数下算法定位误差比较

6.8　本章小结

本章紧紧围绕复杂地形特征下的无线传感器网络定位算法研究，对空洞复杂地形特征下的定位问题进行了研究，主线瞄准空间边界探寻及无线传感器网络中节点间距离优化，以减小距离估计误差为目的，进一步利用 MDS 技术，总结了各种算法，旨在适应空洞复杂地形的特殊性，提高节点定位精度。本章主要提出了分布式算法探寻网络空洞的边界节点，并设计了 NAA-HDO 算法，同时利用节点的可移动性，提出了当网络中存在多个移动锚节点时的路径规划算法。对于空洞节点的定位问题，提出了 MDS-ACHL 算法；针对移动网络，提出了 MDS-MN 算法；针对空洞地形下的无线传感器网络，提出了行之有效的方案。

第 7 章　无线传感器网络通信及硬件开发

7.1　引言

无线传感器网络节点是一个微型的嵌入式系统，一般由传感器模块、处理器模块、无线通信模块和能量供应模块组成。随着物联网和无线传感器网络技术的发展，传感器硬件节点的性能也相应提高。本章将详细阐述无线传感器网络通信技术及硬件开发过程，对主流的 CC2530 节点和 IRIS 节点进行详细介绍，并基于两种节点设备设计硬件系统实验，测试不同算法、不同复杂地形环境下无线传感器网络定位通信效果。

7.2　CC2530 节点实验

在无线传感器网络中，传感器节点的主要功能是采集和处理周围环境的信息，并将处理后的信息发送给相邻节点或者协调节点。CC2530 是无线传感器网络中一种常见的硬件设备，其主要通信方式为 ZigBee，支持多种传输协议，以协议栈 Z-Stack 作为协议与用户的接口，可供用户直接调用用户层函数。本节将从 ZigBee 的通信技术、硬件实现、系统实现等多个方面对 CC2530 节点通信及定位应用进行介绍。

7.2.1　ZigBee 无线网络节点通信

ZigBee 技术是一种应用广泛的短距离双向无线网络通信技术，具有自组织、低功耗、低数据速率等诸多优点，本节将从 ZigBee 技术特点、设备种类、网络体系结构、网络拓扑结构等方面对 ZigBee 进行介绍。

1. ZigBee 概述

在自然界中，蜜蜂通过特殊的肢体语言——ZigZag 舞，来告知同伴食物源的位置、距离等信息，蜂群依赖这样的通信方式生存和发展，这是新一代无线通信技术 ZigBee 命名的由来。ZigBee 技术是基于 IEEE 802.15.4 标准发展起来的，是一种新兴的短距离双向无线网络通信技术，具有自组织、低功耗、低数据速率、低成本、低复杂度、近距离等特点，可以嵌入各种设备，适用于各种自动控制和远程控制场合，在工业、农业、军事、医疗、家庭自动化控制、遥测遥控等领域都有广泛的应用。

ZigBee 作为一个无线数传网络平台，最多可由 65535 个无线数传模块组成，在整个网络范围内，每个 ZigBee 模块可以相互通信，模块之间的距离可从标准的 75m 无限扩展，最长可达几 km。每个 ZigBee 网络节点可支持多达 31 个传感器和受控设备，可以监控与其连接的传感器并进行数据采集，同时，它还能作为中转站，处理其他网络节点传来的数据资料。并且，在自己信号覆盖的网络范围中，能与多个不承担网络信息中转任务的孤立子节点无线连接。

ZigBee 与移动通信的 CDMA 网或 GSM 网十分类似，不同的是，移动通信网为了语音通信而建立，每个基站价值在百万元以上，而 ZigBee 网络主要是为了自动化控制数据传输而建立的，其"基站"价值不到 1000 元。ZigBee 具有广阔的应用前景，在家庭楼宇网络、工业监测控制、传感器网络、医疗监测、安全系统等领域中得到了广泛应用。

2. ZigBee 技术特点

ZigBee 无线通信时可工作在 2.4GHz（全球流行）、868MHz（欧洲流行）和 915 MHz（美国流行）3 个频段上，分别具有最高 250kbit/s、20kbit/s 和 40kbit/s 的传输速率，其传输距离从最短 10m 到标准的 75m，可继续扩展至更远距离，主要具有如下技术特点。

1）低功耗

ZigBee 网络节点设备的传输速率低、工作周期短、收发数据信息功耗低，并且具有休眠模式。不工作时处于休眠状态，需要接收数据时将由"协调器"唤醒，这使得 ZigBee 设备比其他无线设备都更加省电，可减少因频繁更换电池或充电带来的网络维护负担。

2）低成本

ZigBee 协议是免专利费的，其协议栈的设计简单，研发和生产的成本都较低，模块的初始成本为 6 美元左右，随着产品工业化发展，模块成本能降到 1.5~2.5 美元。

3）时延短

ZigBee 技术通信时延和从休眠状态激活的时延都非常短，典型的搜索设备时延为 30ms，休眠激活的时延为 15ms，活动设备信道接入的时延为 15ms，在对时延要求苛刻的无线控制场合中非常适用。

4）网络容量大

ZigBee 可采用星状、片状和网状网络结构，由一个主节点管理若干子节点，一个主节点最多可管理 254 个子节点，同时主节点还可由上一层网络节点管理，一个区域内最多可以同时存在 100 个 ZigBee 网络，最多可组成 65000 个节点的大网。

5）可靠性高

ZigBee 采取了碰撞避免策略，同时，为需要固定带宽的通信业务预留了专用时隙，避开了发送数据的竞争和冲突。MAC 层采用了完全确认的数据传输模式，每个发送的数据包都必须等待接收方的确认信息，如果传输过程中出现问题，可以重发，这从根本上保证了数据传输的可靠性。

6）安全性好

ZigBee 提供了基于循环冗余校验的数据包完整性检查功能，支持鉴权和认证，采用 AES-128 加密算法，各个应用可以灵活确定其安全属性，保障了网络的安全。

7）兼容性好

ZigBee 通过网络协调器自动建立网络，采用载波侦听/冲突检测方式进行信道接入，可无缝集成于现有的控制网络，并且为了传递可靠，还采用了全握手协议。

8）有效范围小

ZigBee 节点网络有效覆盖范围为 10~75m，基本可以覆盖普通的家庭或办公场景。

3. ZigBee 设备种类

在 ZigBee 网络中有 3 种不同类型的设备——协调器（Coordinator）、路由器（Router）和终端设备（End Device），每种设备都有自己的功能要求。

1) 协调器

ZigBee 协调器是启动和配置网络的一种设备，一个 ZigBee 网络只允许有一个 ZigBee 协调器。协调器可以保持间接寻址用的绑定表格，支持关联，同时还能设计信任中心和执行其他活动。协调器负责网络正常工作及保持同网络其他设备的通信。

其功能特点如下：①选择一个频道和 PAN ID，组建网络；②允许路由和终端节点加入这个网络；③对网络中的数据进行路由；④必须用常电供电，避免进入休眠模式；⑤可为休眠的终端节点保留数据，至其唤醒后获取。

其中，PAN 的全称为 Personal Area Networks，即个域网。每个个域网都有一个独立的 ID 号，称为 PAN ID。整个个域网中的所有设备共享同一个 PAN ID。ZigBee 设备的 PAN ID 可以通过程序预先指定，也可以在设备运行期间自动加入一个附近的 PAN 中。当 PAN ID 为 0xFFFF 时，表示该设备可加入环境中存在的任意 ZigBee 网络；否则，当 PAN ID 为任意其他值时，该设备只能加入与 PAN ID 相同的 ZigBee 网络。

2) 路由器

ZigBee 路由器是一种支持关联的设备，能够将消息发送到其他设备。一个 ZigBee 网络或属性网络可以有多个 ZigBee 路由器，ZigBee 星形网络不支持 ZigBee 路由器。协调器在选择频道和 PAN ID 组建网络后，其功能将相当于一个路由器。协调器或路由器均允许其他设备加入网络，并为其路由数据。

3) 终端设备

ZigBee 终端设备可以执行它的相关功能，并使用 ZigBee 网络到达其他需要与之通信的设备，它对存储器容量要求最少，可以用于 ZigBee 低功耗设计。

其功能特点如下：①在进行数据收发之前，必须加入一个 ZigBee 网络；②不允许其他设备加入；③必须通过其父节点收发数据，不能对网络中的数据进行路由；④可由电池供电，进入休眠模式。

当终端设备通过协调器或某个路由器加入网络后，便成为其"子节点"；对应的路由器或协调器即成为"父节点"。由于终端设备可以进入休眠模式，其父节点便有义务为其保留其他节点发来的数据，直至其被唤醒，并将此数据取走。

4. ZigBee 网络体系结构

ZigBee 网络体系结构主要可分为 4 层：物理层（Physical Layer，PHY）、MAC 层（Medium Access Control sub-layer，MAC）、网络层（Network Layer，NWK）和应用层（Application Layer，APL）。其结构以 OSI 七层网络模型为基础，并结合无线网络的特点，采用分层设计思想，让不同的逻辑层负责不同的功能。其中，物理层和 MAC 层由 IEEE 802.15.4 标准定义，在这个底层协议的基础上 ZigBee 联盟定义了网络层和应用层架构。ZigBee 网络体系结构分层如图 7-1 所示。

各层之间通过服务接入点（Service Access Point，SAP）进行通信，一般分为数据服务接口和管理服务接口。数据服务接口用于特定层向相邻层之间提供所需的数据服务，管理服务接口用于特定层向相邻层之间提供管理服务，包括访问内部层参数、配置和管理数据服务。

ZigBee联盟定义	应用层
	网络层
IEEE 802.15.4标准定义	MAC层
	物理层

图 7-1 ZigBee 网络体系结构分层

各层的主要功能阐述如下。

1）物理层

物理层定义了物理无线信道和 MAC 子层之间的接口，包括数据服务接口（Physical Data Service Access Point，PD-SAP）和管理服务接口（Physical Layer Management Entity Service Access Point，PLME-SAP），其中数据服务接口负责从无线物理信道上收发数据，管理服务接口负责维护一个由物理层相关数据组成的数据库。

物理层的功能有激活和休眠 ZigBee 节点、当前信道能量的监测、接收链路服务质量的指示信息、选择 ZigBee 信道接入方式和信道频率，以及数据的调制、发送和接收。物理层的主要任务是建立发送端和接收端的物理链路，并在有信道噪声及信号干扰的环境中保障通信质量。

2）MAC 层

MAC 层定义它与物理层及与网络层之间的接口，包括提供给网络层的数据服务接口（MAC Layer Data Entity Service Access Point，MLDE-SAP）和管理服务接口（MAC Layer Management Entity Service Access Point，MLME-SAP），其中数据服务接口保障 MAC 协议数据单元在物理层数据服务中被正确收发，管理服务接口负责维护存储 MAC 层子层协议状态相关信息数据库、媒介访问控制、差错控制等。

具体来说，MAC 层功能包括网络协调器产生信标、同步和提供一个可靠的传输机制、支持 PAN 链路的建立和断开、为设备的安全性提供支持、采用免冲突载波检测多址接入（CSMA-CA）机制，以及处理和维护保护时隙（GTS）机制。

3）网络层

网络层定义了它与应用层之间的接口，包括提供给应用层的数据服务接口（NWK Layer Data Entity，NLDE-SAP）和管理服务接口（NWK Layer Management Entity，NLME-SAP），是 ZigBee 协议栈的核心部分，主要负责网络拓扑结构的建立和网络信息数据库的维护，可实现节点加入或离开网络、接收或抛弃其他节点、路由查找及传送数据等功能，支持 Cluster-Tree 等多种路由算法，支持星形（Star）、树形（Cluster-Tree）、网格（Mesh）等多种拓扑结构。

网络层的具体功能如下：初始化网络，即建立一个新的包含协调器、路由器和终端设备的网络；设备的网络连接与断开；重新复位设备；发现一跳邻居节点并存储相关节点信息；为新加入节点分配短地址；接收机同步；信息库维护等。

4）应用层

应用层是协议体系结构的最高层，直接面对用户，主要负责设备绑定，以及绑定表的建立、设备发现、发起和响应绑定请求。应用层由应用层支持子层（Application Support Layer，APS）、ZigBee 设备对象（ZigBee Device Object，ZDO）、ZigBee 应用框架（AF）3 个部分组成。

APS 层定义了网络层和应用层之间的接口，包括被 ZDO 和制造商定义的应用对象使用的数据实体服务访问接口（Application Support Sub Layer Data Entity Service Access Point，APSDE-SAP）和管理服务访问接口（Application Support Sub Layer Management Entity Service Access Point，APSME-SAP），其主要作用是维护绑定表，在绑定的设备间传递消息。绑定的含义为基于两台设备的服务和需求将它们匹配连接起来。

ZDO 位于 APS 层和 AF 层之间，满足协议中所有应用操作的公共需求，其主要功能有定义设备在网络中的角色（如 ZigBee 协调器和终端设备）、发起和响应绑定请求、在网络设备之间建立安全机制，以及负责发现网络中的设备并决定向它们提供何种应用服务。

应用程序框架是附着在 ZigBee 设备上的应用对象的应用环境，通过数据管理服务接口发送和接收数据，通过 ZDO 公共接口控制和管理应用对象，最多可有 240 个应用对象端点。

当 ZigBee 协议栈运行时，设备发起通信，数据帧自上而下传递，依次经过应用层、网络层、MAC 层和物理层，在经物理层处理后，数据通过硬件的无线模块调制被发送出去。当接收数据时，先通过硬件无线模块解调信息，然后自下往上，依次经过物理层、MAC 层、网络层、应用层传递信息帧并进行分解。

5．ZigBee 网络拓扑结构

ZigBee 网络拓扑结构定义在网络层实现，不同类型的节点组合可以构建不同的网络拓扑结构，主要分为星形网络、树形网络和网状网络 3 种，不同的应用领域使用不同的网络拓扑结构。

星形网络由一个协调器和两个或两个以上的终端节点设备组成，其拓扑结构如图 7-2 所示。每个终端节点设备只能和协调器进行通信，两个终端节点间的通信必须通过协调器进行信息的转发。星形拓扑结构的缺点是节点之间的数据路只有一条路径，协调器可能成为整个网络的性能瓶颈。

树形网络由一个协调器、一系列路由器和终端节点设备组成，其拓扑结构如图 7-3 所示。每个节点能与其父节点和子节点进行通信，当从一个节点向另一个节点发送数据时，信息将沿着树的路径向上传递到最近的路由器节点，再向下传递到目的节点。树形拓扑结构的缺点是信息只有唯一的路由通道，信息的路由由协议栈处理，整个路由过程对应用层是透明的。

网状网络结构也由协调器、路由器和终端节点组成，其拓扑结构如图 7-4 所示。网状网络结构具有灵活的信息路由规则，任何两个节点之间都可以进行通信，可提高通信效率，当一个路由路径出现问题时，信息将自动沿着其他路径进行传输。协调器在建立网络之后，除了具有允许其他新节点加入网络的功能，其他功能也与路由器相同，在协调器失去工作能力后，网络中的路由器将竞争协调器的位置，负责将新的节点加入网络。网状网络和树形网络中的终端节点只有采集和传输数据的功能，没有数据转发的功能。

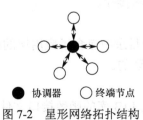
图 7-2 星形网络拓扑结构

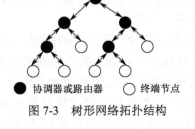
图 7-3 树形网络拓扑结构

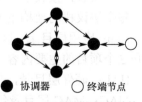
图 7-4 网状网络拓扑结构

7.2.2 CC2530 传感器节点硬件实现的关键技术

CC2530 是德州仪器（TI）推出的完整地用于 2.4GHz IEEE 802.15.4、ZigBee 和 RF4CE 应用的一个真正的片上系统（SoC）解决方案，下面将介绍其芯片特性、硬件功能与软件实现内容。

1．CC2530 芯片特性

CC2530 芯片的主要特性如下：在单个芯片上集成了 IEEE 802.15.4 标准 2.4GHz 频段的 RF 无线电收发机，具有优良的无线接收灵敏度和抗干扰性；有 4 种不同的闪存版本，分别具有 32KB、64KB、128KB、256KB 的可编程闪存和 8KB 的 RAM；集成了 8 通道 12 位模/数转换的 ADC，并且其 ADC 具有 128 位 AES 加密解密安全处理器、看门狗定时器和具有捕获功能的 32kHz 休眠定时器；具有数字化 RSSI/LQ 支持和强大的 5 通道 DMA、1 个符合 IEEE 802.15.4 规范的 MAC 计时器，1 个常规的 16 位计时器和 2 个 8 位计时器，2 个 USART 接口，21 个可编程 I/O 引脚；硬件支持 CSMA/CA 功能；允许工作电压为 2.0～3.6V，工作温度为-40～125℃；具有电池监测和温度感测功能。前置频率范围 f_c 为 2394～2507MHz，频率分辨率为 1MHz，数据传输速率为 250kbps，当 TA=25℃且 VDD=3V 时，从休眠状态到激活只需要 4s，而激活状态下接收或发送数据只需 0.5ms，接收灵敏度为-97dBm，RF 发送的输出功率为 4.5dBm。

CC2530 设计简单、封装小，从休眠模式转换到主动模式耗时少、功耗低，广泛应用于家庭楼宇自动化、照明系统、工业控制和监控、低功耗无线传感器网络、消费型电子等众多领域。

2．Z-Stack 协议栈

所谓协议，即一系列的通信标准，通信双方按照这一标准进行正常的数据发射和接收。协议栈是协议的具体实现形式，是用户和协议之间的一个接口，用户通过协议栈来使用这个协议，进而实现无线数据的收发。

ZigBee 协议分为两部分——物理层和 MAC 层，由 IEEE 802.15.4 标准定义，在这个底层协议的基础上 ZigBee 联盟定义了网络层和应用层技术规范。ZigBee 协议栈 Z-Stack 将各个层定义的协议都集合在一起，以函数的形式实现，并给用户提供应用层（API），以供用户直接调用。

以简单的无线数据通信为例，Z-Stack 的一般使用步骤如下。

（1）组网：调用协议栈组网函数、加入网络函数，实现网络的建立和节点的加入。

（2）发送：发送节点调用协议栈的发送函数，实现数据无线发送。

（3）接收：接收节点调用协议栈的无线接收函数，实现无线数据接收。

整个协议栈的架构主要有以下几个部分。

App：应用层目录，这是用户创建各种不同工程的区域，在这个目录中包含了应用层的内容和这个项目的主要内容，在协议栈中一般是以操作系统的任务实现的。

HAL：硬件层目录，包含与硬件相关的配置和驱动及操作函数。

MAC：MAC 层目录包含 MAC 层的参数配置文件及其 MAC 的 LIB 库的函数接口文件。

MT：监控调试层，主要用于调试，可实现通过串口调试各层，与各层进行直接交互。

NWK：网络层目录，包括网络层配置参数文件及网络层库的函数接口文件，是 APS 层库的函数接口。

OSAL：协议栈的操作系统。

Profile：AF 层目录，包含 AF 层处理函数文件。

Security：安全层目录，安全层处理函数接口文件，如加密函数等。

Services：地址处理函数目录，包括地址模式的定义及地址处理函数。

Tools：工程配置目录，包括空间划分和 Z-Stack 相关的配置信息。

ZDO：ZDO 目录。

ZMac：MAC 层目录，包括 MAC 层参数配置及 MAC 层 LIB 库函数回调处理函数。

ZMain：主函数目录，包括入口函数 main()及硬件配置文件。

Output：输出文件目录层，是由 EW8051 IDE 自主设计的。

7.2.3 系统测试及分析

无线传感器网络定位技术应用平台的硬件部分以 CC2530 为核心，在接收上位机的定位指令后，通过广播、泛洪等方式实现网络的组网、拓扑结构获取、测距等功能，并将获取的信息回传给上位机，实现节点的定位及数据分析。

1．硬件框架设计

无线传感器网络定位技术应用平台硬件框架设计如图 7-5 所示。

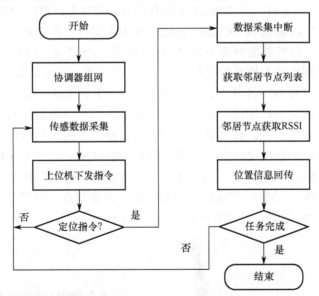

图 7-5　无线传感器网络定位技术应用平台硬件框架设计

针对无线传感器网络定位技术应用平台的硬件需求，构建无线 Mesh 网络，该网络由一个协调器、若干个路由节点和若干个终端节点组成。协调器负责网络的管理和维护，通过串口与上位机相连；路由节点负责数据信息的转发，扩展网络的可监测范围；终端节点利用传感器采集信息，并将采集的位置信息及其他信息传送给协调器，用于上位机的处理。

ZigBee 无线传感器网络采用的协议栈为 TI 公司的 Z-Stack 协议栈，其编程环境为 IAR Embedded Workbench。

当无线传感器网络完成节点分布并开始执行后，由协调器接收指令并实现控制与网络中的路由节点、终端节点共同完成组网，当有节点加入、离开网络时，协调器负责随时更新网络拓扑结构。按照无线传感器网络的任务需求，终端节点在完成组网后处于监测状态，根据上位机发送的指令，按照一定的频率采集传感数据并回传至上位机处理。当定位需求产生时，由上位机通过串口向整个网络广播定位指令，协调器、路由节点、终端节点接收到指令后判断是否为定位指令，若为定位指令则中断，并进入位置信息获取过程。网络中的路由节点、终端节点广播获取自身的邻居节点列表，并与邻居节点列表中的所有节点通信，获取相应的 RSSI 数据，上述位置信息获取后连同锚节点的位置信息一同打包并回传给上位机，由上位机根据位置信息及定位算法实现传感器节点的定位。协调器则进一步判断是否完成监测任务，若监测任务未完成，则继续进行数据采集；若监测任务完成，则结束该程序。

2. 传感器节点硬件开发

基于硬件框架设计，下面对传感器硬件节点的开发细节及测试环境的实验配置进行介绍，开发过程采用 IAR Embedded Workbench 编程环境，处理器模块和无线通信模块采用 CC2530 芯片外加低功耗射频前端 CC2591，用来放大输出功率，简化射频电路的设计；能量供应模块采用两节可充电干电池，负责为系统提供能量。

协调器节点负责调度各传感器节点工作，其运行直接影响系统的稳定性。协调器节点采用 CC2530F256 芯片，该芯片具有 256KB 可编程闪存，设有串口模块、OLED 显示模块、LED 指示灯、晶振模块、电源模块和 CC2591 模块，其硬件实物如图 7-6（a）所示。协调器通过串口与上位系统连接，向传感器网络下发 Z-Stack 组网、RSSI 获取和传感信息采集指令，并将传感器采集的信息回传给上位系统进行定位分析。路由节点及终端节点根据 Z-Stack 协议自动组网、识别，路由节点与终端节点的设计基本相同，其信息采集功能也基本相同，但路由节点由于与协调器距离更近，因此，相对终端节点而言增加了数据转发功能。路由节点与终端节点可统一视为传感器节点。传感器节点相对协调器节点来说功能比较简单，不需要进行复杂的数据处理，接口外设也比较小，因此，由 CC2530F64 芯片外接 CC2591 功放模块、电源模块、时钟模块、LED 模块组成。CC2530 处理器先把采集的数据信号进行模/数转换，再进行处理，通过 CC2591 功放芯片发给协调器节点。路由节点、终端节点为完成定位功能，主要采集节点间的 RSSI 数据，其硬件实物如图 7-6（b）所示。

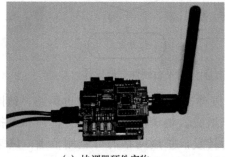

(a) 协调器硬件实物　　　　　　　　(b) 路由节点、终端节点硬件实物

图 7-6　CC2530 传感器硬件节点

本实验通过测试小范围内传感器节点的定位效果，进一步类推大规模无线传感器网络中的定位性能，因此，传感器节点的发射功率及天线选择均控制节点通信范围在短距离范围内。为了有效描述节点 RSSI 与距离之间的关系，实验测量了不同情形下节点 RSSI 与距离的对应数据，实验测量变量包括节点组合、室内室外环境等，本节仅展示部分原始数据的情况。表 7-1 给出的是室外环境节点编号 4、7 传感器 RSSI 测量值，表 7-2 给出的是室内环境节点编号 4、7 传感器 RSSI 测量值，表 7-3 给出的是室内环境节点编号 2、8 传感器 RSSI 测量值。

表 7-1　室外环境节点编号 4、7 传感器 RSSI 测量值

距离/m	0.01	0.1	0.3	0.5	0.8
RSSI-4/dBm	−35	−26	−36	−43	−49
RSSI-7/dBm	−34	−27	−36	−43	−50
距离/m	1	1.5	2	2.5	3
RSSI-4/dBm	−54	−60	−69	−69	−76
RSSI-7/dBm	−54	−60	−67	−70	−73

表 7-2　室内环境节点编号 4、7 传感器 RSSI 测量值

距离/m	0.01	0.1	0.3	0.5	0.8
RSSI-4/dBm	−4	−27	−38	−45	−48
RSSI-7/dBm	0	−27	−39	−46	−48
距离/m	1	1.5	2	2.5	3
RSSI-4/dBm	−64	−57	−51	−59	−61
RSSI-7/dBm	−70	−56	−55	−60	−63

表 7-3　室内环境节点编号 2、8 传感器 RSSI 测量值

距离/m	0.01	0.1	0.3	0.5	0.8
RSSI-4/dBm	0	−36	−49	−60	−58
RSSI-7/dBm	0	−34	−48	−56	−58
距离/m	1	1.5	2	2.5	3
RSSI-4/dBm	−66	−72	−84	−67	−77
RSSI-7/dBm	−78	−64	−79	−65	−73

经过对表中数据进行分析，可以看出不同节点之间的 RSSI 及节点分布环境对测量值均会产生较大的影响。同时，当节点间距离过大时，虽然某些情形下能够获得节点间的 RSSI，但是在该种情况下估计的节点误差过大，不利于数据拟合及定位，因此，把节点 RSSI 阈值设置为−80dBm，当 RSSI 小于该阈值时，将 RSSI 的值视为无效值。为了拟合出适合整个网络的 RSSI 与距离的关系公式，对实验获得的原始数据进行过滤，剔除异常值，按照 Shadowing 模型可将 RSSI 与距离间的关系公式表示为

$$D = \alpha P^{\kappa} - \beta \tag{7-1}$$

式中，D 表示节点间的测量距离；P 表示节点间的 RSSI 测量值；α、κ、β 均为参数，经过拟合后可以得到 $\alpha=99.96$，$\beta=45.73$，$\kappa=0.1565$。

7.3 IRIS 节点实验

IRIS 节点工作在 2.4GHz 频率范围内,支持 IEEE 802.15.4 协议,用于低功耗无线传感网络,可以运行开源的嵌入式操作系统 Tiny OS。它把处理模块和通信模块集成在一起,通过统一引脚接口与相应的传感器板相连,设计开发后应用于特定的环境。本节将简要说明 TinyOS 操作系统及 nesC 语言,再对 IRIS 节点实验无线传感器网络硬件平台进行介绍,并在实际环境中进行应用测试。

7.3.1 Tiny OS 与 nesC 语言分析

无线传感器网络使用 Tiny OS(操作系统),以 nesC 编程语言进行开发,下面将介绍 TinyOS、nesC 语言,以及 Tiny OS 程序开发步骤。

1. Tiny OS

Tiny OS 是专用于无线传感器网络的开源操作系统,具有组件化编程、事件驱动执行、微型内核和易于移植等特点,是目前主流的操作系统。

Tiny OS 操作系统的具体特性如下。

(1)内存小,功耗低。相对于主流操作系统成百上千兆字节的庞大体积来说,Tiny OS 显得十分迷你,只需要几千字节的内存空间和几十千字节的编码空间,而且功耗较低,特别适合传感器这种受内存、功耗限制的设备。

(2)组件化体系结构。Tiny OS 本身提供了一系列组件,包括网络协议、分布式服务器、传感器驱动及数据识别工具等,用户可以通过简单方便的编制程序将多个组件连接起来,快速实现应用,而不需要关心硬件描述层的具体实现细节和节点硬件所提供的功能,这样可以提高操作系统的紧凑性,减少代码量和存储资源的使用。

(3)基于事件驱动。采用事件驱动模型,只有接收到外界事件才响应,如果没有事件,系统就转入节能模式,使模型可以处理高并发事件,从而减少代码量,节约有限的可用资源。

(4)易于管理。Tiny OS 在构建无线传感器网络时,通过一个基地控制台控制各个传感器子节点,聚集和处理各子节点采集到的信息。Tiny OS 只要在控制台发出管理信息,然后由各个节点通过无线网络互相传递,就能达到协同一致的目的。

Tiny OS 的专业性及诸多优点使其受到广大无线传感器网络研究者的喜爱,被广泛应用于传感器网络、能源监控、智能家居、个人局域网和智能测控等领域,其组件模型、通信模型及调度机制的主要特性如下。

1)组件模型

Tiny OS 包含经过特殊设计的组件模型,目的在于高效率的模块化和易于构造组件型应用软件,通常有硬件抽象组件、合成组件和高层次的软件组件 3 类。硬件抽象组件将物理硬件映射到 Tiny OS 组件模型,合成硬件组件模拟高级硬件的行为,高层次软件模块完成控制、路由及数据传输等。其组件有 4 个相互关联的部分,包括一组命令处理程序句柄、一组事件处理程序句柄、一个经过封装的私有数据帧和一组简单的任务。任务、事件和命令处理程序在数据帧的上下文中执行并切换帧的状态。为了易于模块化,每个组件声明了自己使用的接口及其会被触发的事件,这些声明将用于组件的连接。

Tiny OS 采用基于事件驱动的软件模型,有效扩充了底层硬件,使得硬件或软件边界易于迁移,另外,Tiny OS 采用固定数据结构大小、存储空间预分配等技术,有利于软件组件的硬件化。在传感器网络中,从软件迁移到硬件十分重要,可为设计者提供综合考虑集成度、电源管理和系统成本等因素的最优方案。图 7-7 所示为一个支持多跳无线通信的组件集合与这些组件之间的关系,其中,上层组件向下层组件发送命令,下层组件向上层组件发送信号,通知事件发生,底层的组件直接与硬件相关联。

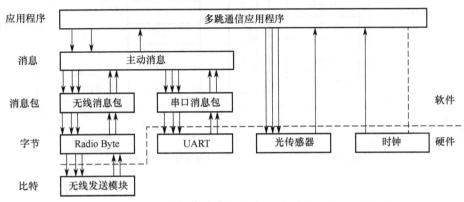

图 7-7 支持多跳无线通信的组件集合与这些组件之间的关系

2) 通信模型

Tiny OS 的通信模型采用面向消息的主动消息模式(Active Message,AM),是一种异步通信机制,在此模式中,每个消息都维护一个应用层的处理器,其头部控制信息是用户层的指令序列地址,可用指令序列地址从网络中取出消息数据,并将消息数据合并到此后的计算中。在目标节点收到消息后,将执行指令序列地址对应的程序,即将消息中的数据作为参数,传递给应用层的处理器进行处理。应用层处理器将完成消息的解包、计算处理和发送响应消息等工作。

主动消息模式让应用程序开发人员避免用忙等待方式等待消息数据的到来,在无线传感器节点的计算和通信之间形成重叠,充分降低了无线传感器节点的能耗,并极大地提高了 CPU 的使用效率。消息处理器采用异步通信机制,有效避免了网络阻塞,Tiny OS 可以处理 256 种消息,为无线传感器网络节点并发性提供了有力的软件支持。

为适合无线传感器网络的需求,要求消息至少提供 3 个基本的通信机制,即带确认消息的消息传递、有明确的消息地址和消息分发,同时应用程序可以进一步增加其他通信机制以满足特定要求。

3) 调度机制

Tiny OS 采用任务和事件的两级调度机制。任务是基本的处理单元,组成一个先进先出(First In First Out,FIFO)的固定长度任务队列结构体,当任务数超出队列长度时将发生错误。任务队列结构体中仅定义一个函数指针成员变量,没有其他的参数,指向任务队列中特定功能模块,任务一旦开始执行就要运行到完成,除非硬件中断,否则不能被其他任务打断,没有上下文之间的切换,实现了轻量级线程。系统运行时会不断从任务队列中提取任务,完成任务后再提取下一个任务，直到任务队列中没有任务。

事件代表异步硬件中断的发生，可以打断用户的轻量级线程，即让正在执行的任务和低优先级任务中断，系统对硬件中断进行快速响应。在一个任务完成后，可触发一个事件，系统调用相应的处理函数，与该事件相关联的所有任务迅速被执行，当这个事件和任务被处理完成之后，CPU 进入节能状态，直至其他事件将它唤醒，其调度过程如图 7-8 所示。

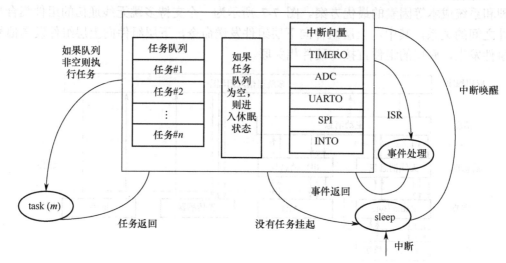

图 7-8　Tiny OS 调度过程

综上，Tiny OS 调度机制有以下特点。

（1）任务单线程运行到结束，只分配单个任务栈，有利于内存受限的系统。

（2）任务调度采用非抢占式的 FIFO 算法，任务之间相互平等，没有优先级之分，对资源采取预先分配的方式，队列大小默认为 8。

（3）Tiny OS 的调度策略具有能量意识，当任务队列为空时，处理器进入休眠模式，直到外部事件将它唤醒，能有效地降低系统能耗。

（4）基于事件驱动的调度策略，允许独立的组件共享单个执行的上下文，同事件相关的任务集合可以很快被处理，只需少量运行空间就能获得较高的并发性。

2. nesC 语言

nesC（Network embedded system C）是专门为编写 Tiny OS 及进行 Tiny OS 编程而发明的一种语言，由 C 语言扩展而来，主要用于传感器网络等嵌入式系统。nesC 语言是一种静态语言，其程序中不存在动态内存分配，可在编译过程中确定函数调用流程。在语法上，nesC 语言支持 Tiny OS 需要的并发执行模型，支持组件化编程，把组件化模块化思想和基于事件驱动的执行模型结合在一起，使得用户可以用组件实现各种功能，快速方便地开发应用。同时，nesC 语言编写的源码为编译器的优化提供了可能，最终缩小了可执行代码尺寸，提高了操作系统的紧凑性并减少了对存储资源的占用。

目前，Tiny OS 和其上运行的应用程序都是由 nesC 语言开发的。Tiny OS 为用户提供了无线传感器网络开发应用的编程框架，在这个框架中结合了操作系统组件和用户设计编写的应用程序组件，能更方便地构建节点应用程序。

nesC 语言的所有源文件，包括接口、模块和配置，其文件扩展名为".nc"。一般地，nesC 程序文件由以下几部分组成。

（1）C 语言头文件：Tiny OS 程序运行少量的 C 语言头文件，包括结构体、数据类型及宏定义等，它们包含在组件文件中，参与程序的编译。

（2）接口文件：当系统提供的接口不能满足要求时，用户可自定义接口类型。

（3）组件文件：包括程序中的逻辑算法代码和组件配置关系文件。

（4）Makefile 文件：被 make 工具调用的编译管理文件。

其中，接口文件和组件文件是 nesC 程序中最重要的语法文件。

1）接口

接口是一系列声明的有名函数集合，在".nc"文件中通过关键字 interface 和一对大括号来定义。组件通过接口彼此静态地相连，根据接口的设置可以由组件提供或使用。接口声明一组称为命令（Command）的函数，即接口所提供的功能，由接口的提供者实现；一组称为事件（Event）的函数，由接口的使用者实现。这是接口的双向性，代表了提供者组件（Provider）和使用者组件（USer）间的交互渠道。通常，命令向下调用，即从应用组件到比较靠近硬件的组件，接口使用者通过关键字 call 来调用该接口的命令；事件则向上调用，在接口的使用者组件中实现，在事件完成后，通过 signal 关键字通知事件调用。因此，实现接口的组件，必须实现接口中所有的命令；实现接口的组件，也必须实现接口中所有的事件，调用方向如图 7-9 所示。

	命令	事件
接口使用者	能调用（call）	必须实现
接口提供者	必须实现	能通知（signal）

图 7-9 接口中命令和事件调用方向

2）组件

组件是 nesC 程序的可运行模块，组件通过实现接口的事件，可以提供并使用接口中的命令，对接口中的事件进行响应，多个组件通过接口相互调用形成一个完整且有意义的 nesC 程序。在组件和配置中使用 provides 和 uses 语句，provides 语句表明组件所提供的接口，以及实现这些接口的命令和事件通知，uses 语句表明组件所使用的接口。

组件分为模块组件（Module）和配置组件（Configuration）。模块是 nesC 程序的逻辑功能实体，提供应用程序代码，为接口提供实现的模块，要提供调用事件函数的代码，即触发事件，使用关键字 signal 通知调用相应接口的组件。配置组件简称配件，负责把组件装配起来，即把组件使用的接口绑定到提供该接口的组件上，配件所完成的功能称为连接（wiring），使用"→"符号来表示，可以理解为"User To Provider"，即"箭头"从调用者到提供者。

3）并发模型

nesC 定义了并发模型，该模型基于任务（Task）和硬件事件句柄（Hardware Event Handler）两类线程，帮助 Tiny OS 更好地实现事件驱动机制。任务也称任务函数，是由关键字 task 修饰的无返回值的模块函数，任务之间不能抢占，任务一旦运行就必须完成，除非被硬件中断打断。

任务函数中的任务代码是由与任务相关的算法组成的，例如，读传感器、采样处理等，为降低能耗等，应尽量缩短任务代码的执行时间，必要时还可以将大任务分割成小任务。系统调度执行任务函数使用关键字 post，post 语句被执行后，立即返回，系统将在合适的时间执行被提交的任务。任务执行完毕后要进行任务结果的输出，有两种途径：调用某接口的命令函数或调用接口的事件函数来实现事件通知，即触发事件。

nesC 语言区分异步和同步代码，其中异步代码指中断处理程序及它所调用的命令和事件，异步函数必须使用关键字 async 来声明。异步代码之外的都是同步代码，使用关键字 sync 声明或默认不使用。在异步代码中不能包含任何同步函数，要执行同步函数除非提交一个任务。硬件事件句柄是用来处理硬件中断的，它们可能会抢占任务或其他硬件事件句柄的执行，程序易受到竞争的冲突，产生不一致或不正确的数据。在实际应用中若要保护某段代码不被抢占，可以使用关键字 atomic 原子性代码块。

3．Tiny OS 程序开发步骤

Tiny OS 程序开发一般有以下 4 个步骤。

（1）在目录 c:\tinyos\cygwin\opt\tinyos-1.x\apps\Blink（以实际安装目录为准）下建立一个文件夹，文件夹中通常包含以下 4 个文件：定制运行环境文件 Makefile、头文件、顶层配置文件和核心处理模块文件。当只需要系统组件时，可省略核心处理模块文件。

（2）定义头文件，即在头文件中定义一些数据结构。

（3）编写顶层配置文件，包括 3 部分内容：根据程序功能选择提供的接口和使用情况、组件列表、组件间的接口连接关系。

（4）编写与顶层配置相对应的核心处理模块文件，包括接口的提供、使用情况和实现功能的具体代码，用户自定义组件需要放到相应类型组件的目录下。

7.3.2 无线传感器网络硬件平台设计

在无线传感器网络硬件平台中，为掌握网络部署区域中相应位置所采集的传感数据，网络定位十分重要。本节将建立以 IRIS-XM2110 节点和 MIB520 网关为主的无线传感器定位平台，在不同实际环境中，使用不同算法对系统平台进行实验验证。

1．实验设备及基础性准备实验

CC2530 节点成本低，开发工具链成熟，但开源工具链对它的支持并不完善，需要购买商用的编译器和专用的协议栈用于开发。IRIS 节点通过专用的 51 针接口外接扩展，与对应的传感器板相连，设计开发后应用于特定的环境，支持开源的嵌入式操作系统 Tiny OS，本节将对 IRIS 节点实验中的主要实验设备进行介绍。

1）无线传感器节点 IRIS

IRIS 工作在 2.4GHz、支持 IEEE 802.15.4 协议的 Mote 模块，用于低功耗无线传感器网络，Crossbow 为 IRIS 提供了多种传感器板和数据获取板，并且都能够通过标准 51 针扩展接口与其连接。IRIS 增加的几点新特性从整体上提高了 MEMSIC/Crossbow 无线传感器网络产品的性能。其主要特点如下：相比 MICA 系列产品，三倍的作用距离，双倍的存储空间；户外测试在不加放大器的情况下，节点间视距离可达 500m；基于 IEEE 802.15.4/ZigBee 协议 RF 发送器；2.4～2.48GHz，全球兼容的 ISM 波段；直接序列扩频技术，抗 RF 干扰、数据隐蔽性好；250kbps 数据传输率；MoteWorks 无线传感器网络平台，支持 MEMSIC/Crossbow

可靠的多跳 Mesh 网络；即插即用，可连接 MEMSIC/Crossbow 所有传感器板、数据采集板、网关和软件。

这里介绍 Crossbow 和 MEMSIC 生产的 IRIS-XM2110 节点，其实物如图 7-10 所示。该节点具有路由功能，适用于大规模无线传感器网络（1000 多个节点），长距离与每个节点进行无线通信；可搭载 MTS400/400CC 环境传感器板，利用气压实现测高，如图 7-11（a）所示；可借助 MDA300CA 数据采集板，采集节点传感器数据，如图 7-11（b）所示。

(a) IRIS-XM2110 节点　　　　(b) 节点背面

图 7-10　IRIS-XM2110 节点实物

(a) MTS400/400CC 环境传感器板　　　　(b) MDA300CA 数据采集板

图 7-11　IRIS-XM2110 节点实验用组合板

2）处理器模块 ATmega1281

XM2110 基于 ATmega1281 处理芯片。ATmega1281 是一款低功耗的处理器。MoteWorks 可以运行其内部存储器。处理器板通过配置，同时运行传感器和 Mesh 网络栈。IRIS 51 针扩展接口可连接模拟输入、数字 I/O、I^2C、SPI 和 UART 接口。这些接口使其易于与其他设备连接。

3）基站与监测中心

基站是无线传感器网络系统的重要组成部分。通过基站，控制中心可以获取节点采集的温度、湿度和气压等信息，也可以根据具体监测情况给节点发送相应的指令，控制节点的运行状态。

MIB520 为 IRIS 和 MCA 系列的 Mote 提供 USB 接口，用于通信和在线编程。任何 IRIS 节点与 MIB520USB 网关 [见图 7-12（a）] 连接均可作为基站使用。除了进行数据传输，MIB520 还提供 USB 编程口。为了实现这两种功能，MIB520 提供了两个独立端口，一个用于在线编写程序，另一个用于 USB 数据通信。MIB520 带有一个板载处理器，可运行 Mote 处理器/射频板。由于应用了 USB 总线，故无须外部供电电源。图 7-12（b）所示为 MIB520 通过标准 51 针接口与 IRIS 节点连接成的基站。

(a) MIB520 USB网关　　　　　(b) MIB520通过标准51针接口与IRIS节点连接

图 7-12　MIB520 与 IRIS 连接

采用 IRIS 节点及 MIB520 网关进行网络搭建后的整体结构如图 7-13 所示。图 7-13 中，多个 IRIS 节点与基站组成网络。基站由一个 MIB520 连接一个 IRIS 节点构成。基站通过 USB 总线将采集的信息传递到 PC 并通过客户端软件进行展示。

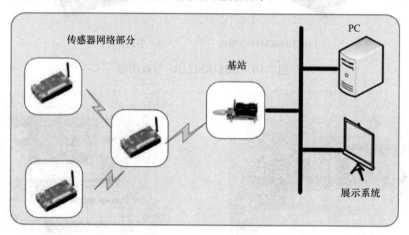

图 7-13　整体网络结构

4）压铸铝空心圆柱屏蔽罩

本实验需要直径为 10.53cm 的压铸铝空心圆柱屏蔽罩，该屏蔽罩可以限制 XM2110 节点的通信能力，减小节点的实际通信半径，如图 7-14 所示。

图 7-14　压铸铝空心圆柱屏蔽罩

使用该屏蔽罩进行节点屏蔽半径实验,实验分析如下:通信半径是节点的一个重要性能参数,在一定程度上影响着节点通信网络拓扑结构及其连通性。IRIS-XM2110 节点的理论通信半径可达 300m,在接下来要进行的空洞实验中,因场地有限,较大的通信半径显然超出了实验的需求,因此,必须限制传感器节点的正常通信能力,减小其通信半径,以便实验能正常进行。经过综合分析,选取图 7-14 所示的压铸铝空心圆柱屏蔽罩,将参与实验的 IRIS-XM2110 节点放置到屏蔽罩内部,从而达到减小节点通信半径的目的。

考虑到每个屏蔽罩和节点间的差异,为了最大限度地减小实验的测量误差和偶然误差,节点和屏蔽罩的安装采取一对一方式。例如,3 号节点对应 3 号屏蔽罩,如图 7-15(a)所示。实验中一共用到了 10 个 IRIS-XM2110 节点和 8 个屏蔽罩,如图 7-15(b)所示,通过逐次改变 IRIS-XM2110 节点和基站之间的距离,寻找通信中断的临界点,来确定节点屏蔽半径。为了提高测量结果的精确性,每个节点屏蔽半径为 5 次实验测量结果的平均值,最后得到的节点的屏蔽半径取值如表 7-4 所示。

(a) 节点与屏蔽罩一对一安装　　(b) 实验用节点和屏蔽罩

图 7-15　IRIS-XM2110 节点与屏蔽罩

表 7-4　XM2110 节点屏蔽半径

节点号	屏蔽前 R/m	屏蔽后 R'/m
1	300	6.38
2	300	6.26
3	300	6.32
4	300	6.42
5	300	6.29
6	300	6.37
7	300	6.63
8	300	6.89

5)节点高度辅助三脚架及参数

在复杂地形特征定位算法实验研究中,需要分别构造二维和三维的节点通信网络。结合实验环境,选取了高度变化范围为 0.47~0.73m 的可调三脚架 WT330A,辅助实验节点网络布置,如图 7-16 所示。

(a) 最小高度   (b) 最大高度

图 7-16   WT330A 节点高度辅助三脚架

7.3.3   系统测试实验

下面将在不同实际环境中使用不同算法，对无线传感器网络硬件系统平台进行实验验证。

1. 基于距离约束的锚节点可移动网络定位技术系统测试

在分布式定位——NAC-DL 算法的基础上进行系统定位测试，由对静态网络的研究可知，节点间距离信息应符合几何约束，该算法将移动锚节点与基于 Cayley-Menger 行列式的节点间距离关系约束相结合，通过最优化方法对距离误差进行估计并优化待定位节点与锚节点间的距离信息。

如果任意一个待定位节点的附近存在一个邻居锚节点，那么该邻居锚节点会进一步对这个待定位节点与远处锚节点间的距离进行限制，从而达到较好的优化结果。由于锚节点密度无法达到该要求，所以 NAC-DL 算法将引入移动锚节点来弥补这一缺陷。设定网络中的部分锚节点可移动，通过一定的路径规划使得每个待定位节点都可以收到一个近距离的锚节点信号，用于辅助完成距离修正过程。在待定位节点与锚节点间距离信息得到较好的优化后，使用定位技术进行位置估计即可。由于 NAC-DL 算法为分布式计算，故每个待定位节点可采用极大似然估计法进行定位。

使用 7.3.2 节介绍的 IRIS 节点和 MIB520 网关进行组网，这里对基本组网模式不再赘述。NAC-DL 算法利用跳数对节点间距离进行初步估计，应用在较大规模的传感器网络中，实际验证难度较大。由于其核心部分是利用待定位节点的一个近距离锚节点来辅助优化与远距离锚节点的距离信息并定位的，因此，本次实验将采用直接测距的方式，在小范围内验证近距离锚节点对距离信息起到的优化作用。

实验设计思路如下：将基站视为待定位节点，将 IRIS 节点视为锚节点，可通过人工部署到区域中，基站收集来自众多 IRIS 节点的信息，并将信息传入 PC 用于分析计算。实验分为两组：第一组实验不存在近距离锚节点，锚节点个数为 3 个，且与待定位节点距离较远，如图 7-17（a）所示，锚节点由圆圈标出；第二组实验的节点分布如图 7-17（b）所示，存在近距离锚节点，由方框标出，其锚节点的个数同样为 3 个。本次实验的部署区域为 10m×20m 的长方形区域，待定位节点部署在网络中央。

(a) 无近距离锚节点

(b) 存在近距离锚节点

图 7-17 待定位节点与锚节点分布示意图

表 7-5 中展示了在邻居锚节点的两种不同情况下，5 次实验的平均距离估计误差及利用最小二乘法进行定位的误差。可以看出，当存在近距离锚节点时，可以较好地对待定位节点与锚节点间距离进行约束限制，从而获得更好的距离优化效果，最终提高待定位节点的定位精度。

表 7-5 距离优化及定位效果比较

优化模式 \ 实验	平均距离估计误差/m					定位误差/m				
	1	2	3	4	5	1	2	3	4	5
无近距离锚节点	0.38	0.22	0.35	0.31	0.36	0.68	0.72	0.65	0.51	0.56
有近距离锚节点	0.21	0.23	0.22	0.18	0.20	0.49	0.53	0.32	0.38	0.40

2. 空洞复杂网络节点定位实验

实验利用实际环境，不断改变节点位置，组合出不同无线传感器网络拓扑结构，模拟 PP 空洞和 LP 空洞两种复杂空洞网络，通过对节点组网、数据收发确认和 RSSI 的测量，得到实验的有用信息，辅助相关计算，完成对无线传感器网络节点定位算法及系统平台的实际应用效果验证。

1) PP 空洞网络节点定位实验

PP 空洞网络节点定位实验选取半圆形树坛为节点部署环境。以基站所处位置为坐标原点，建立图 7-18（a）所示的坐标系，按坐标系所示节点的坐标进行实际环境节点布置，该位置为节点的真实位置。布置节点中 1~5 号为未知节点，需要按图 7-15 所示的方式分别进行屏蔽处理，通过实验获取定位位置；6~10 号分别做锚节点，其坐标为 {(-3,9), (-4.5,6), (-4.5,-1.5), (-6,3), (10.5,-4.5)}，作为已知量参与实验。在该实验中，半圆形树坛区域可看作节点 1 和节点 2 的 PP 空洞。

基于以上环境布置和节点分布进行具体实验，实验分 3 组进行。

第一组实验：全节点部署，进行含 5 个锚节点的算法定位实验，实验节点分布如图 7-18（d）所示。

第二组实验：移去 9 号锚节点，其他节点位置和相应参数保持不变，进行含 4 个锚节点的算法定位实验，实验节点分布如图 7-18（c）所示。

第三组实验：在第二组实验的基础上再移去 10 号锚节点，其他节点位置和相应参数保持不变，进行含 3 个锚节点的算法定位实验，实验节点分布如图 7-18（b）所示。

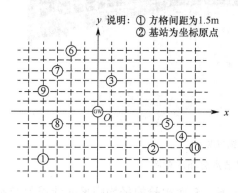

(a) 实验节点坐标分布图

(b) 实验节点分布——3 个锚节点

(c) 实验节点分布——4 个锚节点

(d) 实验节点分布——5 个锚节点

图 7-18　PP 空洞节点定位实验

基于以上 3 组实验，进行节点测距、数据收发、网络连通拓扑建立和节点定位计算等实验内容。实验结果和分析如下。

（1）在全部节点参与实验状态下，其拓扑如图 7-19（a）所示，可以看出，基站 GW 为最短路径点。分析该节点的拓扑图,如图 7-19(b)所示,算法对 $H_{1(GW)2} \xrightarrow{D} P_{\min(1,2)}$ 进行优化。从图 7-19 中可以看出,8 号邻节点的 $P_{\text{arent\_rssi}}$ 值为 36,其对应的 RSSI = −9dBm,故信号最强,8 号节点将作为辅助邻居节点 F 参与 NNA-HDO 算法距离优化。

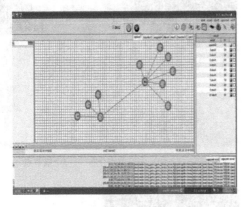
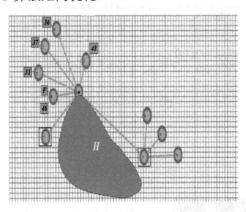

(a) PP空洞实验节点拓扑　　　　　　　　　　(b) 辅助圆空洞节点选取

图 7-19　PP 空洞实验节点拓扑

(2)不同锚节点数量下,MDS-ACHL 算法的 PP 空洞网络节点相对定位误差如表 7-6 所示。从实验数据可以看出,在图 7-18 所示的 PP 空洞网络中,当锚节点的数量从 3 个增加到 4 个时,MDS-ACHL 算法相对定位误差减小了 11.67%;当锚节点数量由 4 个增加到 5 个时,MDS-ACHL 算法相对定位误差减小了 13.21%。这是因为锚节点数量是影响算法定位精度的主要因素,直接参与了节点间距离的测量和 MDS-ACHL 算法最后一步——相对坐标向绝对坐标的转化。

表 7-6　PP 空洞网络节点相对定位误差(r)

待定位节点	r	3 个锚节点	4 个锚节点	5 个锚节点
1 号	6.38	0.26	0.23	0.20
2 号	6.26	0.29	0.25	0.22
3 号	6.32	0.26	0.23	0.20
4 号	6.42	0.24	0.21	0.18
5 号	6.29	0.30	0.27	0.24

2. PLP 空洞网络节点定位实验

PLP 空洞实验节点位置按图 7-20(a)所示的直接坐标系进行布置。6~10 号分别做锚节点,坐标为{(1.5, 4.5),(6, 5.25),(−4.5, 6),(−3, 3),(−6.75, 8.25)},作为已知量参与实验。其余条件同 PP 空洞网络节点定位实验。在该实验中,半圆形树坛区域可看作节点 1 和节点 2 的 PLP 空洞。

在改变节点位置,完成网络部署后,进行 PLP 空洞下的 3 组实验。

第一组实验:全节点部署,进行含 5 个锚节点的算法定位实验,实验节点分布如图 7-20(d)所示。

第二组实验:移去 10 号锚节点,其他节点位置和相应参数保持不变,进行含 4 个锚节点的算法定位实验,实验节点分布如图 7-20(c)所示。

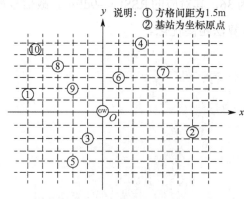

(a) 实验节点坐标分布图

(b) 实验节点分布——3 个锚节点

(c) 实验节点分布——4 个锚节点

(d) 实验节点分布——5 个锚节点

图 7-20　PLP 空洞节点定位实验

第三组实验:在第二组实验的基础上再移去 9 号锚节点,其他节点位置和相应参数保持不变,进行含 3 个锚节点的算法定位实验,实验节点分布如图 7-20(b)所示。

基于以上 3 组实验,进行节点测距、数据收发、网络连通拓扑建立和节点定位计算等实验内容。实验结果和分析如下。

(1)在全部节点参与实验状态下,其拓扑如图 7-21(a)所示,可以看出,节点 6、节点 7 和节点 8 为最短路径点。如图 7-21(b)所示,NNA-HDO 算法对 $\{H_1, H_2\}_{18672} \xrightarrow{D} P_{\min}(1,2)$ 进行优化。从图 7-21 中可以看出,6 号最短路径点与基站 GW 之间建立起同通信,信号最强。

(2)在不同锚节点数量下,MDS-ACHL 算法的相对定位误差如表 7-7 所示。从实验数据可以看出,在图 7-20 所示的 PLP 空洞网络中,当锚节点的数量由 3 个增加到 4 个时,MDS-ACHL 算法相对定位误差减小了 12.14%;当锚节点数量由 4 个增加到 5 个时,MDS-ACHL 算法相对定位误差减小了 13.82%。这是因为锚节点数量是影响算法定位精度的主要因素,直接参与了节点间距离的测量和 MDS-ACHL 算法最后一步——相对坐标向绝对坐标的转化。

表 7-7　MDS-ACHL 算法的相对定位误差（r）

待定位节点	r	3 个锚节点	4 个锚节点	5 个锚节点
1 号	6.38	0.25	0.21	0.18
2 号	6.26	0.30	0.27	0.23
3 号	6.32	0.24	0.21	0.18
4 号	6.42	0.22	0.19	0.16
5 号	6.29	0.29	0.26	0.23

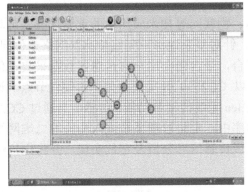
(a) 节点通信状态拓扑

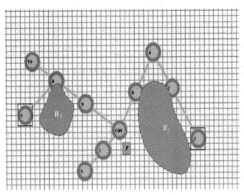
(b) 辅助圆空洞节点选取

图 7-21　PLP 空洞实验节点拓扑

7.4　本章小结

本章介绍了无线传感器网络通信技术及硬件开发过程，以及 CC2530 节点和 IRIS 节点的特性，基于两种节点设计了不同环境、不同算法下无线传感器定位技术硬件平台，并在实际环境中进行了系统测试实验。

第 8 章　无线传感器网络定位系统软件开发

8.1　引言

无线传感器网络定位技术平台作为多智能体、物联网等技术应用中的重要环节，可与其他系统融合，实现无人机、车联网等领域的应用。针对复杂地形下无线传感器网络定位问题，本章设计开发了无线传感器网络定位技术应用平台，平台面向用户对传感器数据采集、信息传输、节点定位、智能分析、系统管理的需求，以 CC2530 开发板为传感器硬件节点，设计并完成 Z-Stack 协议栈组网、RSSI 信息获取、ZigBee 无线传输等功能。传感信息通过 CC2530 采集传输后，上传至定位管理系统并保存至数据库中，定位管理系统嵌入相应的二维网络、动态网络、三维网络及空洞网络的定位算法，实现传感信息分析及定位实现，并将定位结果可视化。

8.2　系统开发平台及运行环境

无线传感器定位系统是一种基于无线传感器网络的定位系统，通过在地面部署无线传感器网络，对位于其网络区域的未知节点进行定位，并将定位结果实时显示在定位系统上位机软件中，下面将对无线传感器网络定位系统软件进行设计。

8.2.1　系统开发环境

整个系统需要的开发和运行环境如下。
（1）硬件：PC，其中处理器 CPU 要求 P4 处理器、主频 1GHz 以上或相关型号，内存要求 128MB 及以上，硬盘空间要求 80GB 及以上。
（2）操作系统：Windows 系统或 Linux 系统。
（3）开发平台和运行环境：基于 C++的开发平台 Qt Creator；使用 MinGW 编译。

8.2.2　Qt 开发

使用 Qt 作为无线传感器网络定位系统软件开发框架。Qt 是跨平台 C++图形用户界面应用程序开发框架，既可以开发 GUI 程序，也可以开发非 GUI 程序，如控制台工具和服务器，支持所有 Linux/UNIX 系统，还支持 Windows 系统。Qt 与 X Window 上的 Motif、Openwin、GTK 等图形界面库和 Windows 系统中的 MFC、OWL、VCL、ATL 是同类型的。

Qt 开发有如下优点。
（1）优良的跨平台特性。Qt 支持下列操作系统：Windows、Linux、Solaris、SunOS、HP-UX、Digital UNIX（OSF/1、Tru64）、IRIX、FreeBSD、BSD/OS、SCO、AIX、OS390、

QNX 等。

(2) 面向对象。Qt 的良好封装机制使得其模块化程度非常高,可重用性较好,对用户开发来说非常方便。Qt 提供了一种被称为 signals/slots 的安全类型来替代 callback,使得各个元件之间的协同变得十分简单。

(3) 丰富的 API。Qt 包括多达 250 个以上的 C++类,还提供基于模板的 collections、serialization、file、I/O device、directory management、date/time 类。

(4) 支持 2D/3D 图形渲染,支持 OpenGL。

(5) 大量的开发文档。

(6) XML 支持。

Qt 开发工具包含 Qt Creator、Qt Designer、Qt Linguist、Qt Assistant、Qmake 等。Qt 常用的 3 个主要附件为 Qt Designer、Qt Linguist、Qt Assistant。其中,Qt Designer 被称为 Qt 设计师,用于设计和构建图形用户界面(Qt Widgets),用 Qt Designer 创建的窗口部件和表格无缝集成编程代码,采用 Qt 信号和槽机制,就可以轻松地分配图形元素的行为。在 Qt Designer 中设置的所有属性可以动态地在代码中进行更改。此外,类似插件推广和自定义插件功能,可以让用户自己的组件使用 Qt Designer。

Qt Linguist 被称为 Qt 语言家,其主要任务是读取翻译文件、为翻译人员提供友好的翻译界面,是用于界面国际化的重要工具。Qt Assistant 被称为 Qt 助手,是 Qt 自带的一款可定制、可重新发行的帮助文件浏览器,支持 HTML 文件,用户可以利用 Qt Assistant 定制功能强大的帮助文档浏览器。

8.3 系统整体设计

无线传感器网络定位技术应用平台主要包括传感器数据采集硬件系统及定位管理可视化软件系统。针对复杂地形下无线传感器网络的定位需求,本节按照节点定位实验的网络特征,从功能和结构的角度将定位技术应用平台分为不同模块,在实现层次化功能管理的同时提高平台运行效率,减少升级维护工作量。

8.3.1 系统整体结构

无线传感器网络定位技术应用平台的主要目的是实现传感器节点的定位功能,而定位功能的实现需要硬件系统与软件系统的配合。定位技术应用平台需要有低功耗、长期运行可靠、维修和维护成本较低等特点。无线传感器网络定位技术应用平台的整体框架设计为 3 个层次:数据采集层、无线传输层和定位管理层。图 8-1 所示为无线传感器网络定位技术应用平台整体框架。

1. 数据采集层

数据采集层主要针对无线传感器节点信息采集的过程,传感器节点按照实际工程需求或实验需求分布于测量区域,节点上配置 ZigBee 模块采集传感器节点的邻居节点信息、RSSI 信息。此外,根据不同需求搭载温度测量模块、湿度测量模块等,传感器节点在接收到信息采集指令后采集相应信息,并通过 ZigBee 模块与无线传输层关联,将数据发送给定位管理层。

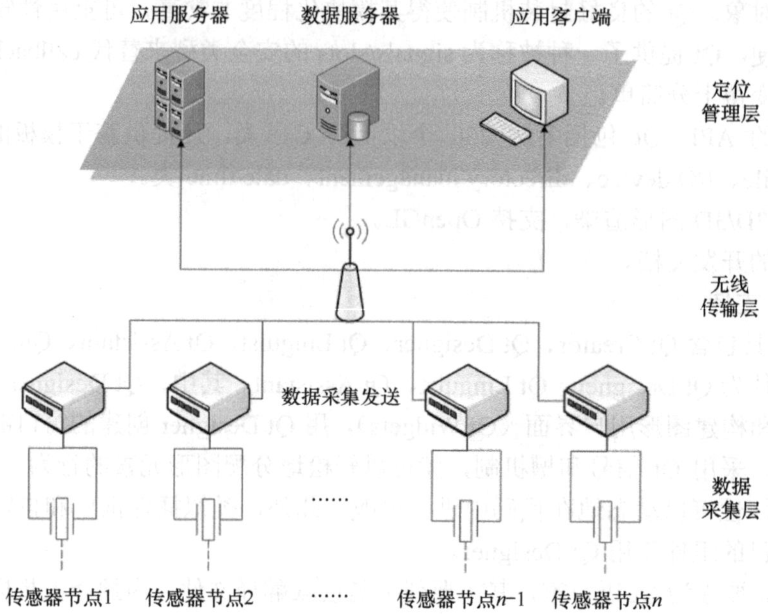

图 8-1　无线传感器网络定位技术应用平台整体框架

2. 无线传输层

无线传输层主要借助 ZigBee 信号实现指令下达及数据传输,其作为中间层,将定位管理层与数据采集层联系起来。无线传输层的关键技术是利用 Z-Stack 协议栈进行组网,实现传感器节点之间、传感器节点与上位机之间的无线传输,同时需要解决泛洪、广播过程中由指令下达、数据回传时多个传感器节点同时通信产生的冲突问题。

3. 定位管理层

定位管理层将获取的信息进行存储、分析,其主要功能是将传感器的位置信息针对不同情景选择前文提出的定位方法,实现传感器节点的定位及定位结果可视化。定位管理层需要考虑用户的实际需求,设计方便、高效的软件应用程序,为工程实践提供位置服务。

8.3.2　软件框架设计

无线传感器网络定位技术应用平台以数据服务器为基础,面向用户提供了丰富的定位管理功能,特别在传感器网络定位方法设计方面集成了多情景应用的定位算法,实现对复杂环境下传感器网络定位技术的全方位展示和深入分析与挖掘。在无线传感器网络定位技术应用平台中,直接面向用户的是平台的可视化操作软件,可实现对传感器网络定位信息的可视化管理和综合处理。无线传感器网络定位技术应用平台软件功能框架如图 8-2 所示。

上位软件系统实现无线传感器网络定位及定位结果的可视化,软件系统的核心是定位算法的实现,配合节点定位算法实现需要包含一些辅助功能,如数据存储、数据管理、可视化等,为此将测试软件系统的定位管理功能分为数据管理、定位数据可视化、定位功能、系统辅助管理 4 个模块。

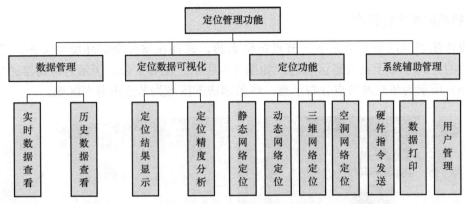

图 8-2　无线传感器网络定位技术应用平台软件功能框架

1．数据管理

数据管理模块主要负责传感信息的存储及查看。从传感器节点获取的信息包括位置信息和其他传感信息。位置信息用于本书前文所述的定位算法，其他传感信息依据用户的需求进行不同的智能分析。上述信息获取后需要实时存入数据库，以便用户随时查看，用户可根据需求实时查看数据，也可调取历史数据进行查看或定位。

2．定位数据可视化

定位数据可视化模块主要针对定位功能实现后，定位结果的可视化实现。根据定位信息获取到定位结果后能够实现定位结果的显示，为用户提供直观的判断。此外，根据定位实验的需求设置了定位精度分析模块，对节点的定位精度进行可视化展示，因此，定位数据可视化功能包括定位结果显示和定位精度分析两个模块。

3．定位功能

本书所述的定位方法是基于复杂地形下无线传感器网络的定位方法，因此，定位场景可能涉及静态网络、动态网络、三维网络和空洞网络。平台嵌入不同场景下的定位算法可依据实际情况实现传感器网络节点的定位。

4．系统辅助管理

系统辅助管理主要是指上位软件系统操作的其他功能，如硬件指令发送、数据打印、用户管理等。硬件指令发送利用上位软件通过串口给 ZigBee 网络发送指令，实现数据获取、组网、定位等功能的控制。数据打印是将数据库中的信息根据用户的需求进行打印。用户管理为上位软件的操作者赋予权限，实现信息管理等功能。

8.4　定位方法的应用实践

无线传感器网络的定位实验分别针对静态网络、动态网络、三维网络、空洞网络 4 种拓扑结构实施定位，下面将依次详细给出各类场景下硬件的具体布设情况。

1. 静态网络定位实验

无线传感器网络静态情景下的节点定位实验,选择在室外空旷环境中实施,节点采用随机布撒的方式分布于正方形区域内,如图 8-3 所示。图 8-3(a)所示为协调器通信示意,图 8-3(b)所示为传感器节点分布示意,线条围成的区域为节点的分布区域。

(a) 协调器通信示意　　　　　　　　(b) 传感器节点分布示意

图 8-3　静态网络定位实验示意

从多组实验数据中随机选取一组实验进行介绍,该组实验中节点的分布区域为 6m×6m 的正方形,传感器节点数量为 10 个,其中锚节点为编号 1~5 的传感器节点,未知节点为编号 6~10 的传感器节点,节点的实际位置坐标如表 8-1 所示。

在上述节点分布的情况下获得节点间 RSSI 测量值,如表 8-2 所示,其中 Inf 表示无法获取信号或节点间 RSSI 超过阈值,在这种情况下,可等同视为两节点不在通信范围之内。

表 8-1　静态网络定位实验节点实际坐标

节点编号	1	2	3	4	5
x/m	0.47	1.55	3.4	4.7	4.7
y/m	4.7	2.65	3.63	1.67	4.7
节点编号	6	7	8	9	10
x/m	4	2.04	2.72	0.96	2.04
y/m	2.65	4.7	0.94	3.62	2.65

2. 动态网络定位实验

无线传感器网络动态情景下的节点定位实验,是在静态实验的基础上对传感器节点进行人为移动实现的,实验同样选择在室外空旷环境中实施,节点采用随机布撒的方式分布于正方形区域内。从多组实验数据中随机选取一组实验进行介绍,并给出该组实验的原始数据及定位结果。该组实验中节点的分布区域为 6m×6m 的正方形,人工移动节点位置且保证节点移动的速度在每个时间间隔内不超过 1m。传感器节点数量为 10 个,其中锚节点为编号 1~5 的传感器节点,未知节点为编号 6~10 的传感器节点,节点初始时刻即 0 时刻的位置设定为静态实验中的节点位置,如表 8-1 所示。之后进行了 1 时刻、2 时刻、3 时刻的数据采集,包括节传感器节点的实际位置和节点间 RSSI 测量值,数据信息如表 8-3~表 8-8 所示。

表 8-2　静态网络定位实验节点间 RSSI 测量值

节点编号	6	7	8	9	10
1	Inf	−69	Inf	−54	−57
2	−58	−61	−57	−47	−51
3	−61	−65	−61	−66	−58
4	−50	Inf	−55	Inf	−59
5	−62	−60	Inf	Inf	Inf
6	0	−72	−64	Inf	−58
7	−72	0	Inf	−54	−51
8	−63	Inf	0	Inf	−58
9	Inf	−51	Inf	0	−53
10	−58	−51	−58	−53	0

表 8-3　1 时刻动态网络定位实验节点实际坐标

节点编号	1	2	3	4	5
x/m	0.47	1.55	3.4	4.7	4.7
y/m	3.62	2.65	3.63	1.67	4.7
节点编号	6	7	8	9	10
x/m	4.7	2.04	2.72	0.96	1.65
y/m	3.62	4.7	0.94	3.62	2.65

表 8-4　1 时刻动态网络定位实验节点间 RSSI 测量值

节点编号	6	7	8	9	10
1	Inf	−61	Inf	−55	−62
2	Inf	−61	−57	−47	−29
3	−66	−65	−61	−66	−76
4	−55	Inf	−55	Inf	Inf
5	−52	−60	Inf	Inf	Inf
6	0	−58	Inf	Inf	Inf
7	−56	0	Inf	−54	−54
8	Inf	Inf	0	Inf	−51
9	Inf	−51	Inf	0	−51
10	Inf	−54	−53	−51	0

表 8-5　2 时刻动态网络定位实验节点实际坐标

节点编号	1	2	3	4	5
x/m	0.47	0.96	3.4	4.7	5.3
y/m	3.62	1.65	3.63	1.67	5.55
节点编号	6	7	8	9	10
x/m	4.7	2.04	2.72	0.96	1.65
y/m	3.62	4.7	0.94	4.7	2.65

表8-6　2时刻动态网络定位实验节点间RSSI测量值

节点编号	6	7	8	9	10
1	Inf	−61	Inf	−60	−62
2	Inf	Inf	−61	Inf	−53
3	−66	−65	−61	−66	−76
4	−55	Inf	−55	Inf	Inf
5	−59	Inf	Inf	Inf	Inf
6	0	−58	Inf	Inf	Inf
7	−56	0	Inf	−53	−54
8	Inf	Inf	0	Inf	−51
9	Inf	−52	Inf	0	−55
10	Inf	−54	−53	−55	0

表8-7　3时刻动态网络定位实验节点实际坐标

节点编号	1	2	3	4	5
x/m	0.47	0.96	3.4	4	5.3
y/m	3.62	1.65	3.63	1.67	5.55
节点编号	6	7	8	9	10
x/m	3.5	2.04	2.72	0.96	1.65
y/m	3.62	4.7	0.94	4.7	2.65

表8-8　3时刻动态网络定位实验节点间RSSI测量值

节点编号	6	7	8	9	10
1	Inf	−61	Inf	−60	−62
2	Inf	Inf	−61	Inf	−53
3	−39	−65	−61	−66	−76
4	−57	Inf	−52	Inf	−61
5	−65	Inf	Inf	Inf	Inf
6	0	−59	−66	−72	−55
7	−60	0	Inf	−53	−54
8	−67	Inf	0	Inf	−51
9	−72	−52	Inf	0	−55
10	−57	−54	−53	−55	0

3. 三维网络定位实验

无线传感器网络三维情景下的节点定位实验选择在室内空旷环境中进行,节点采用随机布撒的方式分布于立体空间内,如图8-4所示。图8-4(a)所示为协调器通信示意,圆圈内为协调器及其中一个传感器节点,图8-4(b)所示为传感器节点分布示意,圆圈内为所有传感器节点。

从多组实验数据中随机选取一组实验进行介绍,该组实验中节点的分布区域为3m×3m×2m的长方体,传感器节点数量为6个,其中锚节点为编号1~4的传感器节点,未知节点为编号5~6的传感器节点,节点的实际位置坐标如表8-9所示。

(a) 协调器通信示意

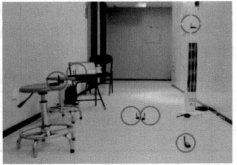
(b) 传感器节点分布示意

图 8-4　三维网络定位实验示意

表 8-9　三维网络定位实验节点实际位置坐标

节点编号	1	2	3	4	5	6
x/m	0.47	1.44	0.34	1.57	0.9	0.35
y/m	0.14	2.18	1.74	0.89	1.07	0.77
z/m	0	0.48	0	1.07	0	0.48

节点间 RSSI 测量值如表 8-10 所示。

表 8-10　三维网络定位实验节点间 RSSI 测量值

节点编号	1	2	3	4	5	6
5	−69	−51	−63	−51	0	−46
6	−52	−50	−63	−37	−47	0

4．空洞网络定位实验

无线传感器空洞网络情景下的节点定位实验选择在室外空旷环境中进行，节点采用随机布撒的方式分布于正方形区域内。由于空洞的存在，节点无法分布于中心面积较小的正方形区域内，如图 8-5 所示，外围直线围成的区域为节点分布的外围区域，中间直线围成的区域为空洞。

(a) 传感器节点分布示意1

(b) 传感器节点分布示意2

图 8-5　空洞网络定位实验示意

从多组实验数据中随机选取一组实验进行介绍，该组实验中节点的分布区域为 7m×7m 的正方形,空洞为传感器分布区域中心 4m×4m 的正方形,传感器节点数量为 32 个,其中锚节点为编号 29～32 的传感器节点,未知节点为编号 1～28 的传感器节点,节点的实际位置坐标及 RSSI 测量值如表 8-11～表 8-13 所示。

表 8-11 空洞网络定位实验节点实际位置坐标

节点编号	1	2	3	4	5	6	7	8
x	1.50	3.50	5.50	0.40	4.10	1.22	5.10	3.74
y	1.50	1.50	1.50	0.28	1.11	1.05	1.17	0.75
节点编号	9	10	11	12	13	14	15	16
x	1.77	6.42	1.50	3.50	5.50	2.09	4.93	2.67
y	0.64	0.92	5.50	5.50	5.50	5.50	5.63	5.89
节点编号	17	18	19	20	21	22	23	24
x	3.97	6.22	5.90	6.29	1.50	0.45	0.51	1.29
y	5.53	6.14	6.01	6.31	3.50	2.05	3.53	4.93
节点编号	25	26	27	28	29	30	31	32
x	5.50	6.54	6.44	6.18	0.00	0.00	7.00	7.00
y	3.50	5.30	1.83	2.62	0.00	7.00	0.00	7.00

表 8-12 第一组空洞网络定位实验节点间 RSSI 测量值

节点编号	1	2	3	4	5	6	7	8	9	10	11	12	13	14	15	16
1	0	−65	Inf	−70	−61	−58	Inf	−61	−67	Inf	Inf	Inf	Inf	Inf	Inf	Inf
2	−71	0	−67	Inf	−83	−66	−75	−58	−72	−73	Inf	Inf	Inf	Inf	Inf	Inf
3	Inf	−75	0	Inf	−67	Inf	−56	−66	Inf	−73	Inf	Inf	Inf	Inf	Inf	Inf
4	−69	Inf	Inf	0	Inf	−62	Inf	Inf	−74	Inf	Inf	Inf	Inf	Inf	Inf	Inf
5	−59	−84	−69	Inf	0	−63	−52	−45	−69	−69	Inf	Inf	Inf	Inf	Inf	Inf
6	−59	−67	Inf	−61	−64	0	Inf	−64	−58	Inf	Inf	Inf	Inf	Inf	Inf	Inf
7	Inf	−73	−54	Inf	−52	Inf	0	−58	Inf	−61	Inf	Inf	Inf	Inf	Inf	Inf
8	−60	−60	−61	Inf	−45	−61	−59	0	−63	−70	Inf	Inf	Inf	Inf	Inf	Inf
9	−69	−72	Inf	−75	−69	−61	Inf	−64	0	Inf	Inf	Inf	Inf	Inf	Inf	Inf
10	Inf	−74	−73	Inf	−69	Inf	−59	−67	Inf	0	Inf	Inf	Inf	Inf	Inf	Inf
11	Inf	Inf	Inf	Inf	Inf	Inf	Inf	Inf	Inf	Inf	0	−66	Inf	−60	Inf	−58
12	Inf	Inf	Inf	Inf	Inf	Inf	Inf	Inf	Inf	Inf	−64	0	−61	−72	−72	−61
13	Inf	Inf	Inf	Inf	Inf	Inf	Inf	Inf	Inf	Inf	−63	0	Inf	−51	−63
14	Inf	Inf	Inf	Inf	Inf	Inf	Inf	Inf	Inf	Inf	−59	−69	Inf	0	−60	−53
15	Inf	Inf	Inf	Inf	Inf	Inf	Inf	Inf	Inf	Inf	Inf	−70	−49	−59	0	−56
16	Inf	Inf	Inf	Inf	Inf	Inf	Inf	Inf	Inf	Inf	−58	−60	−62	−57	−57	0
17	Inf	Inf	Inf	Inf	Inf	Inf	Inf	Inf	Inf	Inf	−79	−57	−61	−60	−66	−59
18	Inf	Inf	Inf	Inf	Inf	Inf	Inf	Inf	Inf	Inf	Inf	−86	−54	Inf	−73	Inf
19	Inf	Inf	Inf	Inf	Inf	Inf	Inf	Inf	Inf	Inf	Inf	−77	−52	Inf	−65	Inf
20	Inf	Inf	Inf	Inf	Inf	Inf	Inf	Inf	Inf	Inf	Inf	−79	−57	Inf	−58	Inf
21	−71	−63	Inf	Inf	Inf	−60	Inf	Inf	−76	Inf	−68	−71	Inf	−67	−53	−77
22	−88	Inf	Inf	−61	Inf	−55	Inf	Inf	−67	Inf	Inf	Inf	Inf	Inf	Inf	Inf
23	−72	Inf	Inf	Inf	Inf	−58	Inf	Inf	Inf	−68	Inf	Inf	Inf	−58	Inf	Inf

（续表）

节点编号	1	2	3	4	5	6	7	8	9	10	11	12	13	14	15	16
24	Inf	Inf	Inf	Inf	Inf	Inf	Inf	Inf	Inf	Inf	-57	-69	Inf	-63	Inf	-67
25	Inf	-59	-57	Inf	-60	Inf	-60	Inf	Inf	Inf	-72	Inf	-75	-55	Inf	Inf
26	Inf	Inf	Inf	Inf	Inf	Inf	Inf	Inf	Inf	Inf	-60	Inf	Inf	-55	Inf	Inf
27	Inf	-65	-59	Inf	-61	Inf	-59	-55	Inf	-69	Inf	Inf	Inf	Inf	Inf	Inf
28	Inf	-60	-62	Inf	-55	Inf	-54	Inf	Inf	-73	Inf	Inf	Inf	-55	Inf	Inf
29	-73	Inf	Inf	-61	Inf	-71	Inf	Inf	-71	Inf	Inf	Inf	Inf	Inf	Inf	Inf
30	Inf	Inf	Inf	Inf	Inf	Inf	Inf	Inf	Inf	Inf	-75	Inf	Inf	-62	Inf	-66
31	Inf	Inf	-76	Inf	Inf	Inf	-63	Inf	Inf	Inf	-64	Inf	Inf	Inf	Inf	Inf
32	Inf	Inf	Inf	Inf	Inf	Inf	Inf	Inf	Inf	Inf	Inf	Inf	-67	Inf	-58	Inf

表 8-13 第二组空洞网络定位实验节点间 RSSI 测量值

节点编号	17	18	19	20	21	22	23	24	25	26	27	28	29	30	31	32
1	Inf	Inf	Inf	Inf	-70	-85	-71	Inf	Inf	Inf	-76	Inf	Inf	Inf	Inf	Inf
2	Inf	Inf	Inf	Inf	-62	Inf	Inf	Inf	-61	Inf	-69	-62	Inf	Inf	Inf	Inf
3	Inf	Inf	Inf	Inf	Inf	Inf	-51	Inf	-57	-63	Inf	Inf	Inf	Inf	-78	Inf
4	Inf	Inf	Inf	Inf	-60	Inf	Inf	Inf	Inf	Inf	-60	Inf	Inf	Inf	Inf	Inf
5	Inf	Inf	Inf	Inf	Inf	Inf	Inf	-60	Inf	-61	-55	Inf	Inf	Inf	Inf	Inf
6	Inf	Inf	Inf	Inf	-59	-55	-57	Inf	Inf	Inf	Inf	-79	Inf	Inf	Inf	Inf
7	Inf	Inf	Inf	Inf	Inf	Inf	Inf	-61	Inf	-57	-53	Inf	Inf	Inf	-59	Inf
8	Inf	Inf	Inf	Inf	Inf	-73	Inf	Inf	Inf	-54	Inf	Inf	Inf	Inf	Inf	Inf
9	Inf	Inf	Inf	Inf	-75	Inf	Inf	Inf	Inf	Inf	Inf	Inf	Inf	-71	Inf	Inf
10	Inf	Inf	Inf	Inf	Inf	-66	Inf	-75	Inf	-66	-74	Inf	Inf	Inf	-65	Inf
11	-85	Inf	Inf	Inf	-68	Inf	Inf	Inf	-58	Inf	Inf	Inf	-74	Inf	Inf	Inf
12	-55	-87	-75	-77	-72	Inf	Inf	Inf	-69	-75	Inf	Inf	Inf	Inf	Inf	Inf
13	-61	-54	-51	-56	Inf	Inf	-58	Inf	-55	-60	Inf	-55	Inf	Inf	Inf	-62
14	-58	Inf	Inf	Inf	-66	Inf	Inf	-70	Inf	Inf	Inf	Inf	Inf	-60	Inf	Inf
15	0	-65	-58	-58	-54	Inf	Inf	Inf	-57	Inf	Inf	Inf	Inf	Inf	Inf	-56
16	-55	Inf	Inf	Inf	-71	Inf	Inf	-66	Inf	Inf	Inf	Inf	Inf	-63	Inf	Inf
17	0	-75	-57	-74	-59	Inf	Inf	-65	-61	-64	Inf	Inf	Inf	Inf	Inf	Inf
18	-60	0	-42	-31	Inf	Inf	Inf	Inf	-57	-51	Inf	Inf	Inf	Inf	Inf	-57
19	Inf	-41	0	-44	Inf	Inf	Inf	Inf	-71	-49	Inf	Inf	Inf	Inf	Inf	-65
20	Inf	-30	-43	0	Inf	-54	-51	Inf	-55	-55	Inf	Inf	Inf	Inf	Inf	-60
21	Inf	Inf	Inf	Inf	0	0	-63	-54	Inf	Inf	Inf	Inf	Inf	Inf	Inf	Inf
22	-66	Inf	Inf	Inf	-53	-66	0	Inf	Inf	Inf	-56	Inf	Inf	Inf	Inf	Inf
23	-60	Inf	Inf	Inf	-51	Inf	-58	-60	Inf	Inf	Inf	Inf	Inf	Inf	Inf	Inf
24	-65	Inf	Inf	Inf	-54	Inf	Inf	0	Inf	Inf	Inf	Inf	-69	Inf	Inf	Inf
25	Inf	-55	-69	-55	Inf	Inf	Inf	Inf	0	-54	-67	-55	Inf	Inf	Inf	Inf
26	Inf	-50	-47	-53	Inf	Inf	Inf	Inf	-54	0	Inf	-55	Inf	Inf	Inf	-57
27	Inf	Inf	Inf	Inf	Inf	Inf	Inf	-67	Inf	0	-63	Inf	Inf	Inf	-64	Inf
28	Inf	Inf	Inf	Inf	Inf	-56	Inf	Inf	-55	-60	-64	0	Inf	Inf	-60	Inf
29	Inf	Inf	Inf	Inf	Inf	Inf	Inf	Inf	Inf	Inf	Inf	Inf	0	Inf	Inf	Inf
30	Inf	Inf	Inf	Inf	Inf	Inf	Inf	-74	Inf	Inf	Inf	Inf	Inf	0	Inf	Inf
31	Inf	Inf	Inf	Inf	Inf	Inf	Inf	Inf	Inf	Inf	Inf	-66	-64	Inf	0	Inf
32	Inf	-58	-65	-63	Inf	Inf	Inf	Inf	-59	Inf	Inf	Inf	Inf	Inf	Inf	0

5. 无线传感器网络定位系统实验结果

无线传感器网络定位技术应用平台的上位软件系统由功能选择区、定位结果图形显示区、数据显示区等构成，功能选择区包括硬件指令功能、实时定位功能及历史记录功能等，定位结果图形显示区能够实时显示传感器的分布区域，实现定位结果可视化，数据显示区能够实时显示传感器获取的信息，供用户参考、决策。无线传感器网络定位系统主界面如图 8-6 所示。

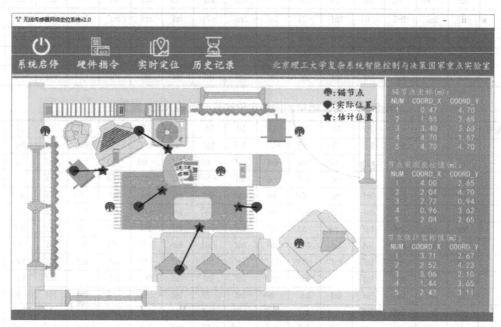

图 8-6 无线传感器网络定位系统主界面

根据定位情形的不同，可以选择适合的定位算法对实时数据或历史数据进行处理，同时给出定位的误差。针对上述实验中获取的数据，在静态网络和空洞网络中的定位结果显示界面分别如图 8-7 所示。

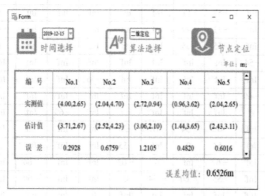

(a) 静态网络定位结果显示界面　　　　(b) 空洞网络定位结果显示界面

图 8-7 无线传感器网络定位结果显示界面

8.5 本章小结

本章主要讲了无线传感器网络定位系统的软件开发过程，首先介绍了无线传感器网络定位系统中上位软件系统的开发平台，并按照定位需求及测试需求进行了整体结构设计的规划，基于功能需求设计了软件框架，并将不同的定位算法嵌入上位软件系统中，在多场景下进行了无线传感器网络的定位实验，对定位结果进行了可视化展示。

8.5 本章小结

本章主要研究了天线传感器网络定位方案所涉及的问题，首先分析了无线传感器网络节点定位的基本原则及其分类，并按照是否需要测距分别对基于测距和非测距的节点定位算法进行了系统的研究。并对不同的定位算法进行了比较分析。在综合考虑了无线传感器网络节点部署区域特征的基础上，给出了相应的结果，并加以说明。